垂直磁各向异性薄膜的制备、表征及应用

刘 帅 李宝河 张静言 著

北 京

冶 金 工 业 出 版 社

2021

内 容 提 要

本书主要介绍了两种具有垂直磁各向异性的薄膜结构——Co/Pt 多层膜和 Co/Ni 多层膜，重点内容是对多层膜磁性能的调控和多层膜电输运性质（霍尔效应、磁电阻效应）的具体应用。书中对多层膜磁性能的调控包括改变多层膜中各层厚度、改变缓冲层厚度、改变周期数、引入金属插层或纳米氧化层等。本书还介绍了常见薄膜的制备方法和表征方法。几位作者多年来一直从事磁性薄膜的研究，书中内容是他们对相关薄膜的研究成果。本书可供从事磁性薄膜研究的学者和学生参考使用。

图书在版编目（CIP）数据

垂直磁各向异性薄膜的制备、表征及应用/刘帅，李宝河，张静言著. —北京：冶金工业出版社，2021.7

ISBN 978-7-5024-8851-2

Ⅰ.①垂… Ⅱ.①刘… ②李… ③张… Ⅲ.①磁膜—研究
Ⅳ.①TM271

中国版本图书馆 CIP 数据核字（2021）第 121494 号

出 版 人　苏长永
地　　址　北京市东城区嵩祝院北巷 39 号　邮编　100009　电话　(010)64027926
网　　址　www.cnmip.com.cn　电子信箱　yjcbs@cnmip.com.cn
责任编辑　于昕蕾　张　丹　美术编辑　彭子赫　版式设计　郑小利
责任校对　梁江凤　责任印制　李玉山
ISBN 978-7-5024-8851-2
冶金工业出版社出版发行；各地新华书店经销；三河市双峰印刷装订有限公司印刷
2021 年 7 月第 1 版，2021 年 7 月第 1 次印刷
710mm×1000mm　1/16；17.5 印张；337 千字；267 页
96.00 元

冶金工业出版社　投稿电话　(010)64027932　投稿信箱　tougao@cnmip.com.cn
冶金工业出版社营销中心　电话　(010)64044283　传真　(010)64027893
冶金工业出版社天猫旗舰店　yjgycbs.tmall.com
（本书如有印装质量问题，本社营销中心负责退换）

前　　言

　　20世纪凝聚态物理学的一个重大发现就是磁性薄膜中的巨磁电阻效应，后来在巨磁电阻效应的基础上产生了一门新的学科——自旋电子学（spintroncis）。传统电子学只利用电子的电荷属性，而在自旋电子学中，电子的电荷属性和自旋属性被科学家巧妙地结合在一起，从而产生了很多奇妙的并且有巨大应用价值的物理效应。自旋阀（SV）和磁隧道结（MTJ）是制备自旋电子学器件的基本单元，它们的核心都是一个"三明治结构"，即两个铁磁薄膜中间夹一层非磁薄膜，不同之处在于自旋阀的非磁薄膜是金属，而磁隧道结的非磁薄膜是绝缘体。利用这些自旋阀和磁隧道结，人们首先制备出了高灵敏度硬盘读头，从而大大提高了硬盘的记录密度。目前，利用磁隧道结制备的商业化磁随机存储器（MRAM）已经面世，由于具有非易失性、高存储密度、低能耗等优点，MRAM被认为是最有前景的能替代动态随机存储器（DRAM）的下一代通用存储器。在早期的磁隧道结中，人们采用较多的是具有面内磁各向异性的磁性薄膜，如NiFe薄膜、CoFe薄膜等。但是随着人们对高存储密度的追求，存储单元的尺寸越来越小，这时面内磁各向异性薄膜的卷曲效应越来越明显，从而限制了存储密度的进一步提高。为了克服上述困难，人们把目光瞄向了具有垂直磁各向异性的磁性薄膜体系。垂直磁各向异性薄膜即使薄膜尺寸减小到亚微米量级时磁矩仍具有很好的一致翻转性，并且只需要较小的电流密度就能把磁矩翻转，从而在提高存储密度的同时还能大大降低能耗。

　　导致磁性材料产生各向异性的因素有很多，例如磁晶各向异性、形状各向异性、应力各向异性、界面各向异性等，材料最终表现出的各向异性是以上各种因素综合作用的结果。对于磁性薄膜材料，一般情况下，形状各向异性利于面内磁各向异性，界面各向异性利于垂直磁各向异性，磁晶各向异性和应力各向异性则是两者皆有可能。随着薄膜材料厚度的减小，体作用越来越弱，而界面作用越来越强，当超过某一临界厚度 t_c 后，薄膜的各向异性就从面内变成了垂直。对于在铁磁-非磁金属界面磁各向异性的来源，一般认为与体系中的自旋轨道耦合作用有关，而对于在铁磁-非磁氧化物界面磁各向异性的来源，一般认为与轨道杂化有关。

　　具有垂直磁各向异性的材料体系有很多，常见的有：（1）过渡金属（如 Co、CoFe）-重金属（如 Pt、Pd、Au）多层膜；（2）CoFeB-MgO 或 AlO$_x$ 体系；（3）L1$_0$-FePt 有序合金等。每个体系都有各自的优缺点。对于 Co/Pt 多层膜，其垂直磁各向异性比较强，并且可以通过简单调节周期层中各层厚度和周期数等参数调控多层膜的矫顽力和饱和磁化强度，但是其磁阻尼系数 α 太大，从而导致翻转电流密度很大，同时较低的自旋极化率也导致纯 Co/Pt 基磁隧道结磁电阻值比较低。CoFeB-MgO 体系是目前常用的制备垂直磁隧道结的材料体系，其磁阻尼系数较小并且磁电阻值很高，但缺点是磁各向异性较弱，热稳定性差，从而不利于存储信息的长时间保存。对于商业化元件中存储的信息，人们的最低要求是能稳定保存十年以上，这就要求材料的热稳定性因子 $\eta = K_{eff}V/k_bT$ 应大于 40，式中，K_{eff} 为磁性材料的有效磁各向异性常数，V 为原件中磁性材料的体积，k_b 为 Boltzmann 常数，T 为绝对温度，随着体积 V 逐渐减小，更大的 K_{eff} 成为人们追求的目标。L1$_0$-FePt 有序合金具有高达 10^6 erg/cm^3 的 K_{eff}，热稳定性非常强，但是 FePt 合金需要经历 500℃以上的高温退火才能生成 L1$_0$ 相，这非常不利于元件与 CMOS

的集成。通过以上分析可以看到没有哪一种材料体系能够完全满足制备高性能垂直磁隧道结的需要，人们通常会把几种材料体系复合起来使用，从而达到较好的效果。

本书综述了磁性薄膜材料磁各向异性的来源和薄膜中的自旋相关输运性质，重点介绍了作者最近几年在垂直磁各向异性薄膜领域的研究成果，例如 Co/Pt 多层膜、Co/Ni 多层膜等。除了讲述薄膜的制备方法和调控方式之外，还介绍了几种磁性薄膜材料在自旋阀和霍尔元件中的应用。本书可供从事磁性薄膜材料研究的学者或学生使用。

本书内容共分为 7 章。第 1 章对磁性薄膜材料的自旋相关输运性质和磁性进行了综述。第 2 章介绍了磁性薄膜材料的制备方法。第 3 章介绍了磁性薄膜材料的结构表征和性能测试方法。第 4 章介绍了 Co/Pt 基垂直磁各向异性多层膜的性能及调控。第 5 章介绍了 Co/Pt 多层膜在垂直自旋阀中的应用。第 6 章介绍了 Co/Pt 多层膜的反常霍尔效应及应用。第 7 章介绍了 Co/Ni 基垂直磁各向异性多层膜的性能及调控。

参加本书撰写工作的人员有刘帅、李宝河、张静言、俱海浪、陈喜、冯春。第 1 章由刘帅、李宝河和冯春撰写，第 2 章和第 3 章由刘帅撰写，第 4 章由刘帅、陈喜和俱海浪撰写，第 5 章由刘帅和俱海浪撰写，第 6 章由刘帅和张静言撰写，第 7 章由俱海浪和陈喜撰写。最后刘帅负责全书的统稿工作。

由于水平有限，书中难免有不妥之处，恳请读者批评指正。

作　者
2021 年 5 月

目　　录

1 磁性薄膜材料概述

磁性薄膜即以 Fe、Co、Ni 为基础的厚度为纳米量级的薄膜材料，当铁磁体的厚度由宏观减小到微观纳米量级时，铁磁体会展现出很多块体材料所不具有的性质，如自旋相关输运性质，即铁磁体的输运性质会与其自旋取向有关；还有由对称性破缺所导致的磁各向异性，即沿薄膜不同方向测量磁性（最典型的是垂直薄膜方向和平行薄膜方向），会得到差异很大的测量结果。探索基于磁性薄膜的自旋电子学元件的输运性质和磁性已经成为当前凝聚态物理学和电子学的研究热点。

对物理科学特别是凝聚态物理的基础研究总是能够导致研究成果在应用物理和工程领域的重要应用。这其中最令人津津乐道的一个例子就是 1947 年贝尔实验室发现的晶体管效应，仅仅过了五年时间，第一个商业化的 Ge 基晶体管就面世了。另一个实验发现导致巨大商业应用的例子则是与自旋极化电流相关的巨磁电阻效应，从 1988 年被发现到 1997 年 IBM 公司第一个基于巨磁电阻效应的商业化硬盘读头问世也仅仅用了九年时间[1~4]。

长期以来，电子的电荷和自旋一直被当作两个互不相干的属性而被单独考虑。电荷属性产生电流而自旋属性与材料的磁性有关。这种现象直到 20 世纪 80 年代末随着巨磁电阻效应的发现才被彻底改变[1,2]。巨磁电阻效应提供了一种通过把磁化强度作用在电子的自旋上进而有效控制电子输运特性的方法。随着人们对巨磁电阻效应及其他自旋相关输运特性的深入研究，凝聚态物理领域又出现了一个新的、蓬勃发展的分支——自旋电子学。

与传统电子学只利用电子的电荷属性不同，自旋电子学结合了电荷属性和自旋自由度或只利用电子的自旋自由度，这极大地提高了电子器件的操作性能并且开辟了许多新的应用领域，进而引起了人们的广泛兴趣[5~9]。与传统电子器件相比，自旋电子器件有许多无法比拟的优势，例如非易失性、数据运算速度快、耗电量低、集成密度高等，这将给整个微电子学和计算机硬件产业带来巨大的变化。从巨磁电阻效应被发现到现在的二十多年时间里，人们见证了自旋电子学在当代科技各个领域中的作用：硬盘记录密度的极大提高以及硬盘技术在移动电子设备上的应用、自动控制工业和生物医药技术中的自旋电子学、利用隧道磁电阻和自旋转移矩效应的磁随机存储器（MRAM）、耳机中的微波发射器等。现在，多铁材料中自旋转移矩效应、半导体自旋电子学以及分子自旋电子学不仅开辟了极具魅力的研究领域而且为自旋电子学的多重应用提供了美好的前景。除了以上这些，另一个具有广阔前景的研究方向就是单电子自旋电子学，单电子自旋电子学研究自旋的量子力学本性以及在有限几何尺寸中自旋的相干时间，这可以应用到量子计算领域并可能导致整个微处理器领域的革命性变化[10]。正是由于巨磁电阻效应的发现导致了整个微电子学领域的翻天覆地的变革，两位发现者 A. Fert 和 P. Grünber 被授予了 2007 年度诺贝尔物理学奖[10,11]。自旋电子学的终极目标就是实现原子尺度的基于电子自旋的逻辑控制，为了实现这个目标还有很多未知领域等待着科学家去探索[12~14]。

本章对自旋电子学的基础，即磁性薄膜中的自旋相关输运性质和磁各向异性进行简要总结，并在 1.3 节着重讲解自旋电子学中应用非常广泛的（Co/Pt）多层膜的性质及应用。

1.1 磁性薄膜中的电子自旋相关输运

1.1.1 铁磁金属中的自旋相关输运

铁磁性金属（主要为 Fe、Co、Ni）的特征电子为 3d 和 4s 电子。它们的孤立原子电子结构为 Fe：$3d^6 4s^2$，Co：$3d^7 4s^2$，Ni：$3d^8 4s^2$。当这些原子通过大量的键合形成固体时，其原子能级展宽成相应的能带结构。其中 3d 电子由于局域性比较强而形成窄能带，而 4s 电子则由于自由性比较强而形成较宽的能带，并且 3d 能带和 4s 能带发生交叠，费米面位于两个能带中，其能带结构如图 1-1 所示。

对过渡金属 Fe、Co、Ni 的强铁磁性的解释需要用到巡游电子模型，所谓巡游电子即参与导电的电子。最初人们认为 3d 电子是定域的，只产生定域磁矩，可是过渡金属原子磁矩不是玻尔磁子整数倍的事实表明 3d 电子当中有一部分能较自由的运动，即成为巡游

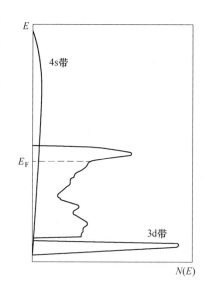

图 1-1　过渡金属 3d 和 4s 能带

电子。过渡金属的 3d 能带可分为自旋向上和自旋向下的两个能带。由于电子之间的交换作用，相当于晶体中存在一个沿正方向的内磁场，所以铁磁金属中自旋向上的能带比自旋向下的能带能量低，即产生所谓的交换劈裂。

交换劈裂导致自旋向上和自旋向下的电子数目不同，从而形成电子的自发磁化，这就是铁磁性金属磁性的来源。以 Ni 为例，不同自旋的 d 能带分裂导致每

个 Ni 原子有 5 个多数（majority）自旋电子和 4.4 个少数（minority）电子。因此，每个原子对自发磁化贡献 0.6 个电子磁矩。表 1-1 所示为铁磁金属中 3d 和 4s 能带中电子分布情况，从中可以很明显看到其铁磁性的来源。

表 1-1 铁磁金属中 3d、4s 能带电子分布

元素	电子组态	按能带理论电子分布				未填满空穴数		未抵消自旋数
		$3d^+$	$3d^-$	$4s^+$	$4s^-$	$3d^+$	$3d^-$	
Fe	$3d^6 4s^2$	4.8	2.6	0.3	0.3	0.2	2.4	2.2
Co	$3d^7 4s^2$	5.0	3.3	0.35	0.35	0	1.7	1.7
Ni	$3d^8 4s^2$	5.0	4.4	0.3	0.3	0	0.6	0.6

另外，d 能带的分裂还导致两类自旋的电子有不同的色散关系[15]。在最简单的自由电子模型中，多数和少数自旋电子的能量分别为

$$E_{maj}(\boldsymbol{k}) = \boldsymbol{k}^2/2m^* - h \tag{1-1}$$

$$E_{min}(\boldsymbol{k}) = \boldsymbol{k}^2/2m^* + h \tag{1-2}$$

式（1-1）和式（1-2）中，$\boldsymbol{k}$ 为电子的波矢量，普朗克常数已取为 1；m^* 为电子的有效质量；$2h$ 为交换能。一个三维自由电子能带的态密度为

$$N(E_k) = m^* \boldsymbol{k}/\pi^2 \tag{1-3}$$

即能态密度正比于电子的波矢量，对于铁磁金属的 d 能带，多数和少数自旋电子的费米波矢量不同，其分别等于

$$\boldsymbol{k}_F^{maj} = [2m^*(E_F + h)]^{1/2} \tag{1-4}$$

$$\boldsymbol{k}_F^{min} = [2m^*(E_F - h)]^{1/2} \tag{1-5}$$

所以 d 电子在费米面处的能态密度是自旋相关的。如图 1-2 所示，$N_{maj}(E_F) > N_{min}(E_F)$。

上面讨论得出的结论 $N_{maj}(E_F) > N_{min}(E_F)$ 仅适用于自由电子模型，实际铁磁材料的 d 能带比较复杂，有些铁磁材料中 $N_{maj}(E_F)$ 比较大；有些则少数自旋子能带的 $N_{min}(E_F)$ 比较大，但是两类自旋的电子在费米面处的能态密度总是不同的。

从图 1-1 可以看到铁磁金属中 s 电子的能带是宽能带，d 电子的能带是窄能带，所以 s 电子的有效质量小而 d 电子的有效质量大，因此在电场作用下起导电作用的主要是 s 电子。由于 d 能带在费米面处的能态密度比较大，所以 s 电子受到的主要是 s-d 散射。又由上面的分析可知不同自旋取向的 d 电子在费米面处的能态密度不同，这就造成不同自旋取向的 s 电子所受到 s-d 散射也不同，即铁磁金属中的电子输运是自旋相关的。引入自旋极化率的概念，其定义为

$$P = \frac{n_\uparrow - n_\downarrow}{n_\uparrow + n_\downarrow} \tag{1-6}$$

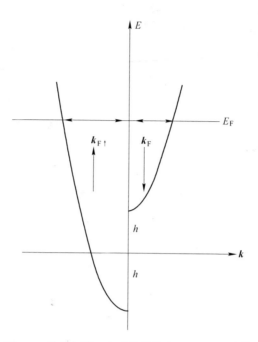

图 1-2 铁磁金属 d 电子能带的自由电子模型[15]

式中, $n_\uparrow$ 和 $n_\downarrow$ 分别为费米面处自旋向上和自旋向下的电子数, 对 Fe、Co、Ni, 其自旋极化率为 40%~50%[16]。

如果能找到一种自旋极化率 $P=100\%$ 的材料, 如图 1-3 所示, 即其载流子为一种自旋取向, 则当材料的磁化强度的方向发生变化时, 对这种特定自旋取向的电流, 材料可以在导体和绝缘体之间进行转变[4]。

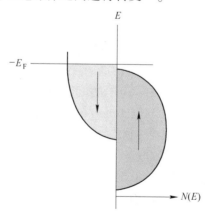

图 1-3 自旋极化率为100%的材料的电子分布状况图[4]

1.1.2 薄膜电阻率的 Fuchs-Sondheimer 理论

在薄膜材料中，电子的运动受到边界的限制，所以薄膜的电阻率大于相应的块体的电阻率。1938 年，Fuchs 首先对薄膜中的电导率进行了严格的计算，后来 Sondheimer 又发展了 Fuchs 的结果，所以现在这一理论被称为 Fuchs-Sondheimer 理论[17,18]。由根据 Fuchs-Sondheimer 理论计算出的电导率和电导率与电阻率的倒数关系可以很容易得到薄膜的电阻率。

考虑一个厚度为 a 的金属薄膜，z 轴方向垂直于膜面，薄膜的两个表面可表示为平面 $z = 0$ 和平面 $z = a$，薄膜在 x、y 方向无限大，所以这个问题是个一维问题，这时电子的分布函数可表示为

$$f = f_0(\boldsymbol{v}) + f_1(\boldsymbol{v}, z) \tag{1-7}$$

式中，$f_0(\boldsymbol{v})$ 为平衡状态下的费米分布函数，$f_1(\boldsymbol{v}, z)$ 为对平衡态的偏离，假设电场 E 沿 x 轴方向，此时的 Boltzmann 方程为

$$\frac{\partial f}{\partial z} + \frac{f_1}{\tau v_z} = \frac{eE}{m v_z} \frac{\partial f_0}{\partial v_x} \tag{1-8}$$

上式的通解为

$$f_1(\boldsymbol{v}, z) = \frac{e\tau E}{m} \frac{\partial f_0}{\partial v_x} \left[1 + F(\boldsymbol{v}) \exp\left(-\frac{z}{\tau v_z} \right) \right] \tag{1-9}$$

式中，$F(\boldsymbol{v})$ 为 $\boldsymbol{v}$ 的任意函数。

为了确定 $F(\boldsymbol{v})$，需要对薄膜表面的边界条件进行一下分析，最简单的方式就是假设所有的自由程都由于与表面的碰撞而终结，也就是说表面的散射是完全的漫散射。在这种情况下 $f_1(\boldsymbol{v}, z)$ 将与 $\boldsymbol{v}$ 的方向无关。所以在平面 $z = 0$ 处，对所有的 $v_z > 0$ 的 $\boldsymbol{v}$ 都有 $f_1(\boldsymbol{v}, 0) = 0$，在平面 $z = a$ 处，对所有的 $v_z < 0$ 的 $\boldsymbol{v}$ 都有 $f_1(\boldsymbol{v}, a) = 0$。由此可以确定分布函数为

$$\begin{cases} f_1^+(\boldsymbol{v}, z) = \dfrac{e\tau E}{m} \dfrac{\partial f_0}{\partial v_x} \left[1 - \exp\left(-\dfrac{z}{\tau v_z} \right) \right] & (v_z > 0) \\[3mm] f_1^-(\boldsymbol{v}, z) = \dfrac{e\tau E}{m} \dfrac{\partial f_0}{\partial v_x} \left[1 - \exp\left(\dfrac{a - z}{\tau v_z} \right) \right] & (v_z < 0) \end{cases} \tag{1-10}$$

式中，$f_1^+(\boldsymbol{v}, z)$ 和 $f_1^-(\boldsymbol{v}, z)$ 分别为 $v_z > 0$ 和 $v_z < 0$ 的电子的分布函数。在 $\boldsymbol{v}$ 空间引入极坐标 (v, θ, ϕ)，可以得到在 z 平面处的电流密度为

$$j(z) = -\frac{2e^2 (m^*)^2 E}{h^3} \int_0^\infty \mathrm{d}v \int_0^{2\pi} \mathrm{d}\phi \, \tau v^3 \cos^2\phi \frac{\partial f_0}{\partial v} \times$$

$$\left\{ \int_0^{\frac{\pi}{2}} \sin^3\theta \left[1 - \exp\left(-\frac{z}{\tau v \cos\theta} \right) \right] \mathrm{d}\theta + \int_{\frac{\pi}{2}}^{\pi} \sin^3\theta \left[1 - \exp\left(\frac{a - z}{\tau v \cos\theta} \right) \right] \mathrm{d}\theta \right\}$$

$$\tag{1-11}$$

由费米分布 f_0 的性质可得，对任意关于 v 的函数 $\psi(v)$ 有

$$-\int_0^\infty \psi(v) \frac{\partial f_0}{\partial v} \mathrm{d}v = \psi(v_\mathrm{F}) \tag{1-12}$$

式中，v_F 为费米速度，再引入费米面处电子的平均自由程 $l = \tau v_\mathrm{F}$，则式（1-11）经过化简后可得：

$$j(z) = \frac{4\pi E e^2 m^2 \tau v_\mathrm{F}^3}{h^3} \int_0^{\frac{\pi}{2}} \sin^3\theta \left[1 - \exp\left(-\frac{a}{2l\cos\theta} \right) \cosh\left(\frac{a-2z}{2l\cos\theta} \right) \right] \mathrm{d}\theta \tag{1-13}$$

式中，$j(z)$ 只是 z 平面处的电流密度，将 $j(z)$ 对 z 从 $z=0$ 到 $z=a$ 积分并取平均值则可以得到整个薄膜的电流密度，相应整个薄膜的电导率为

$$\sigma = \frac{1}{Ea} \int_0^a j(z) \mathrm{d}z = \frac{ne^2 l}{m^* v_\mathrm{F}} \left\{ 1 - \frac{3l}{2a} \int_0^{\frac{\pi}{2}} \sin^3\theta\cos\theta \left[1 - \exp\left(-\frac{a}{l\cos\theta} \right) \right] \mathrm{d}\theta \right\}$$

$$\tag{1-14}$$

用 σ_0 表示块体材料的电导率，则由固体物理知识可知：

$$\sigma_0 = \frac{ne^2 l}{m^* v_\mathrm{F}} \tag{1-15}$$

令 $\kappa = a/l$，并定义 $\dfrac{1}{\varPhi(\kappa)} = \dfrac{1}{\kappa} - \dfrac{3}{8\kappa^2} + \dfrac{3}{2\kappa^2} \int_1^\infty \left(\dfrac{1}{t^3} - \dfrac{1}{t^5} \right) e^{-\kappa t} \mathrm{d}t$，则可得

$$\frac{\sigma_0}{\sigma} = \frac{\varPhi(\kappa)}{\kappa} \tag{1-16}$$

考虑 κ 的两种极限情况：

对很厚的薄膜

$$\frac{\sigma_0}{\sigma} = 1 + \frac{3}{8\kappa} \quad (\kappa \gg 1) \tag{1-17}$$

对很薄的薄膜

$$\frac{\sigma_0}{\sigma} = \frac{4}{3\kappa \lg(1/\kappa)} \quad (\kappa \ll 1) \tag{1-18}$$

上面的讨论假设电子在薄膜的表面受到的是完全的漫散射，一个更为一般的理论是假定有 p 比例的电子在表面受到弹性散射，也就是说这些电子速度的 z 分量反转，而其余电子则由于漫散射而完全失去它们的漂移速度。p 是一个和电子速度方向无关的常量。这当然只是一个非常人为的模型，它介于完全的漫散射和完全的镜面散射之间。

引入镜面散射参数 p 后，在平面 $z = 0$ 处的电子的分布函数可写为

$$f_0 + f_1^+(v_z, z=0) = p[f_0 + f_1^-(-v_z, z=0)] + (1-p)f_0 \tag{1-19}$$

同样，在平面 $z = a$ 处电子的分布函数为

$$f_0 + f_1^-(v_z, z=a) = p[f_0 + f_1^+(-v_z, z=a)] + (1-p)f_0 \tag{1-20}$$

这两个方程足以确定 $F(\boldsymbol{v})$，由此可以得到

$$\begin{cases} f_1^+(\boldsymbol{v}, z) = \dfrac{e\tau E}{m}\dfrac{\partial f_0}{\partial v_x}\left[1 - \dfrac{1-p}{1-p\exp(-a/\tau v_z)}\exp\left(-\dfrac{z}{\tau v_z}\right)\right] & (v_z > 0) \\[4mm] f_1^-(\boldsymbol{v}, z) = \dfrac{e\tau E}{m}\dfrac{\partial f_0}{\partial v_x}\left[1 - \dfrac{1-p}{1-p\exp(a/\tau v_z)}\exp\left(\dfrac{a-z}{\tau v_z}\right)\right] & (v_z < 0) \end{cases}$$

$$(1\text{-}21)$$

电流密度的计算仍然和完全漫散射时一样，只是 $\Phi(\kappa)$ 被 $\Phi_p(\kappa)$ 所代替。

$$\frac{1}{\Phi_p(\kappa)} = \frac{1}{\kappa} - \frac{3}{2\kappa^2}(1-p)\int_1^\infty\left(\frac{1}{t^3} - \frac{1}{t^5}\right)\frac{1-e^{-\kappa t}}{1-pe^{-\kappa t}}\mathrm{d}t \qquad (1\text{-}22)$$

当 $p = 0$ 时，这就是上面的漫散射情况，当 $p = 1$ 时，则是块体材料的情形。进一步的讨论可以写出类似式（1-17）和式（1-18）的公式：

对很厚的薄膜

$$\frac{\sigma_0}{\sigma} = 1 + \frac{3}{8\kappa}(1-p) \quad (\kappa \gg 1) \qquad (1\text{-}23)$$

对很薄的薄膜

$$\frac{\sigma_0}{\sigma} = \frac{4}{3}\frac{1-p}{1+p}\frac{1}{\kappa\lg(1/\kappa)} \quad (\kappa \ll 1) \qquad (1\text{-}24)$$

$p = 0$ 和 $p = \dfrac{1}{2}$ 时的 σ_0/σ 值见表 1-2[18]。

表 1-2　$p=0$ 和 $p=1/2$ 时对应不同 κ 值的 σ_0/σ 值[18]

κ	σ_0/σ	
	$p=0$	$p=1/2$
0.001	182	73.5
0.002	100.4	41.5
0.005	46.6	20.0
0.01	26.5	11.8
0.02	15.3	7.1
0.05	7.69	3.87
0.1	4.72	2.62
0.2	3.00	1.91
0.5	1.90	1.402
1	1.462	1.206
2	1.221	1.102

κ	σ_0/σ	
	$p=0$	$p=1/2$
5	1.081	1.039
10	1.0390	1.0191
20	1.0191	1.0095
50	1.0076	1.0038
100	1.0038	1.0019

有了前面对电子自旋相关输运理论和薄膜电阻率的 Fuchs-Sondheimer 理论的认识，我们就能很容易理解后面讲到的各种磁电阻效应以及纳米氧化物插层对薄膜的影响。

1.2　磁性薄膜中的磁电阻效应

所谓磁电阻效应（MR），即磁场发生变化时，材料的电阻值也相应发生变化的现象，通常将其定义为一个无量纲的比值：

$$MR = \frac{\rho(H_s) - \rho(0)}{\rho(0)} \qquad (1-25)$$

式中，$\rho(H_s)$ 和 $\rho(0)$ 分别为在某一外加饱和场 H_s 和没有磁场存在时材料的电阻率。磁电阻按照其产生机理的不同可以分为以下几种：正常磁电阻（OMR）、各向异性磁电阻（AMR）、巨磁电阻（GMR）、隧道磁电阻（TMR）、庞磁电阻（CMR）。

1.2.1　正常磁电阻效应

正常磁电阻（ordinary magnetoresistance，OMR）来源于载流子在运动过程中所受到的磁场对其洛伦兹力的作用。洛伦兹力导致电子的运动发生偏转或转变为螺旋运动，因而导致材料的电阻增加。最明显的特征为：

（1）磁电阻值 MR>0；

（2）各向异性，但是 $\rho_\perp > \rho_\parallel$（$\rho_\perp$ 和 $\rho_\parallel$ 分别表示外加磁场与电流方向垂直及平行时的电阻率）；

（3）当磁场不太高时，MR 正比于 H^2。

1.2.2　各向异性磁电阻效应

在 3d 铁磁金属以及它们的合金中普遍存在各向异性磁电阻（anisotropic magnetoresistance，AMR）现象，在这些材料中电阻值的大小取决于磁化强度和电流方向的夹角[19,20]。通常，用 $\rho_{/\!/}$ 和 $\rho_\perp$ 分别表示磁化强度与电流方向平行和垂直时的电阻率。

图 1-4 所示为 $Ni_{0.9942}Co_{0.0058}$ 的自发磁化强度随温度的变化曲线，温度范围从绝对零度到居里温度。在室温下，简单考虑一个圆柱状的 $Ni_{0.9942}Co_{0.0058}$ 样品，它的退磁场张量是已知的。其电阻率随外磁场的变化如图 1-5 所示，上面的曲线表示磁矩与电流平行时的状况，下面的曲线表示磁矩与电流垂直的状况。可以看到当磁场增大时 $\rho_\perp$ 明显变小。当磁场很大时，$\rho_{/\!/}$ 和 $\rho_\perp$ 都随磁场增大而一致减小，这种电阻率的减小是由于外磁场导致的除自发磁化强度之外的额外磁化强度的变化所引起的，如图 1-4 中的 ab 线所示，这是一种各向同性的效应[19]。随着量子力学和固体理论的发展，现在一般认为 AMR 是由于铁磁材料中的自旋轨道耦合和对称性破缺产生的，是一种相对论的磁输运现象[21]。

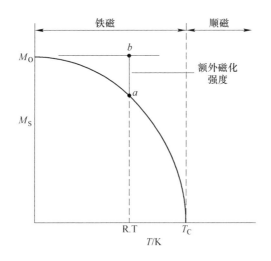

图 1-4　$Ni_{0.9942}Co_{0.0058}$ 的饱和磁化强度随温度的变化[19]

材料的各向异性磁电阻值可通过如下公式进行计算：

$$AMR = \frac{\rho_{/\!/} - \rho_\perp}{\frac{1}{3}\rho_{/\!/} + \frac{2}{3}\rho_\perp} \qquad (1\text{-}26)$$

各向异性磁电阻是最早是由 Willam Thomson 发现的[22]，但是直到一个世纪之后人们才在磁记录探测元件中找到了各向异性磁电阻的用途。各向异性磁电阻的电阻变化率虽然和巨磁电阻以及隧道磁电阻相比比较小，但是由于其对方向的

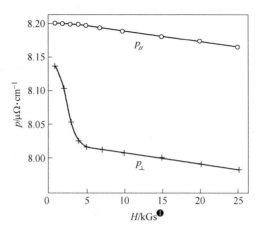

图 1-5   294K 时，$Ni_{0.9942}Co_{0.0058}$ 的 $\rho_{/\!/}$ 和 $\rho_{\perp}$ 随外磁场的变化曲线[19]

敏感性所以在地磁传感方面有很大的应用价值[23,24]。中国科学院宁波材料技术与工程研究所在钙钛矿型锰氧化物单晶中首次观察到了异常大的各向异性磁电阻效应，其数值可达 90% 以上，比传统铁磁材料中的 AMR 效应高出近两个数量级[25]。他们研究发现，该异常的 AMR 效应与钙钛矿型锰氧化物中磁场可调的金属-绝缘体转变密切相关，从而为探索新型 AMR 材料及其应用提供了新的思路。

1.2.3 巨磁电阻效应

巨磁电阻（giant magnetoresistance，GMR）效应是薄膜磁学领域中最振奋人心的发现，它结合了巨大的技术上应用价值和深刻的物理内涵。从巨磁电阻效应 1988 年被发现仅过了九年时间，基于巨磁电阻效应的商业产品就问世了，如计算机硬盘读头、磁场传感器和磁记忆芯片。这些成就的取得都依赖于对 GMR 效应物理本质深刻的认识，而这种认识则是基于在磁性结构中电子的量子力学的自旋相关输运。

GMR 效应的发现在很大程度上是由于薄膜制备技术的提高，这使得生长各种材料的薄膜成为可能，并且可以控制到一个原子层精度。现在制备纳米薄膜的技术主要有分子束外延（MBE）、磁控溅射和电子束蒸发等。把材料制成薄膜之后它们就会有明显的不同于块体材料的性质，这其中包含几个铁磁层和非磁层的多层膜结构，由于其独特的电学、磁学和输运性质而引起了人们广泛的关注。

和其他的磁电阻效应一样，GMR 也是随外磁场的变化而导致材料的电阻值发生变化的现象。Baibich 发现随外加磁场的变大，Fe/Cr 多层膜的电阻明显变

---

❶   1Gs = 1000A/m。

小[1]，这种效应比上面提到的正常磁电阻和各向异性磁电阻都大很多，因此被称为巨磁电阻。一个类似的但是电阻变化比较小的效应也同时在 Fe/Cr/Fe 三明治结构中被发现[2]。后来人们发现在其他的多层膜结构中也可以观察到 GMR 效应，例如 Co/Cu 多层膜[26~28]、Co/Au 多层膜[29,30]、Co/Ag 多层膜[31,32]、Fe/Cu 多层膜[33]等。当外加磁场导致多层膜中铁磁层的磁矩方向发生变化时电阻值就会发生变化。如图 1-6 所示，当没有外磁场时相邻铁磁层的磁矩反平行排列，这时材料的电阻比较高，外加一个磁场使多层膜中铁磁层的磁矩平行排列并使其磁化到饱和，材料的电阻值就会下降。

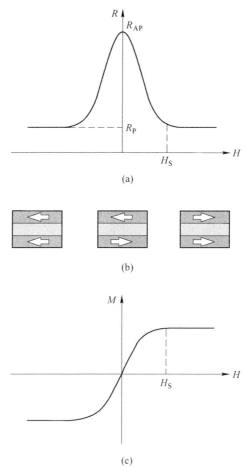

图 1-6　GMR 效应示意图[34]

(a) 外磁场变化时体系电阻发生变化，R 为体系的电阻，R_{AP} 和 R_P 分别为铁磁层磁矩反平行和平行排列时体系的电阻；(b) 外磁场变化时，多层膜中铁磁层磁矩的方向也发生相应变化：零磁场时相邻铁磁层的磁矩反平行排列，当磁场大于饱和磁场 H_S 时相邻铁磁层的磁矩平行排列；(c) 多层膜的磁化曲线

为了观察到 GMR 效应就必须使多层膜中的铁磁层有平行和反平行两种排列组态。反平行排列可以通过相邻铁磁层之间的反铁磁耦合来实现[1]，反铁磁耦合是一种特殊类型的交换耦合，这种耦合被称为 RKKY 相互作用，它的作用机理是铁磁层的局域磁矩通过巡游电子发生相互作用。并且随着中间非磁层厚度的变化，这种耦合可以在铁磁和反铁磁耦合之间发生变化[34~38]。所以如果我们适当选择铁磁层中间非磁隔离层的厚度就可以使相邻铁磁层由于反铁磁耦合而在零场下出现磁矩反平行排列，然后再用外加磁场使其平行排列，从而改变材料的电阻值。

但是要说明的一点是为了实现相邻铁磁层之间的反平行排列不一定要使它们之间有反铁磁耦合，通过引入两个矫顽力不同的铁磁层也可以达到这一效果[39~41]，矫顽力较小的铁磁层称为软磁层，矫顽力较大的铁磁层称为硬磁层。在这种情况下，软磁层和硬磁层的磁矩在不同的磁场下翻转，进而产生反平行和平行排列，这种结构被称为赝自旋阀。还有一种方式就是利用自旋阀结构[42]，在自旋阀结构中一个铁磁层的磁矩被反铁磁层钉扎住不能够自由翻转，而另一铁磁层的磁矩可以随着外磁场自由翻转。虽然多层膜结构的 GMR 值要大于自旋阀结构，但是从应用角度考虑自旋阀结构更有前景，因为其改变电阻值时所需的磁场比较小。磁性的颗粒结构镶嵌在非磁基体中也可以产生 GMR[43]，在没有外加磁场时，磁性颗粒的磁矩方向是随机排列的，这时材料的电阻值比较高，当有一外加饱和磁场时磁性颗粒沿磁场方向平行排列，相应材料处于低电阻态。不同的可以产生 GMR 效应的结构如图 1-7 所示。

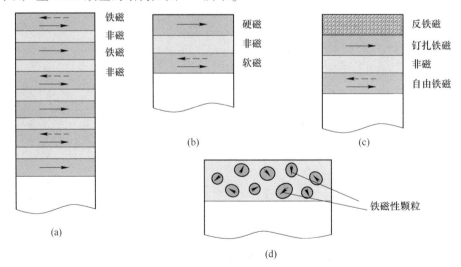

图 1-7　常见的可以产生 GMR 效应的材料结构[34]

（a）多层膜结构；（b）赝自旋阀结构；（c）自旋阀结构；（d）颗粒膜结构

大多数测量 GMR 的方式都是使电流在薄膜平面内流动，即所谓的 CIP（crrent-in-the-plane）模式，还有一种方式是使电流垂直膜面流动，这种方式被称为 CPP（crrent-perpendicular-to-the-plane）模式。和 CIP 相比，CPP 的测量要困难很多，这是因为薄膜的厚度非常小，从而导致电阻也很小，从而增加了探测的难度。人们发展了几种方式去探测 CPP，其中一种方式就是制备样品时采用超导接触[32]，虽然这种方式在样品制备时比较简单但是由于要在低温下测量所以使其应用受到了很大限制。还有一种方式是把多层膜长到事先经过光刻处理的有一定几何结构的基片上，例如槽状结构或者孔状结构，如图 1-8 所示。

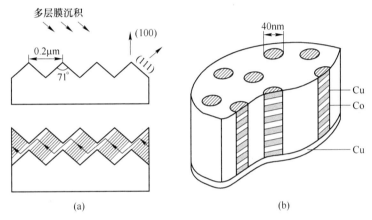

图 1-8　实现室温下 CPP 的两种方式[34]
（a）槽状结构；（b）孔状结构

自从 GMR 效应被发现以来，人们就对它的理论本质产生了极大的兴趣。最初的理论是建立在自由电子基础之上的，虽然这些理论对理解磁性多层膜中电子的输运性质有一些定性帮助，但是由于复杂的自旋极化电子结构，这些理论都不能用于定量计算。过渡铁磁性金属的能带结构最明显的特点是其未满的 d 能带在费米面处不能被看作自由电子的抛物线形。近年来，随着人们对电子输运和能带结构认识的深入，现在已经能够利用多重能带模型从第一性原理出发对 GMR 进行计算。

从 Mott 的二流体模型出发可以对 GMR 进行定性的理解，二流体模型是 Mott 在 1936 年为了解释铁磁金属的电阻率在高于居里温度时突然增加而引入的[20,44]，关于这个模型主要有两点：（1）铁磁金属中的电导可以分为相互独立的两部分，即自旋向上的电子产生的电导和自旋向下的电子产生的电导，这两个通道的电导相互并联即为铁磁金属的总电导，并且在导电过程中电子受到自旋翻转的散射的概率很小，也就是说电子的自旋仅保持一个方向。（2）在铁磁金属中，不论散射中心的本质是什么，自旋向上和自旋向下的电子所受的散射概率都是不相同的。根据 Mott 理论，起导电作用的主要是 sp 价电子，因为它们的有效质量比较小所以迁移性比较强，而 3d 能带的作用是为 sp 电子提供散射的空状态。在铁磁金属中 3d 能带交换劈裂，所以在费米面处两种自旋的电子能态密度不再相同，而 sp 电子散射入这些空状态的概率和能态密度成正比，这就造成电子所受的散射是自旋相关的。

利用 Mott 的理论，可以很直观的解释多层膜中的 GMR 现象，如图 1-9 所示，假定多数自旋的电子在费米面处的能态密度比较大，即自旋方向与铁磁层磁矩方向相同的电子受的散射比较强，自旋方向与铁磁层磁矩相反的电子受的散射比较弱。对图 1-9（a）所示的铁磁层磁矩反平行排列的情况，自旋向上和自旋向下的电子都是在一个铁磁层受的散射强，而在另一个铁磁层受的散射弱，总体上每个电子受的散射都很强，体系处于高电阻态。而对图 1-9（b）所示的铁磁层平行排列的情况，虽然自旋向下的电子由于在两个铁磁层都受到强散射而处于高电阻态，但是自旋向上的电子在两个铁磁层受的散射都很弱而处于低电阻态，两个电子电阻的并联结果是体系整体处于低电阻态。

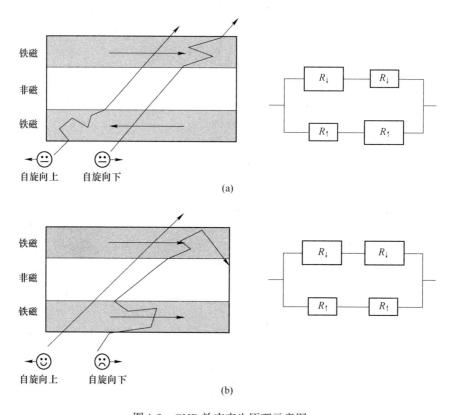

图 1-9　GMR 效应产生原理示意图

（a）相邻铁磁层磁矩反平行排列；（b）相邻铁磁层磁矩平行排列

具体分析自旋相关散射，电导率是自旋向上和自旋向下电子电导率之和：

$$\sigma = \sigma\uparrow + \sigma\downarrow \tag{1-27}$$

对每一个通道的电导率都可以将其写为

$$\sigma = \frac{e^2}{\pi\hbar}\frac{k_F^2}{6\pi}\lambda \tag{1-28}$$

式中，$e^2/\pi\hbar \approx 0.387 \times 10^{-4}\Omega^{-1}$ 为自旋电导量子数；k_F 为费米波矢；λ 为电子的平均自由程，它是弛豫时间 τ 和费米速度 v_F 的乘积，即 $\lambda = \tau v_F$。在上面的公式中并没有具体标明自旋，但是以上所有的量都是自旋相关的。上式对于定性理解影响 GMR 的因素有很大的帮助。

电导主要是由费米面处的电子决定，根据泡利不相容原理，在费米面以下的电子在较小的外电场中不能获得能量，因为所有能量更高的能级都被电子所占据，因此只有费米面处的电子对电导有贡献。从式（1-28）可以看到电导率正比于费米面的截面积约 k_F^2，这和参与电导的电子数有关。自由程取决于费米速度和弛豫时间，根据费米黄金定则，弛豫时间可写为

$$\frac{1}{\tau} = \frac{2\pi}{\hbar}\langle V_{scat}^2\rangle n(E_F) \tag{1-29}$$

式中，$\langle V_{scat}^2\rangle$ 为散射势的平均值；$n(E_F)$ 为对于一种特定的自旋费米面处的态密度。

虽然式（1-28）和式（1-29）中各个物理量一般来说都是自旋相关的，但是这种自旋相关产生的来源却是不同的。费米波矢 k_F 和费米速度 v_F 是金属的内禀性质，完全由电子的能带结构所决定。在铁磁金属中这些量随着自旋取向的不同而不同。而费米面处的能态密度 $n(E_F)$ 由自旋极化的能带结构所决定。与之相反的是散射势并不是金属的内禀性质，它是由散射中心产生的，例如缺陷、杂质和晶格振动等。根据散射机制的不同，散射势可能是自旋相关的，也可能是和自旋无关的。例如在稀磁合金中由杂质所引起的自旋相关的散射势会引起合金电导的自旋不对称[45]。这在 GMR 的铁磁层为合金时要引起特别的关注。在铁磁层和非磁层界面处的自旋相关散射势也可能对 GMR 有贡献，在真实的多层膜结构中这些界面往往不是理想的界面，而是有一定的粗糙度，并且界面处的原子会相互替代或混合到一起。界面原子势的随机性导致界面散射增加。如果对于一种自旋取向磁性和非磁性原子的原子势是相同的而对于另外一种自旋它们是不同的，这样就会产生很强的自旋相关散射。

因为在式（1-28）中的弛豫时间 τ 由各种散射势的平方的平均值所决定，在这种情况下，自旋相关的能带结构就会起到决定性的作用，所以有必要考虑多层膜的能带结构。

多层膜的能带结构是其最重要的性质，因为它决定了自旋相关的散射和

GMR。在多数的产生 GMR 的结构中，铁磁性的 3d 过渡金属 Fe、Co、Ni 以及它们的合金和非磁性的金属隔离层如 Cr、Cu、Au、Ag 结合到一起，这些金属的电子结构有很多共同的性质。

由于比较弱的自旋轨道耦合，3d 过渡金属（3d 金属）的自旋向上和自旋向下的电子的能带结构可以被分开独立考虑。3d 金属的特性能带为 4s、4p 和 3d 能带，它们是靠轨道角动量来进行的区分。4s 和 4p 态形成杂化的 sp 能带，sp 能带和自由电子的能带比较相像。sp 电子由于很高的速度和比较低的态密度因此有比较长的自由程，在 3d 金属中它们被认为是对电导有主要贡献的电子。与之恰恰相反，3d 能带局域在一个很窄的能量范围内，有很高的态密度，因此 3d 电子的速度比较低，能动性比较差，进而对电导贡献很小。在 sp 和 d 能带的交汇处，它们并不是相互独立的而是有很强的 sp-d 杂化，这极大地改变了能带结构。它使 sp 电子的性质发生了急剧的变化，这可以从能带的弯曲得到直接的反应，这样的变化导致 sp 电子的速度降低，如图 1-10（a）Cu 的能带结构所示。

在铁磁性的 3d 过渡金属中 d 能带是交换劈裂的。由于 d 电子的局域特性，两个占据同一轨道并且自旋相反的 d 电子之间会有很强的库伦排斥作用。为了降低能量，d 电子的自旋倾向于平行排列，可是泡利不相容原理不允许两个拥有相同自旋的电子靠地太近。因此库仑排斥作用和泡利不相容原理的共同作用导致了铁磁性的交换作用并且形成了自发磁矩。然而把体系中的电子都放到自旋相同的状

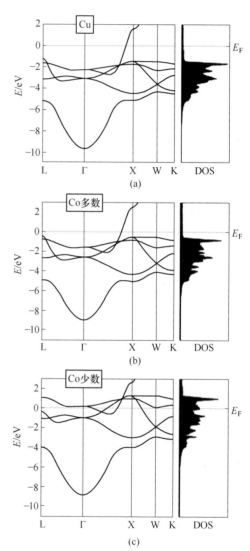

图 1-10   金属的能带结构（左）和能态密度（右）[34]

（a）FCC Cu；（b）FCC Co 的多数自旋电子；

（c）FCC Co 的少数自旋电子

态里增加了体系的自由能，并且 d 能带越宽或者 d 能带的能态密度越低这种增加就越明显。因此就有两种相互竞争的作用，它们两个之间的平衡就决定了铁磁序能否形成。判断铁磁序能否形成的是著名的斯通纳判据，即 $J \cdot n(E_F) > 1$，J 为交换常数（对 3d 过渡金属大约为 1eV），$n(E_F)$ 是对于一种给定的自旋其在费米面处的能态密度。BCC Fe、FCC Co、FCC Ni 都满足斯通纳判据。由于交换劈裂的 d 能带，自旋向上和自旋向下的状态占据数是不相等的，这就导致了它们的自发磁化。为了区分两种占据态，用多数自旋电子和少数自旋电子区分两种电子。Co 的多数自旋电子和少数自旋电子的能带结构如图 1-10（b）和（c）所示。

导电性取决于费米能级相对于 d 能带的位置。对 FCC Cu，d 能带完全被电子占据，费米能级在 sp 能带中，如图 1-10（a）所示，sp 能带电子的速度很高并且由于 sp 能带的态密度比较低所以散射的概率比较低，这就导致电子的平均自由程比较长，所以 Cu 是一种很好的良导体。而对于铁磁性的金属例如 Co，如图 1-10（b）所示，多数自旋的 d 能带被完全占据，而少数自旋的 d 能带是部分占据。所以多数自旋电子的费米面在 sp 能带中，而少数自旋电子的费米面在 d 能带中。交换劈裂导致多数自旋电子和少数自旋电子电导率的极大不同。多数自旋电子的情况和 Cu 类似，电导率由 sp 电子决定并且有很高的量值。而少数自旋的电子电导率并不是完全由 sp 电子决定，由于极强的 sp-d 杂化所以 sp 和 d 电子都对电导有影响，sp-d 杂化能带的高能态密度使得少数自旋电子的平均自由程很短所以电导率比较低。

磁性多层膜中界面的存在为自旋相关散射增加了新的特性。产生界面的两种金属有着不同的能带结构，所以在界面处形成了能量台阶，这就导致电子在界面的透射概率小于 1。由于铁磁层的自旋相关能带结构，所以电子在界面的透射也是自旋相关的。如图 1-10 所示，考虑 Cu 和 Co 的能带结构，比较图 1-10（a）和（b）可以看到，Cu 的能带结构和 Co 的多数自旋电子的能带结构比较相像，这种极佳的能带匹配使得多数自旋电子在 Cu/Co 界面有很高的透射概率；而比较图 1-10（a）和（c）可以发现，Cu 的能带结构和 Co 的少数自旋电子能带结构差异非常大，因此少数自旋电子在 Cu/Co 界面透射性比较差。可以把 Cu/Co 界面考虑成一个自旋过滤器。当这些过滤器平行排列时，多数自旋电子能够很容易地通过界面，而当这些过滤器反平行排列时，两种自旋的电子都会在某一个界面受到比较强的散射。这种自旋相关的透射是 GMR 的一个重要组成部分。

界面处原子的混合也会使能带匹配在自旋相关散射中扮演重要角色。如果我们忽略掉界面处原子化学状态的变化，也就是假设原子能级和磁矩都和块体中的情况一样，那么这种界面原子混合就会产生一个自旋相关的随机的势场。对多数自旋电子在 Cu/Co 界面的能带匹配很好，所以产生小的散射势场，对少数自旋电子在 Cu/Co 界面能带匹配较差，所以产生比较大的散射势。Cr/Fe 界面也有类似的情况，不同的是对少数自旋电子其能带匹配较好，所以产生小的散射势场，对多数自旋电子能带匹配较差，所以产生大的散射势场。所以铁磁和非磁金属能带的匹配与不匹配会在界面处产生自旋相关的散射势，这对 GMR 会有很大的影响。

自从 GMR 效应被发现以来，人们研究了大量的具有此效应的磁性多层膜结构。通过研究发现多层膜的 GMR 值和其化学组成关系很大。Co/Cu 多层膜的 GMR 值可以达到 120%[26]，而 Fe/Cr 多层膜可高达 220%[46]。在其他材料组成的多层膜中 GMR 值则相对较小：室温下 Co/Ag-22%[47]，4.2K 时 Ni/Ag-28%[48]，4.2K 时 Ni/Cu-9%[49]，室温下 $Ni_{80}Fe_{20}$/Cu-18%[50]，室温下 $Ni_{80}Fe_{20}$/Ag-17%[51]，室温下 $Ni_{80}Fe_{20}$/Au-12%[52]。在其他的体系中，例如 Fe/Mo、Fe/Au、Co/Cr、Co/Al、Co/Ir、GMR 值则小于 1%[34,53~56]。

为什么有些体系的 GMR 值高而有些体系的 GMR 值低？所有以上这些多层膜中都包含 3d 金属，我们知道 3d 金属由于交换劈裂的 d 能带所以在电子输运过程中有明显的自旋不对称性。这种自旋不对称性是产生高 GMR 的必要条件但绝非充分条件，GMR 值的大小在很大程度上取决于铁磁金属和非磁金属这一对组合。例如，在 Co/Cr 和 Fe/Cu 体系中 GMR 值很低（Co/Cr-3%[34]，Fe/Cu-5.5%[57]），这和前面提到的 Co/Cu-120%，Fe/Cr-220% 形成了鲜明的对比。

要想获得较高的 GMR 值，有两个因素很重要，那就是相邻的铁磁和非磁金属间能带和晶格的匹配程度。如前面所述能带匹配程度越好，则该种自旋取向的电子穿透铁磁（FM）/非磁（NM）界面的能力越强；能带匹配程度越差，则该种自旋取向的电子穿透 FM/NM 界面的能力越弱。在 FM/NM 界面处晶格不匹配会导致错配位错等晶体缺陷。在非磁金属内这些缺陷的散射是非自旋相关的，因此会减弱 GMR 效应。虽然在铁磁金属内这些缺陷的散射是自旋相关的，但是散射势中的自旋不对称性会随着缺陷细节的不同而变化，最后各种缺陷的平均效果使得散射势只是弱自旋相关的，这也会导致 GMR 的降低。

这两个条件，即能带匹配和晶格匹配，Co/Cu 和 Fe/Cr 都能几乎完美的满足。Co 的多数自旋电子和 Cu 的能带非常匹配而 Fe 的少数自旋电子和 Cr 的能带非常匹配。另一方面 Co 的少数自旋电子和 Cu 的能带结构非常不匹配而 Fe 的多数自旋电子和 Cr 的能带结构非常不匹配。再看晶格匹配情况，FCC Co 的晶格常数为 0.356nm，只比 FCC Cu 的晶格常数 0.361nm 小 2%；BCC Fe 和 BCC Cr 的晶格常数则更为相近，分别为 0.287nm 和 0.288nm。基于以上两点就不难理解为什么在 Co/Cu 和 Fe/Cr 多层膜中 GMR 值会非常高。

半金属中一种自旋的电子行为像金属而另一种自旋的电子行为则类似绝缘体，所以半金属有很高的自旋极化率。从理论上讲半金属应该有很高的 GMR 值[58,59]，但是目前所做的工作中测量到的 GMR 值却远远没有达到预期值。相关的理论和实验工作还需要科研工作者的进一步探索。

1.2.4 隧道磁电阻效应

对磁隧道结中隧道磁电阻（tunneling magnetoresistance，TMR）的研究是自旋电子学的一个重要组成部分。磁隧道结是由两个磁性电极和中间一个绝缘体隔离层构成，当两个电极的磁矩相对取向发生变化时磁隧道结的电阻也会发生变化。早在 1975 年 Julliere 就在 Fe/Ge/Co 结构中观察到了 TMR 效应[60]，但是重复性比较差，所以并未引起人们足够的重视。直到 1995 年 Moodera 和 Miyasaki 小组才在以多晶氧化铝为遂穿层的磁隧道结中观察到了 20% 的可重复的 TMR 效应[61,62]。2004 年，人们对 TMR 的研究取得了巨大的突破，在同一期的 Nature Materials 杂志上，IBM 公司的 Parkin 和日本人 Shinji Yuasa 同时报道了以 MgO 为遂穿层的磁隧道结中巨大的 TMR 值，Parkin 在磁控溅射生长的以 CoFe 为电极的磁隧道结中观察到了室温 220% 的 TMR[63]，Shinji Yuasa 在外延生长的单晶 Fe/MgO/Fe 结构的磁隧道结中测量到了室温 180% 的 TMR[64]。2008 年前后 TMR 值再创新高，Ohno 小组在 CoFeB/MgO/CoFeB 结构磁隧道结中实现了室温 604%，低温 1010% 的 TMR 值[65,66]。并且通过进一步优化在该结构中还实现了垂直磁各向异性，在只有 40nm 的低维情况下，测量得到了具有良好热稳定性的高达 120% 的 TMR 值[3]。

当前对磁隧道节的研究主要集中在具有垂直磁各向异应的磁隧道节结构，因为这种结构退磁场较小，所以可以降低自旋转移矩的翻转电流，同时还有更快的翻转速度[67~69]。在垂直磁隧道节中常用的铁磁层有 Co/Pt 多层膜[70,71]，稀土过渡金属合金[72]，还有就是上面提到过的 CoFeB[3,73~75] 等，其中 CoFeB 由于其高自旋极化率和低磁阻尼系数而受到了广泛关注。在 CoFeB 基磁隧道节中人们还发现可以利用电压辅助磁矩翻转从而降低翻转电流密度，同时还能通过电压调节 CoFeB 的磁各向异性，这为发展低能耗自旋器件提供了新的思路[76~79]。

磁隧道节之所以引起人们极大的关注是因为可用它来构造磁随机存储器（MRAM），如图 1-11 所示。MRAM 以其高速、低能耗、高密度、非挥发性等优点而受到了广泛关注。2006 年以氧化铝为遂穿层的商业化 MRAM 被投放到了市场。目前市场上的 MRAM 产品主要由 Everspin 公司制造，其存储容量已达到 64Mb，预计在不久的将来 MRAM 将取代当前主流的动态随机存储器（DRAM）和静态随机存储器（SRAM）而成为电脑和移动设备的主要存储器。

图 1-12 为近年 MRAM 的发展趋势图[80]，可以看到最近几年 MRAM 的发展趋势是用自旋转移矩代替磁场写入信息，用垂直磁各向异性材料体系代替面内磁各向异性材料体系以克服卷曲效应、提高热稳定性、降低电流密度。

1.2.5 庞磁电阻效应

庞磁电阻（colossal magnetoresistance，CMR）是人们在掺杂锰氧化物中发现

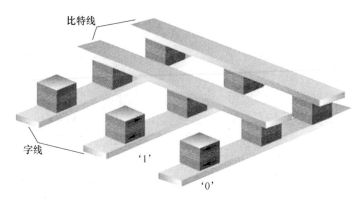

图 1-11   MRAM 原理示意图

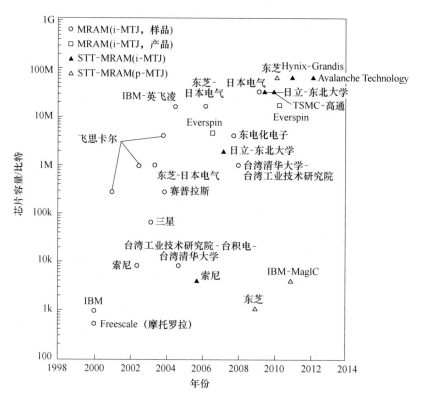

图 1-12   MRAM 发展趋势图[80]

(MRAM 代表用磁场写入信息, STT-MRAM 代表用自旋转移矩写入信息)

的一种超大的磁电阻效应[81], 其磁电阻变化可达几个数量级。CMR 来源于在居里温度附近的金属-绝缘体转变。虽然庞磁电阻的值非常大, 但是产生这种效应所需的磁场也很大, 通常要到几个特斯拉, 这极大地限制了 CMR 的实际应用。

1.3 磁性薄膜磁各向异性的来源及应用

1.3.1 磁性薄膜磁各向异性的来源

从根本上讲，磁各向异性主要来源于磁偶极作用和自旋轨道耦合作用。磁偶极作用与样品的形状有很大关系，因此磁偶极磁各向异性又被称为形状磁各向异性。如果没有磁偶极作用和自旋轨道偶合作用的影响，则电子-自旋体系的总能量与磁化强度的方向无关。下面分别讲述这两种作用所导致的磁各向异性。

1.3.1.1 形状磁各向异性

在薄膜磁各向异性的各种来源中，形状磁各向异性具有举足轻重的地位。忽略薄膜的不连续性，形状磁各向异性可以用退磁场 H_D 描述，并且有 $H_D = -NM$，其中 N 为与形状有关的退磁因子，M 为磁化强度。对薄膜样品，除与薄膜垂直方向的退磁因子 $N = 4\pi$ 外，其他方向的退磁因子都近似为零，相应退磁能可用如下公式描述：

$$E_D = K_D \sin^2\theta = -2\pi M_S^2 \sin^2\theta \tag{1-30}$$

式中　E_D——退磁能，erg/cm^3[❶]；

　　　K_D——退磁场磁各向异性常数，erg/cm^3；

　　　M_S——饱和磁化强度，emu/cm^3[❷]；

　　　θ——磁化强度和薄膜法线方向的夹角。

从式（1-30）可以看出，对薄膜样品，为使退磁能最小，θ 应取 $\pi/2$，即磁化强度在薄膜平面内排列。所以退磁能利于薄膜的面内磁各向异性，不利于垂直磁各向异性。

1.3.1.2 磁晶各向异性

磁晶各向异性是指磁化矢量沿不同晶轴方向时具有不同的能量，其主要来源于电子的自旋轨道耦合作用和晶体场对电子轨道运动的影响。在量子力学建立以前，磁晶各向异性的研究受到很大的限制。人们从 1930 年开始用量子力学的方法处理磁晶各向异性问题。经过多年研究，局域电子的磁晶各向异性理论已经趋于成熟。在这方面建立了两种理论模型：单离子各向异性理论模型和各向异性交换作用理论模型。巡游电子的各向异性能带理论则发展迟缓，至今没有建立起完备的理论。

---

❶　$1J/m^3 = 10erg/cm^3$。

❷　$1emu/cm^3 = 10^3 A/m$。

薄膜样品的磁晶各向异性能可表示为

$$E_{MC} = K_{MC}\sin^2\theta \qquad (1\text{-}31)$$

式中　　E_{MC}——磁晶各向异性能，erg/cm³；

　　　　K_{MC}——磁晶各向异性常数，erg/cm³；

　　　　θ——磁化强度和薄膜法线方向的夹角。

1.3.1.3　磁弹性各向异性

磁弹性各向异性效应是磁致伸缩的逆效应。对于各向同性的弹性介质，磁弹性能可写为

$$E_{ME} = K_{ME}\cos^2\alpha$$

$$= -\frac{3}{2}\lambda\sigma\cos^2\alpha \qquad (1\text{-}32)$$

$$= -\frac{3}{2}\lambda E\varepsilon\cos^2\alpha$$

式中　　E_{ME}——磁弹性能，erg/cm³；

　　　　K_{ME}——磁弹性各向异性常数，erg/cm³；

　　　　λ——磁致伸缩系数；

　　　　σ——应力，N/m²；

　　　　E——弹性模量，Pa；

　　　　ε——应变；

　　　　α——磁化强度和应力方向的夹角。

磁致伸缩系数 λ 与方向有关，其值可为正，也可为负。对薄膜样品，如果面内的应力不为零，则磁化强度的取向会受到应力正负值的影响。薄膜中的应力有各种来源，常见的有薄膜沉积过程中产生的应力以及相邻层与层之间由于晶格常数不匹配所产生的应力。

假设 A 材料沉积到 B 材料上，A 和 B 材料的晶格常数分别为 a_A 和 a_B，则其错配度 $\eta = (a_A - a_B)/a_A$。如果晶格错配度不是很大，则为了减小系统的总能量，在某一临界厚度以下，晶格错配可以通过在一层中引入张应力，在另一层中引入压应力来补偿。补偿的结果是 A 和 B 材料获得相同的晶格常数，这种情况称为一致应变。

在一致应变的情况下，假设应力在薄膜平面内，令 θ 为磁化强度和薄膜法线的夹角（$\theta+\alpha=\pi/2$），则式（1-32）可变为

$$E_{ME} = K_{ME}\sin^2\theta$$

$$= -\frac{3}{2}\lambda\sigma\sin^2\theta \quad (1-33)$$

$$= -\frac{3}{2}\lambda E\varepsilon\sin^2\theta$$

1.3.1.4 表面和界面磁各向异性

奈尔指出，在表面或界面处，近邻数减少和对称性降低可引起磁各向异性[82]。磁性多层膜结构中存在大量的表面和界面，正是它们的存在导致了多层膜强的磁各向异性。以表面或界面的法线为对称轴，单位面积的表面或界面磁各向异性能量可表示为

$$E_S = K_S\sin^2\theta \quad (1-34)$$

式中　E_S——表面或界面能，erg/cm^3；

　　　K_S——表面或界面磁各向异性常数，erg/cm^3；

　　　θ——磁化强度和表面或界面法线方向的夹角。

综合以上 4 种磁各向异性，薄膜样品的总磁各向异性能可表示为

$$E_A = \left[2K_S/t + K_D + K_{MC} + K_{ME}\right]\sin^2\theta \quad (1-35)$$

式中，t 为薄膜中磁性层的厚度，薄膜的有效磁各向异性常数定义为

$$K_{eff} = 2K_S/t + K_{MC} + K_D + K_{ME}$$

$$= 2K_S/t + K_{MC} - 2\pi M_S^2 - \frac{3}{2}\lambda E\varepsilon \quad (1-36)$$

当 $K_{eff}>0$ 时，薄膜的易磁化轴垂直于膜面，称薄膜具有垂直磁各向异性；当 $K_{eff}<0$ 时，薄膜的易磁化轴在膜面内，称薄膜具有面内磁各向异性。$K_{eff}>0$ 或 $K_{eff}<0$ 依赖于式（1-36）中 4 种因素的竞争。在磁性多层膜中，若有足够大的正的 K_S，当磁性层的厚度 t 足够小时可以得到正的 K_{eff}。根据式（1-36），使 $K_{eff}>0$ 的磁性层的临界厚度 t_C 为

$$t_C = \frac{2K_S}{\frac{3}{2}\lambda E\varepsilon + 2\pi M_S^2 - K_{MC}} \quad (1-37)$$

1.3.2 磁性薄膜磁各向异性研究进展

具有垂直磁各向异性的磁性薄膜有很多，但是大部分都是（FM/NM）$_N$ 的多层膜结构，其中 FM 代表铁磁材料，NM 代表非磁金属，N 代表周期数。常见的多层膜中的铁磁材料有 Co、CoFeB 等，常见的非磁金属有 Pt、Pd、Ir 等。这些FM 和 NM 相互组合就会形成多种多层膜材料，例如 Co/Pt 多层膜、Co/Pd 多层

膜、CoFeB/Pt 多层膜等。另外还有由两种 FM 材料组成的多层膜，例如 Co/Ni 多层膜，也具有良好的垂直磁各向异性。这些多层膜中，人们研究最广泛，同时也是在自旋电子学中利用最多的就是 Co/Pt 多层膜，所以下面着重讨论 Co/Pt 多层膜的研究进展。

1988 年 Carcia 发现，在用磁控溅射生长的 Co/Pt 多层膜中，当 Co 层厚度小于 1.4nm 时，多层膜具有垂直磁各向异性，如图 1-13 所示[83]。之后在世界各地，对 Co/Pt 多层膜的研究如雨后春笋般蓬勃发展起来。Zeper 用电子束蒸发的方法制备出了具有垂直磁各向异性的 Co/Pt 多层膜，并且还发现 Co/Pt 多层膜具有极好的抗氧化性和抗腐蚀性，在空气中放置几个月磁性都不改变[84]。Hashimoto 发现，磁控溅射制备 Co/Pt 多层膜时，Ar 气压强越高，多层膜的矫顽力越大，垂直磁各向异性也越强[85]。Carcia 通过实验观察到，采用原子质量大的溅射气体，如 Kr 或 Xe，可以减小反射到基片上的原子的能量，从而通过减弱 Co 和 Pt 原子间的扩散增大 Co/Pt 多层膜的矫顽力和垂直磁各向异性[86]。Lin 通过系

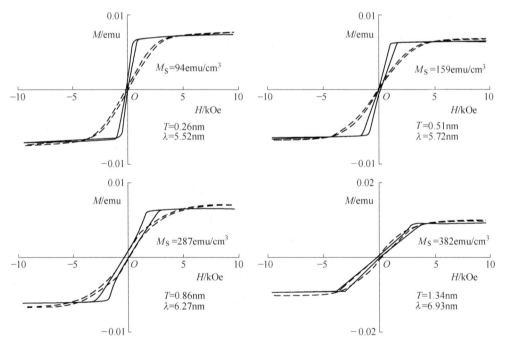

图 1-13　磁场沿垂直膜面方向（实线）和平行膜面方向（虚线）施加时，Co/Pt 多层膜的磁滞回线[85]
（T 为 Co 的厚度，λ 为每个调制周期的厚度）❶

---

❶　$1Oe = 79.6A/m$，$1A \cdot m^2 = 1000emu$。

统研究发现 Co/Pt 多层膜的垂直磁各向异性与多层膜的晶体取向密切相关,(111) 织构的垂直磁各向异性远大于（100）和（110）织构[87]。Tsunashima 通过增加 Pt 缓冲层的厚度增强了 Co/Pt 多层膜的（111）织构,进而提高了矫顽力和垂直磁各向异性[88]。影响 Co/Pt 多层膜磁性的因素还包括热处理[89]、界面结构[90]、界面粗糙度[91]、晶粒尺寸[92]等。

以上研究均是从唯象角度对 Co/Pt 多层膜的磁各向异性进行了定性研究,并没有涉及垂直磁各向异性真正的物理来源。第一性原理计算表明,单独存在的 Co 单层具有面内磁各向异性[93]。利用 X 射线磁圆二色（MCXD）对 Co/Pt 多层膜中 Co 原子的 $L_{2,3}$ 和 $M_{2,3}$ 吸收边以及 Pt 原子的 $N_{6,7}$ 和 $O_{2,3}$ 吸收边进行分析发现在 Co-Pt 界面处 Co 3d 和 Pt 5d 轨道之间存在强烈的杂化作用,进而导致了 Co 层垂直轨道磁矩的增加[93],如图 1-14 所示。增加的轨道磁矩通过自旋轨道耦合作用使 Co-Pt 界面产生了强烈的界面垂直磁各向异性,这就是 Co/Pt 多层膜垂直磁各向异性的物理来源。

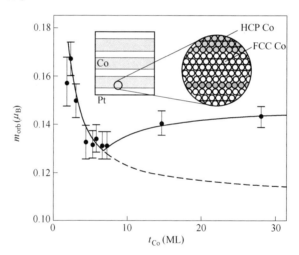

图 1-14 Co/Pt 多层膜中 Co 原子的垂直轨道角动量随 Co 原子层数的变化[93]
(虚线是对 FCC Co 情况的外推)

在 Co/Pt 多层膜中,相邻铁磁层的耦合对其磁性有重要的影响。但是和在一般铁磁/非磁多层膜中既能观察到铁磁耦合又能观察到反铁磁耦合不同,在 Co/Pt 多层膜中人们仅发现了铁磁耦合。通过对具有不同周期数的 Co/Pt 多层膜矫顽力的观察人们才了解到 Co/Pt 多层膜中相邻 Co 层之间的耦合是在铁磁耦合基础上再叠加一个随距离振荡变化的 RKKY 耦合[94],如图 1-15 所示。铁磁耦合的产生是由于 Pt 是第 10 族的过渡金属,几乎具有磁性,所以在 Co/Pt 多层膜中临近 Co 层的 Pt 原子被磁化而带有磁矩,Co 层通过被磁化的 Pt 层而产生铁磁耦合,并且

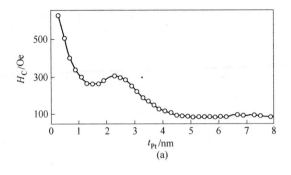

(a)

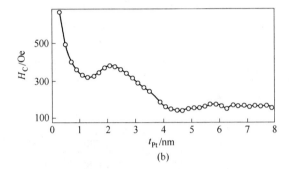

(b)

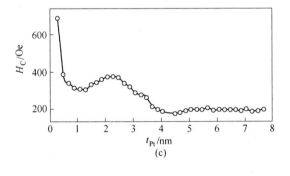

(c)

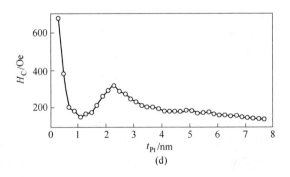

(d)

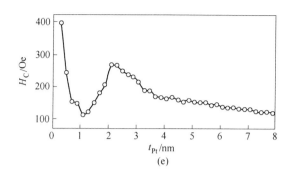

图 1-15 $[Co(0.4nm)/Pt(t_{Pt})]_N$ 的矫顽力随 Pt 厚度的变化，N 为周期数[94]

(a) $N=5$；(b) $N=8$；(c) $N=12$；(d) $N=20$；(e) $N=30$

这种耦合强度随 Pt 层厚度的增加而单调减小。RKKY 耦合虽然在铁磁耦合和反铁磁耦合之间振荡变化，但是在某一产生反铁磁耦合的 Pt 厚度，其反铁磁耦合强度不足以克服 Pt 原子被磁化而导致的铁磁耦合的强度，所以最终在 Co/Pt 多层膜中仅能观察到铁磁耦合，只是反应耦合强度的矫顽力随 Pt 厚度的变化而振荡变化。

最近几年，为了能使 Co/Pt 多层膜自旋电子学器件和 CMOS 有良好的集成性，提高 Co/Pt 多层膜的热稳定性引起了人们极大的兴趣。Co/Pt 多层膜中 Co 原子和 Pt 原子在薄膜生长和退火过程中的扩散是导致多层膜垂直磁各向异性下降的主要原因，所以要想提高热稳定性就必须想办法减弱扩散作用。

实验发现 Co/Pt 多层膜中的 Pt 层越薄，在薄膜生长和后续退火过程中 Co 和 Pt 原子间的扩散作用越弱[95~97]。在 $[Co(0.2nm)/Pt(0.2nm)]_6$ 结构中，即使退火温度高达 370℃，多层膜的磁滞回线仍具有良好的矩形度，如图 1-16 所示，退火和未退火的磁滞回线几乎完全重合，类似的现象在 Co/Pd 多层膜中也有发现。但是用此种方法制备的 Co/Pt 多层膜中 Pt 层太薄（不到一个原子层），所以相应 Co 层也必须很薄才能使多层膜具有垂直磁各向异性，而太薄的 Co 层由于磁性较弱，所以在自旋器件中对自旋电子的控制作用也大大减弱，从而使器件的性能受到了影响。

Dieny 等人发现在磁控溅射生长的 Pt/Co/Pt 三明治结构中扩散主要发生在 $Co_{bottom}-Pt_{top}$ 界面（简称 Co-Pt 界面），而垂直磁各向异性主要来源于 $Pt_{bottom}-Co_{top}$ 界面（简称 Pt-Co 界面），通过在 Co-Pt 界面引入与 Co 不互溶的 Cu 或 Mg 可使三明治结构的垂直磁各向异性增加一倍[98]。进一步把这种效应推广到 Co/Pt 多层膜中，在多层膜中的 Co-Pt 界面插入 Cu 层也可提高 Co/Pt 多层膜的垂直磁各向异性和热稳定性[99]。

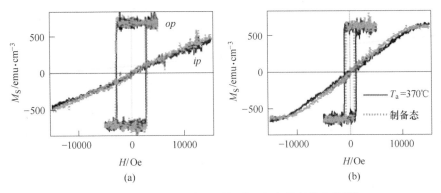

图 1-16　多层膜沿垂直和平行膜面方向的磁化曲线[95]

(a) [Co(0.20nm)/Pt(0.20nm)]₆；(b) [Co(0.20nm)/Pd(0.20nm)]₆

(虚线对应制备态，实线对应370℃退火1h)

1.3.3　磁性薄膜在自旋电子学中的应用

前面讲到，磁性薄膜有很多种，例如 Co/Pt 多层膜、Co/Pd 多层膜、Co/Ni 多层膜、CoFeB/Pt 多层膜等，这些多层膜在自旋电子学中的应用和所起的功能性作用大同小异，所以下面的讨论以 Co/Pt 多层膜的应用为主，其他类型多层膜的应用可以参照 Co/Pt 多层膜。

1.3.3.1　磁光记录介质和垂直磁记录介质

人们最开始是将 Co/Pt 多层膜作为磁光记录介质进行研究的[100]，这是因为 Co/Pt 多层膜在短波长（<500nm）范围有很大的磁光科尔效应，这为高记录密度的实现提供了可能。但是 Co/Pt 多层膜的矫顽力较小，不利于记录信息的保存，这极大限制了其作为磁光记录介质的应用。除了磁光记录介质，Co/Pt 多层膜还可作为垂直磁记录介质储存信息。Kawada 通过改进实验条件制备出了垂直磁各向异性常数为 $10 \times 10^6 erg/cm^3$，矫顽力高达 4.7kOe 的 Co/Pt 多层膜，进一步在 Pt 底层和玻璃基片之间插入 FeTaC 软磁层可使矫顽力提高到 5.8kOe[101]。Co/Pt 多层膜的高垂直磁各向异性常数和较薄的记录层厚度使其很有前景成为下一代磁记录介质。

1.3.3.2　具有垂直磁各向异性的自旋阀

具有面内磁各向异性的材料，如 Co、NiFe 等可作为自旋阀的铁磁层[102]，但是随着元件尺寸缩小到亚微米量级，面内磁各向异性材料在磁矩翻转过程中的卷曲效应越来越明显[103]，这极大限制了其实际应用。为了缩小元件尺寸从而提高存储密度，具有垂直磁各向异性的磁性材料被引入到了自旋阀结构中。Dieny 等人首先制备出了以 Co/Pt 多层膜为铁磁层，以反铁磁 FeMn 为钉扎层，以 Pt 为隔离层的具有垂直磁各向异性的交换偏置自旋阀结构，其磁化曲线如图 1-17 所示[104]。之后不久，他们又将 Pt 隔离层换成了在自旋阀中常用的 Cu 隔离层，并测量了自旋阀的磁电阻，其磁电阻曲线和磁化曲线如图 1-18 所示[105]。但是这种交换偏置自旋阀的巨磁电阻值都很低（不到 1%），其主要原因是自旋阀中极厚的金属反铁磁层和多层膜中较厚的 Pt 层产生了严重的分流作用。所以为了提高磁电阻值，有必要制备没有反铁磁层的赝自旋阀结构。

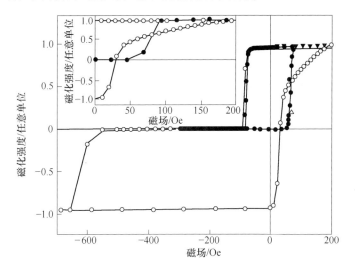

图 1-17　垂直自旋阀结构 [Pt(2nm)/Co(0.4nm)]₄/Pt(3.5nm)/
[Co(0.4nm)/Pt(2nm)]₃/Co(0.4nm)/FeMn(7.5nm)/Pt(2nm) 的磁化曲线[104]
（空心圆圈为主回线，实心圆圈为自由层的小回线）

　　上述自旋阀在磁电阻测量过程中电流平行膜面流动，称为电流平行平面自旋阀，还有一种自旋阀电流垂直膜面流动，称为电流垂直平面自旋阀，电流垂直平面自旋阀中铁磁层的磁化强度也可以通过自旋转移矩效应被垂直流动的电流翻转。Mangin 等人首先制备出了以 Co/Ni 和 Co/Pt 多层膜为铁磁层的电流垂直平面自旋阀结构，如图 1-19 所示[106]。在该自旋阀中还实现了在不借助外磁场情况下电流对铁磁层磁矩的翻转，图 1-20 是分别单独施加磁场和电流时，自旋阀的磁电阻曲线。

1.3.3.3　具有垂直磁各向异性的磁隧道节

　　和自旋阀一样，制备磁隧道节的材料也经历了从面内磁各向异性向垂直磁各向异性的转变[107~110]。2008 年，Park 制备出了分别以 Co/Pt 多层膜为参考层和自

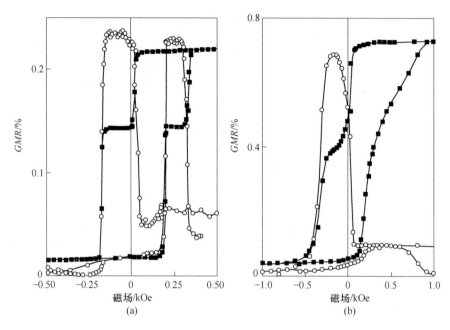

图 1-18 垂直自旋阀的磁化曲线（实心方块）和磁电阻曲线（空心圆）[105]
（a）Pt(6nm)/[Co(0.4nm)/Pt(2nm)]$_5$/Co(0.8nm)/Cu(3nm)/Co(0.8nm)/[Pt(2nm)/Co(0.4nm)]$_5$/
FeMn(15nm)/Pt(2nm)；（b）Pt(6nm)/[Co(0.4nm)/Pt(2nm)]$_3$/Co(0.4nm)/Cu(3nm)/
Co(0.4nm)/[Pt(2nm)/Co(0.4nm)]$_3$/FeMn(15nm)/Pt(2nm)

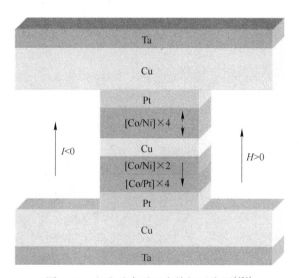

图 1-19 电流垂直平面自旋阀示意图[106]

由层，以 AlO$_x$ 为隔离层的垂直隧道节结构，并且在 6.5×4μm^2 的元件上测量得到了 15%的磁电阻值[70]。2012 年，Kugler 制备了以结晶化程度更好的 MgO 为隔离

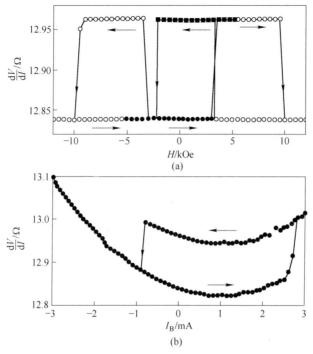

图 1-20　自旋阀的磁电阻曲线[106]

（a）单独施加磁场，空心圆为主回线，实心方块为自由层的小回线；（b）单独施加电流

层的垂直隧道节，通过优化实验参数获得了室温下 19% 的磁电阻值[71]。Kugler
还研究了温度以及偏压对磁电阻的影响，实验发现两个量的升高都会导致磁电阻
值降低，如图 1-21 所示。

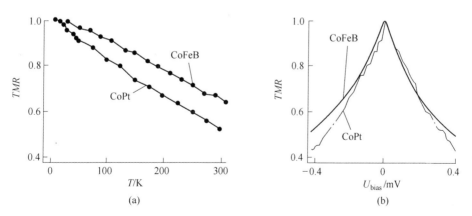

图 1-21　垂直磁隧道节 [Co(0.6nm)/Pt(1.8nm)]$_4$/Co(0.7nm)/Mg(0.5nm)/MgO(2.1nm)/
[Co(0.7nm)/Pt(1.8nm)]$_2$ 和面内磁隧道结 IrMn(12nm)/CoFeB(4nm)/AlO$_x$(1.2nm)/
CoFeB(4nm)/NiFe(3nm) 的磁电阻变化[71]

（a）磁电阻值随温度的变化；（b）磁电阻值随偏压的变化

Li 研究了在 $(Pt/Co)_4/MgO/(Co/Pt)_2$ 结构磁隧道节中两个铁磁层的磁耦合，实验发现在 MgO 厚度小于 1.2nm 时，两个铁磁层之间为铁磁耦合，大于 1.2nm 后则为反铁磁耦合，如图 1-22 所示。从图中还可以看到，层间耦合强度随 MgO 厚度的变化与由自由电子交换耦合模型计算的结果符合的很好[111]。进一步研究还发现反铁磁耦合强度随 Co/Pt 周期数的改变而呈现振荡变化，这可能与 Co/Pt 多层膜中存在的 RKKY 振荡耦合有关[112]。

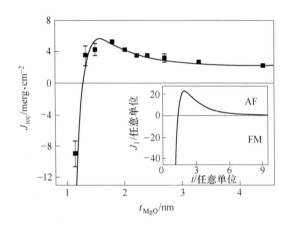

图 1-22 $(Pt/Co)_4/MgO/(Co/Pt)_2$ 的层间耦合强度随 MgO 厚度的变化[111]❶
(插图为根据自由电子模型计算的结果)

由于重金属元素 Pt 有很强的自旋轨道耦合作用，这一方面导致纯 Co/Pt 多层膜磁隧道节磁电阻值较低，另一方面导致磁性层的磁阻尼系数很大，在利用自旋转移矩翻转磁化强度时需要较大的电流密度[113]。而 CoFeB 的磁阻尼较小，磁化强度易于翻转，同时磁电阻值也较高，但是其垂直磁各向异性较弱。结合 Co/Pt 多层膜和 CoFeB 各自的优缺点，人们制备出了含有上述两种磁性层的复合结构磁隧道节。图 1-23 为磁隧道节 Ta(5nm)/[CuN(20nm)/Ta(5nm)]$_2$/Ru(5nm)/[Co(0.2nm)/Pt(0.2nm)]$_4$/Co$_{60}$Fe$_{20}$B(0.8nm)/MgO(1.1nm)/Co$_{70}$Fe$_{30}$(0.4nm)/Co$_{60}$Fe$_{20}$B(1.3nm)/TbFeCo(16nm) 的磁化曲线和磁电阻曲线[95]。Chchet 等人发现在复合磁隧道节结构的 Co-CoFeB 界面插入 Ta 层可使磁隧道节的磁电阻值从40%提高到70%[114]，Ishikawa 利用相似的方法制备出了在 17nm 尺寸时热稳定性系数和磁电阻值分别高达92%和91%的具有优良性能的磁隧道节结构[115]。Sato 通过采用合成亚铁磁为参考层也获得了具有良好热稳定性的磁隧道节[116]。

---

❶ $1J/m^2 = 1000erg/cm^2$。

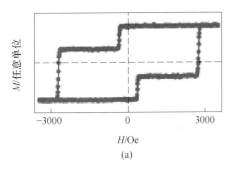 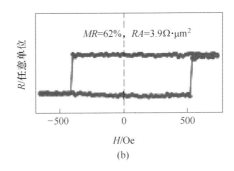

图 1-23　垂直隧道节的性能曲线[95]

（a）磁化曲线；（b）磁电阻曲线

1.3.3.4　反常霍尔效应元件

Co/Pt 多层膜反常霍尔效应的应用主要有传感器、记忆单元和逻辑单元等，反常霍尔效应的主要来源是 Co 和 Pt 原子的强烈的自旋轨道耦合作用以及界面散射[117,118]。为了提高这些元件的性能，有必要提高 Co/Pt 多层膜的反常霍尔效应，多数情况下还要减小其饱和场和矫顽力。Zhang 通过引入 MgO 插层调节了 Co/Pt 多层膜的磁各向异性，并且使其霍尔灵敏度达到 2445V/AT[119]。在此基础上，Zhang 又通过引入 MgO/CoO 复合层使体系的霍尔电阻率较纯 MgO 包裹的 Co/Pt 多层膜提高了 67%[120]。

1.3.3.5　畴壁移动自旋器件

Co/Pt 多层膜强烈的垂直磁各向异性使多层膜中形成了厚度仅为纳米量级的 Bloch 畴壁，同时其在短波长处大的磁光科尔效应为测量畴壁移动速度提供了方便[121]，所以 Co/Pt 多层膜特别适合制作畴壁移动记录单元。Alvarez 在 Co/Pt 多层膜纳米线中，利用磁场和电流驱动了多层膜畴壁的快速移动[122]。而 Westin 等人独辟蹊径，利用表面声波的辅助使 Co/Pt 多层膜的畴壁移动速度提高了一个数量级[123]。

1.3.3.6　自旋转移矩振荡器

具有面内磁各向异性的两个 Co 层之间存在强耦合作用，垂直磁化的 Co/Pt 和 Co/Ni 多层膜通过自旋转移矩效应可使 Co 层产生振荡从而发射出微波[124]。

1.3.3.7　纳米磁性逻辑

纳米磁性逻辑的优点是运算态非易失，并且能耗很低。利用 Co/Pt 多层膜纳米点可以制备具有良好热稳定性的逻辑单元[125,126]。

1.3.3.8 磁性斯格明子

磁性斯格明子是一种拓扑保护性的粒子，由于其尺寸小、易被电流驱动等特点可以应用于未来高密度磁信息存储等领域[127]，最近几年，这一新兴研究领域在全球范围内引起了人们的极大关注。在 Pt/Co/Metal 体系中，人们也发现了磁性斯格明子的存在，例如 Pt/Co/Ir[128] 体系、Pt/Co/W[129] 体系、Pt/Co/Os[130] 体系等。目前，人们正对这些体系进行系统研究，以期能获得较快的斯格明子移动速度等性能。

1.3.3.9 自旋轨道矩（SOT）器件

自旋轨道矩是由自旋霍尔效应引起的自旋力矩，和自旋转移矩类似，自旋轨道矩也可用来翻转磁性层的磁矩。目前，人们已经把 SOT 效应应用在了 MRAM 中去翻转自由层的磁矩。相比较于 STT-MRAM，SOT-MRAM 有着更快的读写速度和更低的功耗，同时也很好地规避了 STT-MRAM 器件中由于使用很大的电流穿过隧道结而带来的耐久性问题[131]。在 Co/Pt 体系中，人们也发现了很强的 SOT 效应并对此进行了深入研究[132,133]。

综上所述，Co/Pt 多层膜在自旋电子学中有着非常重要且广泛的应用。伴随着自旋电子学近三十年的发展，Co/Pt 多层膜的性能也被逐渐优化，以期能够适用更多的高性能自旋电子学器件。

参 考 文 献

［1］ Baibich M N, Broto J M, Fert A, et al. Giant magnetoresistance of（001）Fe/（001）Cr magnetic superlattices［J］. Physical Review Letters, 1988, 61: 2472.

［2］ Grünber P, Schreiber R, Pang Y. Layered magnetic structures: evidence for antiferromagnetic coupling of Fe layers across Cr interlayers［J］. Physical Review Letters, 1986, 57: 2442.

［3］ Ikeda S, Miura K, Yamamoto H, et al. A perpendicular-anisotropy CoFeB-MgO magnetic tunnel junction［J］. Nature Materials, 2010, 9: 721.

［4］ Prinz G A. Magnetoelectronics［J］. Science, 1998, 282: 1660.

［5］ Okamoto N, Kurebayashi H, Trypiniotis T, et al. Electric control of the spin hall effect by inter-valley transitions［J］. Nature Materials, 2014, 13: 932.

［6］ Ohno H. A window on the future of spintronics［J］. Nature Materials, 2010, 9: 952.

［7］ 蔡建旺, 赵见高, 詹文山, 等. 磁电子学中的若干问题［J］. 物理学进展, 1997, 17: 119.

［8］ Straten P V D. Spintronics, the atomic way［J］. Nature, 2013, 498（7453）: 175~176.

［9］ Awschalom D D, Bassett L C, Dzurak A S, et al. Quantum spintronics: engineering and manipulating atom-like spins in semiconductors［J］. Science, 2013, 339: 1174.

［10］ Fert A. Nobel lecture: origin, development, and future of spintronics［J］. Reviews of Modern

Physics, 2008, 80: 1517.

[11] Grünberg P A. Nobel lecture: from spin waves to giant magnetoresistance [J]. Reviews of Modern Physics, 2008, 80: 1531.

[12] Whitfield J D, Faccin M, Biamonte J D. Ground-state spin logic [J]. Europhysics Letters, 2012, 99: 57004.

[13] Khajetoorians A A, Wiebe J, Chilian B, et al. Realizing all-spin-based loic operations atom by atom [J]. Science, 2011, 332: 1062.

[14] Aein B B, Datta D, Salahuddin S, et al. Proposal for an all-spin logic device with built-in memory [J]. Nature Nanotechnology, 2010, 5: 266.

[15] 邢定钰. 自旋输运和巨磁电阻——自旋电子学的物理基础之一 [J]. 物理, 2005, 34: 348.

[16] Soulen J R J, Byers J M, Osofsky M S, et al. Measuring the spin polarization of a metal with a superconducting point contact [J]. Science, 1998, 282: 85.

[17] Fuchs K, Wills H H. The conductivity of thin metallic films according to the electron theory of metals [J]. Mathematical Proceedings of the Cambridge Philosophical Society, 1938, 34: 100.

[18] Sondheimer E H. The mean free path of electrons in metals [J]. Advances in Physics, 2001, 50: 499.

[19] Mcguire T R, Potter R I. Anisotropic magnetoresistance in ferromagnetic 3d alloys [J]. IEEE Transactions on Magnetics, 1975, 11: 1018.

[20] Mott N F, S F R, Wills H H. The resistance and thermoelectric properties of the transition metals [J]. Proceedings of the Royal Society A, 1936, 156: 368.

[21] Zhao C J, Ding L, Huang F J S, et al. Research progress in anisotropic magnetoresistance [J]. Rare Metals, 2013, 32: 213.

[22] Thomson W. On the electro-dynamic qualities of metals: effects of magnetization on the electric conductivity of nichel and of iron [J]. Proceedings of the Royal Society of London, 1856, 8: 546.

[23] Ding L, Teng J, Wang X C, et al. Designed synthesis of materials for high-sensitivity geomagnetic sensors [J]. Applied Physics Letters, 2010, 96: 052515.

[24] Zhao C J, Liu Y, Zhang J Y, et al. Mechanism of magnetoresistance ratio enhancement in MgO/NiFe/MgO heterostructure by rapid thermal annealing [J]. Applied Physics Letters, 2012, 101: 072404.

[25] Liu Y W, Yang Z H, Yang H L, et al. Anisotropic magnetoresistance in epitaxial $La_{0.67}(Ca_{1-x}Sr_x)_{0.33}MnO_3$ films [J]. Journal of Applied Physics, 2013, 113: 17C722.

[26] Parkin S S P, Bhadra R, Roche K P. Oscillatory magnetic exchange coupling through thin copper layers [J]. Physical Review Letters, 1991, 66: 2152.

[27] Tóth B G, Péter L, Dégi J, et al. Influence of Cu deposition potential on the giant magnetoresistance and surface roughness of electrodeposited Ni-Co/Cu multilayers [J]. Electrochimica Acta, 2013, 91: 122.

[28] Rajasekaran N, Pogány L, Révész Á, et al. Structure and giant magnetoresistance of electrode-posited Co/Cu multilayers prepared by two-pulse (G/P) and Three-pulse (G/P/G) plating [J]. Journal of the Electrochemical Society, 2014, 161: D339.

[29] Grolier V, Renard D, Bartenlian B, et al. Unambiguous evidence of oscillatory magnetic coupling between Co layers in ultrahigh vacuum grown Co/Au(111)/Co trilayers [J]. Physical Review Letters, 1993, 71: 3023.

[30] Vavra W, Lee C H, Lamelas F J, et al. Magnetoresistance and hall effect in epitaxial Co-Au superlattices [J]. Physical Review B, 1990, 42: 4889.

[31] Lee S F, Yang Q, Holody P, et al. Current-perpendicular and current-parallel giant magnetoresistance in Co/Ag multilayers [J]. Physical Review B, 1995, 52: 15426.

[32] Pratt W P, Jr, Lee S F, et al. Perpendicular giant magnetoresistances of Ag/Co multilayers [J]. Physical Review Letters, 1991, 66: 3060.

[33] Petroff F, Barthélemy A, Mosca D H, et al. Oscillatory interlayer exchange and magnetoresistance in Fe/Cu multilayers [J]. Physical Review B, 1991, 44: 5355.

[34] Tsymbal E Y, Pettifor D G. Perspectives of giant magnetoresistance [J]. Solid State Physics, 2001, 56: 113~237.

[35] Mansell R, Petit D C M C, Pacheco A F, et al. Magnetic properties and interlayer coupling of epitaxial Co/Cu films on Si [J]. Journal of Applied Physics, 2014, 116: 063906.

[36] Bruno P, Chappert C. Ruderman-Kittel theory of oscillatory interlayer exchange coupling [J]. Physical Review B, 1992, 46: 261.

[37] Bruno P. Recent progress in the theory of interlayer exchange coupling [J]. Journal of Applied Physics, 1994, 76: 6972.

[38] Bruno P. Theory of interlayer magnetic coupling [J]. Physical Review B, 1995, 52: 411.

[39] Barnaś J, Fuss A, Camley R E, et al. Novel magnetoresistance effect in layered magnetic structures: Theory and experiment [J]. Physical Review B, 1990, 42: 8110.

[40] Demiray A S, Miyawaki T, Watanabe Y, et al. Relative vortex state control in a Co/Cu/Co pseudo-spin-valve ring [J]. Japanese Journal of Applied Physics, 2012, 51: 04DM04.

[41] Ho P, Han G C, Evans R F L, et al. Perpendicular anisotropy $L1_0$-FePt based pseudo spin valve with Ag spacer layer [J]. Applied Physics Letters, 2011, 98: 132501.

[42] Dieny B, Speriosu V S, Parkin S S P, et al. Giant magnetoresistance in soft ferromagnetic multilayers [J]. Physical Review B, 1991, 43: 1297.

[43] Torres J G, Vallés E, Gómez E. Giant magnetoresistance in electrodeposited Co-Ag granular films [J]. Materials Letters, 2011, 65: 1865.

[44] Mott N F. Electrons in transition metals [J]. Advances in Physics, 1964, 13: 325.

[45] Mertig I. Transport properties of dilute alloys [J]. Reports on Progress in Physics, 1999, 62: 237

[46] Schad R, Potter C D, Beliën P, et al. Giant magneteresistance in Fe/Cr superlattices with very thin Fe layers [J]. Applied Physics Letters, 1994, 64: 3500.

［47］ Araki S. Magnetism and transport properties of evaporated Co/Ag multilayers ［J］. Journal of Applied Physics, 1993, 73: 3910.

［48］ Rodmacq B, Vaezzadeh M, George B, et al. Influence of annealing on the magnetic and transport properties of Ag/Ni multilayers ［J］. Journal of Magnetism and Magnetic Materials, 1993, 121: 213.

［49］ Sato H, Matsudai T, Razzaq W A, Fierz C, et al. Transport properties of the Cu/Ni multilayer system ［J］. Journal of Physics: Condensed Matter, 1994, 6: 6151.

［50］ Nakatani R, Dei T, Sugita Y. Oscillation of magnetoresistance in ［Ni-Fe/Cu］$_{20}$/Cu/Fe multilayers with thickness of Cu spacer neighboring Fe buffer layer ［J］. Journal of Applied Physics, 1993, 73: 6375.

［51］ Rodmacq B, Palumbo G, Gerard P. Magnetoresistive properties and thermal stability of Ni-Fe/Ag multilayers ［J］. Journal of Magnetism and Magnetic Materials, 1993, 118: L11.

［52］ Parkin S S P, Farrow R F C, Marks R F, et al. Oscillations of interlayer exchange coupling and giant magnetoresistance in (111) oriented permalloy/Au multilayers ［J］. Physical Review Letters, 1994, 72: 3718.

［53］ Brubaker M E, Mattson J E, Sowers C H, et al. Oscillatory interlayer magnetic coupling of sputtered Fe/Mo superlattices ［J］. Applied Physics Letters, 1991, 58: 2306.

［54］ Shintaku K, Daitoh Y, Shinjo T. Magnetoresistance effect and interlayer coupling in epitaxial Fe/Au (100) and Fe/Au (111) multilayers ［J］. Physical Review B, 1993, 47: 14584.

［55］ Jin Q Y, Lu M, Bie Q S, et al. Magnetic properties and interlayer coupling of Co/Al superlattices ［J］. Journal of Magnetism and Magnetic Materials, 1995, 140~144: 565.

［56］ Yanagihara H, Pettit K, Salamon M B, et al. Magnetoresistance and magnetic properties of Co/Ir multilayers on MgO (110) substrates ［J］. Journal of Applied Physics, 1997, 81: 5197.

［57］ Monchesky T L, Heinrich B, Urban R, et al. Magnetoresistance and magnetic properties of Fe/Cu/Fe/GaAs (100) ［J］. Physical Review B, 1999, 60: 10242.

［58］ Ristoiu D, Nozières J R, Ranno L. Epitaxial NiMnSb thin films prepared by facing targets sputtering ［J］. Journal of Magnetism and Magnetic Materials, 2000, 219: 97.

［59］ Sakuraba Y, Ueda M, Bosu S, et al. CPP-GMR study of half-metallic full-heusler compound CO_2(Fe, Mn)Si ［J］. Journal of the Magnetics Society of Japan, 2014, 38: 45.

［60］ Julliere M. Tunneling between ferromagnetic films ［J］. Physics Letters A, 1975, 54: 225.

［61］ Moodera J S, Kinder L R, Wong T M, et al. Large magnetoresistance at room temperature in ferromagnetic thin film tunnel junctions ［J］. Physical Review Letters, 1995, 74: 3273.

［62］ Miyazaki T, Tezuka N. Giant magnetic tunneling effect in Fe/Al_2O_3/Fe junction ［J］. Journal of Magnetism and Magnetic Materials, 1995, 139: L231.

［63］ Parkin S S P, Kaiser C, Panchula A, et al. Giant tunnelling magnetoresistance at room temperature with MgO (100) tunnel barriers ［J］. Nature Materials, 2004, 3: 862.

［64］ Yuasa S, Nagahama T, Fukushima A, et al. Giant room-temperature magnetoresistance in single-crystal Fe/MgO/Fe magnetic tunnel junctions ［J］. Nature Materials, 2004, 3: 868.

［65］Ikeda S, Hayakawa J, Ashizawa Y, et al. Tunnel magnetoresistance of 604% at 300K by suppression of Ta diffusion in CoFeB/MgO/CoFeB pseudo-spin-valves annealedat high temperature [J]. Applied Physics Letters, 2008, 93: 082508.

［66］Lee Y M, Hayakawa J, Ikeda S, et al. Effect of electrode composition on the tunnel magnetoresistance of pseudo-spin-valve magnetic tunnel junction with a MgO tunnel barrier [J]. Applied Physics Letters, 2007, 90: 212507.

［67］Worledge D C, Hu G,Abraham D W,et al. Spin torque switching of perpendicular Ta│CoFeB│MgO-based magnetic tunnel junctions [J]. Applied Physics Letters, 2011, 98: 022501.

［68］Wang W G, Hageman S, Li M, et al. Rapid thermal annealing study of magnetoresistance and perpendicular anisotropy in magnetic tunnel junctions based on MgO and CoFeB [J]. Applied Physics Letters, 2011, 99: 102502.

［69］Katine J A, Fullerton E E. Device implications of spin-trsnsfer torques [J]. Journal of Magnetism and Magnetic Materials, 2008, 320: 1217.

［70］Park J H, Park C, Jeong T, et al. Co/Pt multilayer based magnetic tunnel junctions using perpendicular magnetic anisotropy [J]. Journal of Applied Physics, 2008, 103: 07A917.

［71］Kugler Z, Grote J P, Drewello V, et al. Co/Pt multilayer-based magnetic tunnel junctions with perpendicular magnetic anisotropy [J]. Journal of Applied Physics, 2012, 111: 07C703.

［72］Ohmori H, Hatori T, Nakagawa S. Perpendicular magnetic tunnel junction with tunneling magnetoresistance ratio of 64% using MgO (100) barrier layer prepared at room temperature [J]. Journal of Applied Physics, 2008, 103: 07A911.

［73］Worledge D C, Hu G, Abraham D W, et al. Development of perpendicularly magnetized Ta│CoFeB│MgO-based tunneljunctions at IBM [J]. Journal of Applied Physics, 2014, 115: 172601.

［74］Singh B B, Chaudhary S. Inelastic tunneling conductance and magnetoresistance investigations in dual ion-beam sputtered CoFeB(110)/MgO/CoFeB(110) magnetic tunnel junctions [J]. Journal of Applied Physics, 2014, 115: 153903.

［75］Sun J Z, Trouilloud P L, Gajek M J, et al. Size dependence of spin-torque induced magnetic switching in CoFeB-based perpendicular magnetization tunnel junctions [J]. Journal of Applied Physics, 2012, 111: 07C711.

［76］Wang W G, Li M G, Hageman S, et al. Electric-field-assisted switching in magnetic tunnel junctions [J]. Nature Materials, 2012, 11: 64.

［77］Kanai S, Nakatani Y, Yamanouchi M, et al. Magnetization switching in a CoFeB/MgO magnetic tunnel junction by combining spin-transfer torque and electric field-effect [J]. Applied Physics Letters, 2014, 104: 212406.

［78］Naik V B, Meng H, Liu R S, et al. Electric-field tunable magnetic-field-sensor based on CoFeB/MgO magnetic tunnel junction [J]. Applied Physics Letters, 2014, 104: 232401.

［79］Meng H, Naik V B, Liu R S, et al. Electric field control of spin re-orientation in perpendicular magnetic tunneljunctions-CoFeB and MgO thickness dependence [J]. Applied Physics Letters,

2014, 105: 042410.

[80] Ikeda S, Sato H, Yamanouchi M, et al. Recent progress of perpendicular anisotropy magnetic tunnel junctions for nonvolatile VLSI [J]. Spin, 2012, 2: 1240003.

[81] Liu Y K, Yin Y W, Li X G. Colossal magnetoresistance in manganites and related prototype devices [J]. Chinese Physics B, 2013, 22 (8): 087502.

[82] 钟文定. 技术磁学 [M]. 北京: 科学出版社, 2009.

[83] Carcia P F. Perpendicular magnetic anisotropy in Pd/Co and Pt/Co thin-film layered structures [J]. Journal of Applied Physics, 1988, 63: 5066.

[84] Zeper W B, Greidanus F J A M, Carcia P F, et al. Perpendicular magnetic anisotropy and magneto-optical Kerr effect of vapor-deposited Co/Pt-layered structures [J]. Journal of Applied Physics, 1989, 65: 4971.

[85] Hashimoto S, Ochiai Y, Aso K, Perpendicular magnetic anisotropy and magnetostriction of sputtered Co/Pd and Co/Pt multilayered films [J]. Journal of Applied Physics, 1989, 66: 4909.

[86] Carcia P F, Zeper W B. Sputtered Pt/Co multilayers for magneto-optical recording [J]. IEEE Transactions on Magnetics, 1990, 26: 1703.

[87] Lin C J, Gorman G L, Lee C H, et al. Magnetic and structural properties of Co/Pt multilayers [J]. Journal of Magnetism and Magnetic Materials, 1991, 93: 194.

[88] Tsunashima S, Hasegawa M, Nakamura K, et al. Perpendicular magnetic anisotropy and coercivity of Pd/Co and Pt/Co multilayers with buffer layers [J]. Journal of Magnetism and Magnetic Materials, 1991, 93: 465.

[89] Nozaki T, Oida M, Ashida T, et al. Temperature-dependent perpendicular magnetic anisotropy of Co-Pt on Cr_2O_3 antiferromagnetic oxide [J]. Applied Physics Letters, 2013, 103: 242418.

[90] Shull R D, Iunin Y L, Kabanov Y P, et al. Influence of Pt spacer thickness on the domain nucleation in ultrathin Co/Pt/Co trilayers [J]. Journal of Applied Physics, 2013, 113: 17C101.

[91] Kim J H, Shin S C. Interface roughness effects on the surface anisotropy in Co/Pt multilayers films [J]. Journal of Applied Physics, 1996, 80: 3121.

[92] Shan R, Gao T R, Zhou S M, et al. Co/Pt multilayers with large coercivity and small grains [J]. Journal of Applied Physics, 2006, 99: 063907.

[93] Nakajima N, Koide T, Shidara T, et al. Perpencicular magnetic anisotropy caused by interfacial hybridization via enhanced orbital moment in Co/Pt multilayers: Magnetic Circular X-Ray Dichroism Study [J]. Physical Review Letters, 1998, 81: 5229.

[94] Knepper J W, Yang F Y. Oscillatory interlayer coupling in Co/Pt multilayers with perpendicular anisotropy [J]. Physical Review B, 2005, 71: 224403.

[95] Yakushiji K, Saruya T, Kubota H, et al. Ultrathin Co/Pt and Co/Pd superlattice films for MgO-based perpendicular magnetic tunnel junctions [J]. Applied Physics Letters, 2010, 97: 232508.

[96] Lee T Y, Son D S, Lim S H, et al. High post-annealing stability in [Pt/Co] multilayers [J]. Journal of Applied Physics, 2013, 113: 216102.

[97] Lee T Y, Won Y C, Son D S, et al. Effects of Co layer thickness and annealing temperature on the magnetic properties of inverted [Pt/Co] multilayers [J]. Journal of Applied Physics, 2013, 114: 173909.

[98] Bandiera S, Sousa R C, Rodmacq B, et al. Asymmetric interfacial perpendicular magnetic anisotropy in Pt/Co/Pt trilayers [J]. IEEE Magnetics Letters, 2011, 2: 3000504.

[99] Bandiera S, Sousa R C, Rodmacq B, et al. Enhancement of perpendicular magnetic anisotropy through reduction of Co-Pt interdiffusion in (Co/Pt) multilayers [J]. Applied Physics Letters, 2012, 100: 142410.

[100] Višňovský Š, Lišková E J, Nývlt M, et al. Origin of magneto-optic enhancement in CoPt alloys and Co/Pt multilayers [J]. Applied Physics Letters, 2012, 100: 232409.

[101] Kawada Y, Ueno Y, Shibata K. Co-Pt multilayers perpendicular magnetic recording media with thin Pt layer and high perpendicular anisotropy [J]. IEEE Transactions on Magnetics, 2002, 38: 2045~2047.

[102] Callori S J, Bertinshaw J, Cortie D L, et al. 90° magnetic coupling in a NiFe/FeMn/biased NiFe multilayer spin valve component investigated by polarized neutron reflectometry [J]. Journal of Applied Physics, 2014, 116: 033909.

[103] Zheng Y F, Zhu J G. Switching field variation in patterned submicron magnetic film elements [J]. Journal of Applied Physics, 1997, 81: 5471~5473.

[104] Garcia F, Moritz J, Ernult F, et al. Exchange bias with perpendicular anisotropy in (Pt-Co)$_n$-FeMn multilayers [J]. IEEE Transactions on Magnetics, 2002, 38: 2730.

[105] Garcia F, Fettar F, Auffret S, et al. Exchange-biased spin valves with perpendicular magnetic anisotropy based on (Co/Pt) multilayers [J]. Journal of Applied Physics, 2003, 93: 8397.

[106] Mangin S, Ravelosona D, Katine J A, et al. Current-induced magnetization reversal in nanopillars with perpendicular anisotropy [J]. Nature Materials, 2006, 5: 210.

[107] Gallagher W J, Parkin S S P, Lu Y, et al. Microstructured magnetic tunnel junctions [J]. Journal of Applied Physics, 1997, 81: 3741.

[108] Nishimura N, Hirai T, Koganei A, et al. Magnetic tunnel junction device with perpendicular magnetization films for high-density magnetic random access memory [J]. Journal of Applied Physics, 2002, 91: 5246.

[109] Sato H, Yamanouchi M, Ikeda S, et al. Perpendicular-anisotropy CoFeB-MgO magnetic tunnel junctions with a MgO/CoFeB/Ta/CoFeB/MgO recording structure [J]. Applied Physics Letters, 2012, 101: 022414.

[110] Gan H D, Malmhall R, Wang Z H, et al. Perpendicular magnetic tunnel junction with thin CoFeB/Ta/Co/Pd/Co reference layer [J]. Applied Physics Letters, 2014, 105: 192403.

[111] Li L, Zhang F, Wang N, et al. Interlayer exchange coupling and its temperature dependence in [Pt/Co]$_4$/MgO/[Co/Pt]$_2$ perpendicular magnetic tunnel junctions [J]. Journal of Applied

Physics, 2010, 108: 073908.

[112] Li L, Han D, Lei W G, et al. Interlayer exchange coupling in $[Pt/Co]_n/MgO/[Co/Pt]_2$ perpendicular magnetic tunnel junctions [J]. Journal of Applied Physics, 2014, 116: 123904.

[113] Sbiaa R, Meng H, Piramanayagam S N. Materials with perpendicular magnetic anisotropy for magnetic random access memory [J]. Physics Status Solidi RRL, 2011, 5: 413.

[114] Cuchet L, Rodmacq B, Auffret S, et al. Influence of a Ta spacer on the magnetic and transport properties of perpendicular magnetic tunnel junctions [J]. Applied Physics Letters, 2013, 103: 052402.

[115] Ishikawa S, Sato H, Yamanouchi M, et al. Co/Pt multilayer-based magnetic tunnel junctions with a CoFeB/Ta insertion layer [J]. Journal of Applied Physics, 2014, 115: 17C719.

[116] Sato H, Ikeda S, Fukami S, et al. Co/Pt multilayer based reference layers in magnetic tunnel junctions for nonvolatile spintronics VLSIs [J]. Japanese Journal of Applied Physics, 2014, 53: 04EM02.

[117] Moritz J, Rodmacq B, Auffret S, et al. Extraordinary hall effect in thin magnetic films and its potential for sensors, memories and magnetic logic applications [J]. Journal of Physics D: Applied Physics, 2008, 41: 135001.

[118] Canedy C L, Li X W, Xiao G. Large magnetic moment enhancement and extraordinary hall effect in Co/Pt superlattices [J]. Physical Review B, 2000, 62: 508~519.

[119] Zhang S L, Teng J, Zhang J Y, et al. Large enhancement of the anomalous hall effect in Co/Pt multilayers sandwiched by MgO layers [J]. Applied Physics Letters, 2010, 97: 222504.

[120] Zhang J Y, Wu Z L, Wang S G, et al. Effect of interfacial structures on anomalous hall behavior in perpendicular Co/Pt multilayers [J]. Applied Physics Letters, 2013, 102: 102404.

[121] Mihai A P, Whiteside A L, Canwell E J, et al. Effect of substrate temperature on the magnetic properties of epitaxial sputter-grown Co/Pt [J]. Applied Physics Letters, 2013, 103: 262401.

[122] Alvarez L S E, Wang K Y, Lepadatu S, et al. Spin-transfer-torque-assisted domian-wall creep in a Co/Pt multilayerwire [J]. Physical Review Letters, 2010, 104: 137205.

[123] Edrington W, Singh U, Dominguez M A, et al. SAW assisted domain wall motion in Co/Pt multilayers [J]. Applied Physics Letters, 2018, 112: 052402.

[124] Moriyama T, Finocchio G, Carpentieri M, et al. Phase locking and frequency doubling in spin-transfer-torque oscillators with two coupled free layers [J]. Physical Review B, 2012, 86: 060411.

[125] Breitkreutz S, Eichwald I, Kiermaier J, et al. Controlled domain wall pinning in nanowires with perpendicular magnetic anisotropy by localized fringing fields [J]. Journal of Applied Physics, 2014, 115: 17D506.

[126] Ziemys G, Ahrens V, Mendisch S, et al. Speeding up nanomagnetic logic by DMI enhanced Pt/Co/Ir films [J]. AIP Advances, 2018, 8: 056310.

[127] 丁贝, 王文洪. 磁性斯格明子的发现及研究现状 [J]. 物理, 2018, 47: 15.

[128] Zeissler K, Mruczkiewicz M, Finizio S, et al. Pinning and hysteresis in the field dependent diameter evolution of skyrmions in Pt/Co/Ir superlattice stacks [J]. Scientific Reports, 2017, 7: 15125.

[129] Lin T, Liu H, Poellath S, et al. Observation of room-temperature magnetic skyrmions in Pt/Co/W structures with a large spin-orbit coupling [J]. Physical Review B, 2018, 98: 174425.

[130] Tolley R, Montoya S A, Fullerton E E. Room-temperature observation and current control of skyrmions in Pt/Co/Os/Pt thin films [J]. Physical Review Materials, 2018, 2: 044404.

[131] 王天宇, 宋琪, 韩伟. 自旋轨道转矩 [J]. 物理, 2017, 46: 288.

[132] Jinnai B, Sato H, Fukami S, et al. Scalability and wide temperature range operation of spin-orbit torque switching devices using Co/Pt multilayer nanowires [J]. Applied Physics Letters, 2018, 113: 212403.

[133] Rowan-robinson R M, Hindmarch A T, Atkinson D. Efficient current-induced magnetization reversal by spin-orbit torque in Pt/Co/Pt [J]. Journal of Applied Physics, 2018, 124: 183901.

2 磁性薄膜的制备

薄膜的制备方法有很多种，常见的有溶胶凝胶法、化学气相沉积（chemical vapor deposition，CVD）、物理气相沉积（physical vapor deposition，PVD）等，每种方法都有各自的优缺点和适用条件[1~7]。由于磁性薄膜的核心成分大多为金属单质或合金，所以人们较多采用物理气相沉积的方法制备磁性薄膜。常见的蒸发镀膜、溅射镀膜、脉冲激光沉积镀膜、分子束外延镀膜等方式都属于物理气相沉积。物理气相沉积就是在高真空条件下，通过某种方式使固体材料（靶材）或液态材料的原子、分子或离子脱离基体的束缚而成为气态或粒子态，粒子运动到基片或衬底上并在上面沉积，从而形成薄膜。典型的物理气相沉积过程如图2-1所示。

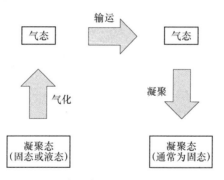

图 2-1 物理气相沉积过程示意图

在图2-1中，使粒子离开基体的方式有很多种，如果通过热蒸发的方式使粒子离开基体就是蒸发镀膜；如果通过其他高能离子轰击的方式使粒子离开基体就是溅射镀膜；如果通过激光轰击的方式使粒子离开基体就是脉冲激光沉积镀膜。与其他镀膜方式相比，物理气相沉积具有如下优点：

（1）镀膜材料来源广泛，纯金属、合金、化合物均可以。

（2）可制备的薄膜类型多，纯金属薄膜、合金薄膜、化合物薄膜均可以。

（3）沉积粒子能量可以调节，有利于提高膜层质量。

（4）沉积过程一般不需要高温加热。

（5）污染小，有利于环境保护。

不管哪种方式的物理气相沉积，都需要在高真空环境下进行，这主要是基于以下三点考虑：

（1）减少粒子在从基体向基片运动过程中与气体分子的碰撞，从而提高沉积效率。

（2）减少粒子与气体中的分子或离子的反应，比如空气中的氧气分子就很容易把某些金属原子氧化。

（3）减少沉积在基片上的气体分子或原子，从而可以得到纯度更高的薄膜。

总之，真空是薄膜制备技术的基础，获得并保持所需的真空环境，是获得高质量薄膜的先决和必要条件。

2.1　真空的获得和测量

2.1.1　真空基础知识

上面讲到物理气相沉积的方式有很多种，但是不管哪种沉积方式，沉积过程都必须在高真空环境中进行。"真空（vacuum）"在自然科学中并不是指一无所有的状态，而是泛指气体压强低于一个大气压的稀薄气体状态。真空一般用压强值来量度，由于历史和使用习惯，表示压强的单位有很多种，各种常见压强单位及其换算关系见表2-1。

表 2-1　压强单位换算公式

单位	1Pa	1Torr	1mba	1atm	1psi
1Pa	1	7.5×10^{-3}	1×10^{-2}	9.87×10^{-6}	1.4504×10^{-4}
1Torr	133.3	1	1.333	1.316×10^{-3}	1.9334×10^{-2}
1mba	100	0.75	1	9.87×10^{-4}	1.4504×10^{-2}
1atm	1.013×10^{5}	760	1.013×10^{3}	1	14.695
1psi	6.8948×10^{3}	51.715	68.948	6.805×10^{-2}	1

气体压强越低，表示真空度越高，气体压强越高，表示真空度越低，习惯上，人们根据压强值对真空度进行了一定的区间划分，见表2-2。

表 2-2　真空区间与压强的对应关系

真空区间	Torr	Pa	atm
大气压	760	1.013×10^{5}	1
低真空	$25\sim760$	$3\times10^{3}\sim1\times10^{5}$	$3\times10^{-2}\sim9.87\times10^{-1}$
中真空	$1\times10^{-3}\sim25$	$1\times10^{-1}\sim3\times10^{3}$	$9.87\times10^{-7}\sim3\times10^{-2}$
高真空	$1\times10^{-9}\sim1\times10^{-3}$	$1\times10^{-7}\sim1\times10^{-1}$	$9.87\times10^{-13}\sim9.87\times10^{-7}$
超高真空	$1\times10^{-12}\sim1\times10^{-9}$	$1\times10^{-10}\sim1\times10^{-7}$	$9.87\times10^{-16}\sim9.87\times10^{-13}$

真空区间	Torr	Pa	atm
极高真空	$< 10^{-12}$	$< 10^{-10}$	$< 9.87 \times 10^{-16}$
外层空间	$1 \times 10^{-17} \sim 1 \times 10^{-6}$	$3 \times 10^{-15} \sim 1 \times 10^{-4}$	$< 2.96 \times 10^{-20} \sim 9.87 \times 10^{-10}$
完全真空	0	0	0

和人们所熟悉的大气压相比，真空最大的特点就是气体分子数密度低，分子之间或分子与其他粒子（原子、电子等）之间碰撞的频率低。由理想气体状态方程可知气体分子的数密度 n 与压强 p 的关系为

$$n = \frac{p}{kT} \tag{2-1}$$

式中，$k = 1.38 \times 10^{-23} \text{J/K}$ 为玻耳兹曼常数；T 为绝对温度。室温下，$T = 300\text{K}$，可得室温下的气体分子数密度为

$$n = \frac{p}{1.38 \times 10^{-23} \times 300} = 2.4 \times 10^{20} p \tag{2-2}$$

利用式（2-2）可得，大气压强约为 10^5Pa，分子数密度为 10^{25}；在物理气相沉积常用的 10^{-5}Pa 的高真空下，分子数密度仍可高达 10^{15}；在外层空间 10^{-15}Pa 极高真空下，分子数密度仍有 10^5，可见气体分子几乎是无处不在的。

真空的另一个特点是气体分子的平均自由程比较大，平均自由程是指一个气体分子在连续两次碰撞之间所可能经过的各段自由路程的平均值。平均自由程 $\overline{\lambda}$ 与气体压强 p 有如下关系

$$\overline{\lambda} = \frac{kT}{\sqrt{2}\pi d^2 p} \tag{2-3}$$

式中，d 为气体分子的有效直径，可以看到平均自由程与压强成反比。表 2-3 列出了在 0℃下，不同压强下气体分子的平均自由程。

表 2-3   0℃下不同压强下气体分子的平均自由程[8]

p/Pa	$\overline{\lambda}/\text{m}$
1.01×10^5	6.9×10^{-8}
1.33×10^2	5.2×10^{-5}
1.33	5.2×10^{-3}
1.33×10^{-2}	5.2×10^{-1}
1.33×10^{-4}	52

通过上面的分析可知，真空度越高，气体分子数密度越小，气体分子的平均

自由程越大，从而更有利于高质量薄膜的生长。

2.1.2 真空的获得

要想得到所需的真空，必须有相应的机器，这种机器就是真空泵。真空泵的类型有很多，不同类型的真空泵有不同的工作原理和极限真空度。薄膜制备过程中所需的真空度，很难靠一个或一种真空泵单独完成，通常要靠几个真空泵的协作才能达到所需的真空度。表 2-4 列出了几种常见真空泵工作的压强范围[10]，从中可以看到每种真空泵都只能在一定的压强范围内工作，超出了这个范围，要么真空泵会被损坏，要么达不到继续使真空度升高的效果。

表 2-4 真空泵的类型和压强范围[9]

泵	压强/Pa															
	10^5	10^4	10^3	10^2	10^1	10^0	10^{-1}	10^{-2}	10^{-3}	10^{-4}	10^{-5}	10^{-6}	10^{-7}	10^{-8}	10^{-9}	10^{-10}
旋片式机械泵	+	+	+	+	+	+	+	→								
低温吸附泵	+	+	+	+	+	+	+	→								
油扩散泵					←	+	+	+	+	+	+	→				
涡轮分子泵						←	+	+	+	+	+	+	+	+	→	
钛升华泵							←	+	+	+	+	+	+	→		
溅射离子泵							←	+	+	+	+	+	+	+	+	→
低温冷凝泵			←	+	+	+	+	+	+	+	+	+	+	+	+	+

如果想从大气压强开始获得高真空，必须把几种真空泵组合起来使用。磁性薄膜制备设备中最常见的真空泵组合是旋片式机械泵和涡轮分子泵的组合，如图 2-2 所示，这个组合可以从大气压强开始一直工作到大约 10^{-8} Pa。开始抽气时，由于腔体的压强为大气压强，所以只能开机械泵抽，此时分子泵不能开，因为分子泵的极限工作压强是 10^{-1} Pa，如果在高气压下开分子泵，分子泵会由于过载而损坏。等机械泵把腔体的真空度抽到 10^{-1} Pa 后，此时停止用机械泵再抽腔体，因为机械泵已达到了压强极限，即使抽再长的时间真空度也不会再有明显的下降。真空度到达 10^{-1} Pa 后就可以开始用分子泵抽腔体，但此时不能关闭机械泵，而应该把机械泵作为分子泵的前级泵，帮助分子泵把从腔体中抽出的气体排到大气中，也即此时阀门 V1 为关闭状态，阀门 V2 和 V3 为打开状态。

真空泵的种类有很多，其工作原理也各不相同，衡量真空泵的一个重要指标就是抽速，也即在特定压强下，真空泵单位时间内所能抽走的气体体积，式

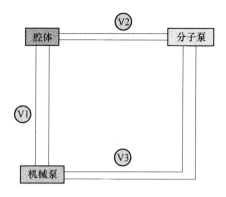

图 2-2 旋片式机械泵和涡轮分子泵组合抽真空示意图

（V1、V2、V3 为阀门）

(2-4)给出了抽速 S 的定义

$$S = \frac{\Delta V}{\Delta t}\bigg|_{p=p_0} \tag{2-4}$$

式中，p_0 为真空泵进气口处气体的压强；ΔV 为 Δt 时间内真空泵从进气口吸入的气体体积。真空泵的抽速一般是随压强的变化而变化的，通常把这种变化情况画在一张图中，称为抽速曲线。图 2-3 所示为 Pfeiffer Hena 631 型真空泵的抽速曲线，实线对应 60Hz，虚线对应 50Hz，从图中可以看到，抽速随压强的降低而降低，这是所有真空泵的共同特点。

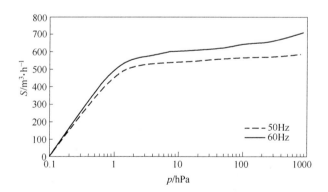

图 2-3 Pfeiffer Hena 631 型真空泵抽速曲线[10]

真空泵按照抽真空原理的不同可以粗略地分成以下 3 种类型：

（1）正位移式真空泵，这种真空泵抽气时首先使一个空间体积增大压强减小，真空腔体中的气体由于压强高而流入该空间，之后封闭该空间，最后把该空间中的气体转移到大气或前级泵中。

（2）动量转移式真空泵，这种真空泵工作时利用高速喷射出的液体或高速转动的叶片撞击气体分子，气体分子获得远离真空腔体方向的动量，从而达到抽真空的目的。

（3）截留式真空泵，这种真空泵可以捕获或吸附气体分子，进而达到抽真空的目的。

表 2-5 列出了常见真空泵及所属类型。

表 2-5 常见真空泵及所属类型

类　　型	真　空　泵
正位移式真空泵	旋片式机械泵，罗茨泵
动量转移式真空泵	涡轮分子泵，油扩散泵
截留式真空泵	低温吸附泵，钛升华泵，溅射离子泵，低温冷凝泵

下面介绍几种常见的真空泵。

2.1.2.1 旋片式机械泵

旋片式机械泵是最常见的一种抽真空装备，由于其结构简单、价格便宜、维修方便，所以在很多真空装备中都有应用。旋片式机械泵的构造如图 2-4 所示，进气口与所抽腔体相连，排气口一般直通大气。机械泵定子中装有一偏心转子，转子的顶部与定子密切接触或有很小的间隙，定子上装有一个旋片，旋片的中间有一处于压缩状态的弹簧，从而可以保证旋片的两端与定子密切接触。旋片在定子的带动下按照箭头所示方向转动，从而可以把定子与转子之间的月牙形空间分成 A、B、C 三个区域。随着旋片的转动，三个区域的体积和所围气体压强也发生增大或缩小的变化，从而可以达到从进气口抽气，往排气口排气的目的。旋片式机械泵的整个定子都浸泡在油中，并且排气阀门也是油封的，所以在每个循环过程中当排气阀门打开时都会有少量的油进入到月牙形空间中，这样做一方面可以对系统起到润滑作用，另一方面还可以对旋片和定子起到密封作用。

旋片式机械泵的具体工作原理如图 2-5 所示，图中颗粒状物体代表气体。旋片式机械泵每个工作循环包含四个过程：吸气、隔离、压缩、排气。如果不考虑温度的变化，空间中气体的体积和压强符合玻意耳定律，即 $pV =$ 常数。步骤 1 中，A 空间由于体积增大压强减小，所以腔体中的气体流入 A 空间；步骤 3 中气体由于被压缩所以压强增大；步骤 4 中高压气体冲开左侧红色阀门，进入到大气中，完成一个抽气排气循环。旋片式机械泵工作时，转子以每分钟几百或几千的转速高速转动，从而达到连续抽气和排气的目的。有时，为了获得更高的真空度，人们也把两个旋片式机械泵串联起来使用，即把一个机械泵的抽气口与另外一个机械泵的排气口相连，组成双极泵，如图 2-6 所示。

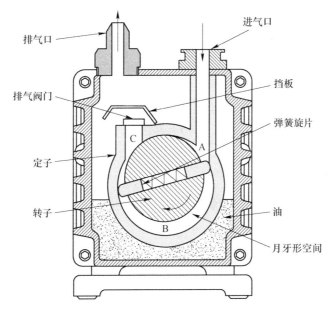

图 2-4　旋片式机械泵构造[11]

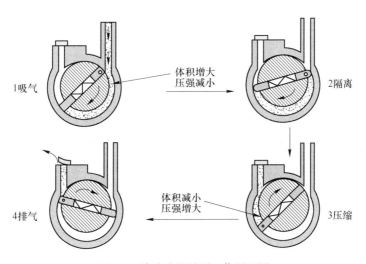

图 2-5　旋片式机械泵工作原理图

旋片式机械泵使用过程中有以下事项需要注意：

（1）所抽腔体要保持密封，不能使机械泵长时间对大气压强进行抽气，否则机械泵会由于长时间高负荷运转而损坏。

（2）电源线顺序不能接反，否则机械泵会倒转。

（3）注意观察泵油的位置，一旦缺油要及时补充。

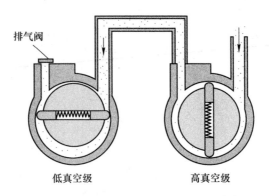

图 2-6 双级旋片式真空泵结构示意图[12]

2.1.2.2 罗茨泵

罗茨泵也属于机械泵的一种，其结构和工作原理如图 2-7 所示，三幅图展示了一个完整的罗茨泵的抽气和排气过程。罗茨泵中有两个表面光滑的"8"字形转子，罗茨泵工作时两个转子沿相反方向高速转动（通常为每分钟几千转），转动过程中两个转子始终保持紧密的相切状态，所以气体很难从两个转子中间通过。当两个转子从位置一运动到位置三时，就可以把气体由进气口赶到排气口。由于转子转动过程中并不能对气体进行压缩，所以罗茨泵不能直接对大气排气，一般在罗茨泵的排气口位置再接一旋片式机械泵，辅助罗茨泵把气体排入大气中，如图 2-8 所示。

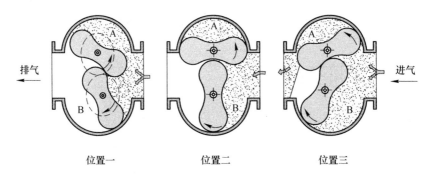

图 2-7 罗茨泵结构和工作原理图[13]

除了"8"字形，罗茨泵中的转子还可以设计成多种其他的形状，如图 2-9 所示，其宗旨只有一个，那就是保证转子在转动过程中紧密贴合，尽量减少漏气量。

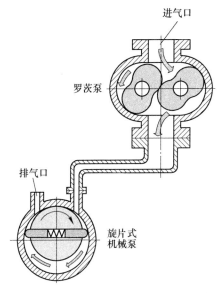

图 2-8　罗茨泵和旋片式机械泵组合工作示意图[14]

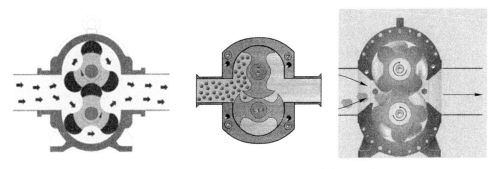

图 2-9　不同转子形状的罗茨泵[15]

与旋片式机械泵相比，罗茨泵最大的优势就是"干"，也即在罗茨泵工作过程中不用担心有油会进入到真空腔体中，这一点对于食品、药品、半导体和电子工业等非常重要。

2.1.2.3　涡轮分子泵

涡轮分子泵简称分子泵，是一种最常见的获得高真空的真空泵，其构造如图2-10（a）所示。分子泵的顶部也即进气口直接和真空腔体相通，分子泵的排气口一般接旋片式机械泵，帮助分子泵把从真空腔体中抽的气体及时排走。分子泵的转子上有很多呈一定角度排列的叶片，这些叶片和风扇的叶片类似，在两层旋转叶片中间还有一层固定叶片，如图 2-10（b）所示。分子泵工作时，转子以每分钟几万转的速度高速转动，倾斜分布的叶片在跟随转子转动的过程中可以把动量传递给气体分子，从而使气体分子由进气口向排气口运动，气体分子到达排气口后再被机械泵抽走。

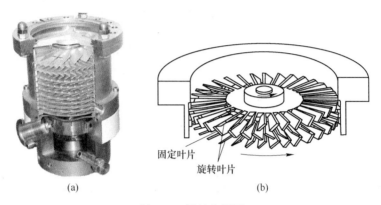

固定叶片
旋转叶片

(a)   (b)

图 2-10 涡轮分子泵

（a）Pfeiffer 涡轮分子泵结构图[16]；（b）分子泵的叶片分布图

分子泵使用过程中要注意以下事项：

（1）必须等真空腔体达到一定真空度后才能开分子泵对其进行直接抽气。

（2）要利用前级机械泵及时把分子泵从真空腔体抽的气体排走。

（3）分子泵工作过程中由于转速很高所以会产生很多热量，为了保护分子泵必须用循环水对其进行冷却降温。

2.1.2.4 油扩散泵

油扩散泵的结构和工作原理如图 2-11 所示，泵的底部有一加热器可对锅炉中的油进行加热，油蒸发变成气态后沿管道上升，在管道上有很多级伞形分布的喷射口，油蒸汽从喷射口中高速向下喷出并与气体分子相撞，从而使气体分子向下运动到排气口并被前级泵排出。在泵体外围分布有冷却水管，油蒸汽被冷却后沉降到泵体底部并被再次加热，从而完成工作循环。油扩散泵是一种高真空泵，其极限真空度可高达 10^{-8}Pa，并且油扩散泵工作时由于没有机械运动所以非常安静，但是油蒸汽可能会进入到真空腔体中造成腔体污染。油扩散泵排气口位置的压强一般应不超过 10Pa，这个工作可以由旋片式机械泵完成。

2.1.3 真空的测量

真空的测量即是测量容器或腔体内气体的压强，需要用到的仪器叫真空计。真空计可以分为两种主要类型，一是绝对真空计，其工作原理是根据气体分子运

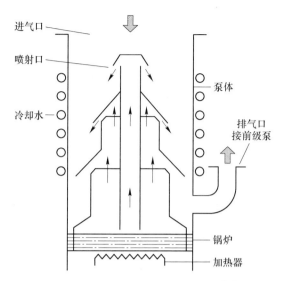

进气口

喷射口

泵体

冷却水

排气口
接前级泵

锅炉

加热器

图 2-11 油扩散泵结构和工作原理[17]

动产生的压力直接对压强进行测量，另一种是相对真空计，其工作原理是通过测量与压强有关的物理量间接测量压强。绝对真空计一般用来测量低真空，相对真空计一般用来测量高真空。任何一种真空度测量方法，都只适用于一定的压强范围，表 2-6 列出了一些常用真空计的测量压强范围。

表 2-6 常用真空计的压强测量范围[9]

真空计名称	测量范围/Pa	真空计名称	测量范围/Pa
U 形真空计	$10 \sim 10^5$	电阻真空计	$10^{-1} \sim 10^5$
压缩式真空计	$10^{-3} \sim 10^3$	热阴极电离真空计	$10^{-5} \sim 10^{-1}$
膜盒真空计	$10 \sim 10^5$	中真空电离真空计	$10^{-4} \sim 10^3$
波登管真空计	$10^2 \sim 10^5$	B-A 式电离真空计	$10^{-8} \sim 10^{-1}$
薄膜电容真空计	$10^{-2} \sim 10^5$	抑制规电离真空计	$10^{-10} \sim 10^{-2}$
应变式真空计	$10 \sim 10^5$	分离规电离计	$10^{-11} \sim 10^{-2}$
热电偶真空计	$10^{-1} \sim 10^2$	磁控管式电离计	$10^{-11} \sim 10^{-2}$

下面介绍几种磁性薄膜制备设备中常用真空计的工作原理。

2.1.3.1 电阻真空计

电阻真空计又称皮拉尼真空计，其测量原理如图 2-12 所示。传感器管与真空腔体相通，由于传感器管很小，所以可以近似认为传感器管中的压强与腔体压强一致。真空度不同，传感器管内气体分子的数密度也不同，从而导致电阻丝散热能力也不同，所以电阻丝的温度随真空度的变化而变化。而电阻丝的电阻是温度的函数，所以电阻丝的电阻也是真空度的函数，通过电桥法对电阻丝电阻进行精确测量就能得到真空腔体的压强值。电阻真空计测量压强的范围一般为 $10^{-1} \sim 10^5 \, \mathrm{Pa}$。

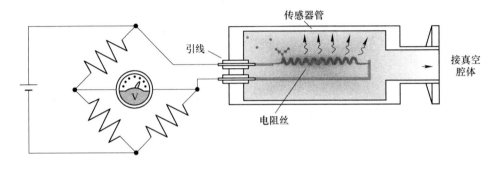

图 2-12　电阻真空计测量原理[18]

2.1.3.2　热阴极电离真空计

电离真空计是一种被广泛使用的中、高真空测量设备，其测量原理是气体分子被运动的电子电离时产生的正离子个数与气体压强成正比，通过电流表测量由正离子产生的电流即可得到腔体的压强。电离真空计根据电子的来源不同可以分为热阴极电离真空计和冷阴极电离真空计，热阴极电离真空计利用灯丝受热发射电子，而冷阴极电离真空计利用高压放电产生电子。图 2-13 所示为热阴极电离真空计，它包括 3 个主要部分：灯丝、栅极网和收集极。灯丝受热后向外发射电子，栅极网电位比热阴极高，所以电子加速向栅极网运动，电子运动过程中会与气体分子碰撞并使之电离产生正离子

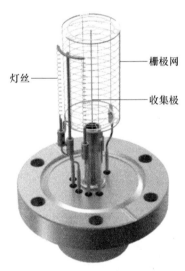

图 2-13　电离真空计测量原理[19]

和电子，处于中间位置的收集极电位比栅极网低，所以正离子会加速撞向收集极，正离子被收集极捕获后形成电流，电流大小可由电流表测量得到。

电离真空计测量的压强测量范围一般为 $10^{-5} \sim 10^{-1} \, \mathrm{Pa}$，如果真空系统长时间处于低真空状态，电离真空计的灯丝和电极上会吸附气体从而影响测量精度，电离真空计都自带除气功能，可以通过加热的方式有效去除吸附的气体分子。

2.2 物理气相沉积镀膜

前面提到磁性薄膜的制备方式主要是物理气相沉积，下面介绍几种常见的物理气相沉积镀膜方法。

2.2.1 热蒸发镀膜

在热蒸发镀膜过程中，首先在真空腔中通过一定的方式加热蒸发源物质，使组成源物质的原子、分子或原子团蒸发气化从源物质表面逸出并形成蒸发粒子流，最后粒子流经过输运过程沉积到衬底或基片表面并形成薄膜。热蒸发镀膜系统的结构和原理示意图如图2-14所示，蒸发源物质可以是固态，也可以是液态，通常置于耐高温的坩埚中，真空腔接由多级真空泵所组成的真空系统，真空腔内的真空度一般应优于 10^{-5} Pa。热蒸发的加热方式有很多种，常见的有电阻加热、高频感应加热、电子束加热、电弧加热和激光加热等。

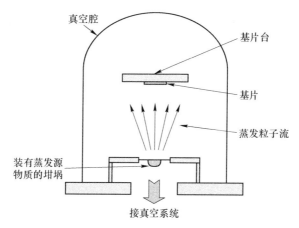

图2-14　热蒸发镀膜系统结构和原理示意图[20]

2.2.1.1 电阻加热

电阻加热的原理和方式最为简单，根据焦耳定律，给具有一定阻值的电阻通以电流后，电阻即可产生热量。电阻加热示意图如图2-15所示，在电阻加热镀膜机中，蒸发源材料通常被置于用耐高温材料制作的"船"型器皿中，通过简单调节电阻电流的大小即可控制成膜速率。电阻加热方式虽然结构简单，但是其自身也存在一些问题：（1）器皿和电极材料受热会向外蒸发原子或分子，从而对薄膜造成污染。（2）当蒸发源材料本身就是耐高温材料时，很难寻找到合适的"船"型器皿材料，如果器皿材料的选择不合适，在加热过程中，器皿本身就会融化或开裂。（3）加热过程中，器皿材料与蒸发源材料之间会由于扩散而合金化或相互混合。

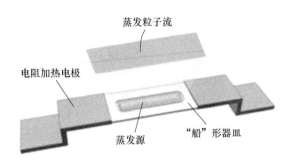

图 2-15   电阻加热蒸发镀膜[21]

2.2.1.2   高频感应加热

感应加热即电磁感应加热，其原理和结构如图 2-16 所示，装有蒸发源材料的坩埚被感应线圈所环绕，线圈与高频交变电源相连接并被循环水所冷却。当给线圈通电后，线圈中流动的交变电流会产生交变磁场，交变磁场又会在坩埚或蒸发源材料中产生涡电流，利用涡电流的焦耳热效应，即可达到对蒸发源材料加热的目的。

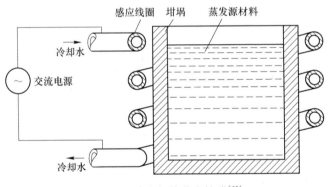

图 2-16   感应加热蒸发镀膜[22]

2.2.1.3   电子束加热

前面提到的电阻加热方式和感应加热方式通常都是先对承装蒸发源材料的器皿进行加热，器皿再通过热传导的方式把热量传递给蒸发源材料，这一方面对器皿材料的选择提出了一定的要求，另一方面温度升高后的器皿也会向外蒸发原子或分子，从而容易对薄膜造成污染。为了克服这些问题，人们发明了电子束加热，电子束加热是一种局域加热方式，即只加热蒸发源材料，而器皿温度不会有

太大的升高，从而可以降低对器皿材料的要求并减少污染。电子束加热的原理和
结构如图 2-17 所示，灯丝受热向外发射电子，电子被加速电极加速后获得很高
的能量，之后在偏转磁铁的作用下，电子的运动路径发生偏转并高速射到蒸发源
材料表面，蒸发源材料获得电子的能量后温度升高并向外蒸发出原子或分子。

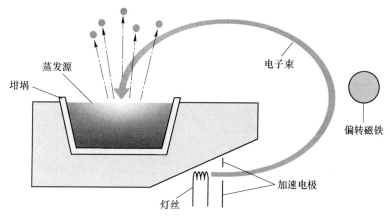

图 2-17　电子束加热蒸发镀膜[23]

在热蒸发镀膜中，蒸发源材料的一个重要参数就是饱和蒸气压，饱和蒸气压
是指在一定温度下的密闭空间中，蒸发物质的蒸气与固相或液相相平衡时所呈现
出的压力，只有当被蒸发材料的分气压低于它的饱和蒸气压时，才可能有物质的
净蒸发。饱和蒸气压与温度之间有如下函数关系式：

$$\lg p = A - \frac{B}{T + C} \tag{2-5}$$

式中，p 为饱和蒸气压（单位为 $10^5 \mathrm{Pa}$）；T 为绝对温度（单位为 K）；A、B 和 C
称为安托万常数，是由具体物质种类决定的，使用该公式时，要注意适用的温度
范围。表 2-7 列出了一些常见金属单质的安托万常数，图 2-18 为根据表 2-7 的数
据所做的饱和蒸气压随温度的变化曲线图。由于常数 B 大于零，所以从图 2-7 中
可以看到，当温度升高时，物质的饱和蒸气压也随之升高。饱和蒸气压曲线对蒸
发镀膜有重要的意义，它可以帮助人们合理选择蒸发材料和蒸发条件。

表 2-7　几种金属单质的安托万常数

元素	A	B	C	适用的温度范围/K
Li	4.98831	7918.984	-9.52	298~1560
Na	2.46077	1873.728	-416.372	924~1118
Al	5.73623	13204.109	-24.306	1557~2329
K	4.45718	4691.58	24.195	679~1033

续表 2-7

元素	A	B	C	适用的温度范围/K
Ca	2.78473	3121.368	-594.591	1254~1712
Cr	6.02371	16064.989	-83.86	1889~2755
Ni	5.98183	16808.435	-188.717	2083~3005
Ag	1.95303	2505.533	-1194.947	1823~2425
Au	5.46951	17292.476	-70.978	2142~3239
Pt	4.80688	21519.696	-200.689	3003~4680

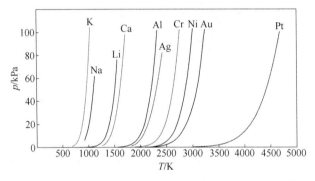

图 2-18   几种金属单质的饱和蒸气压随温度的变化曲线

热蒸发镀膜虽然具有设备结构简单、操作容易等优点，但是由于蒸发原子或分子的能量较小，所以不容易获得结晶结构的薄膜，且薄膜与衬底或基片的附着力差，很容易脱落。因此，在制备磁性薄膜时，人们采用较多的是 2.2.2 节讲述的溅射镀膜。

2.2.2 溅射镀膜

溅射镀膜是在实验室和工业生产中使用最多的一种镀膜方式，其原理是利用具有一定能量的粒子（通常是正离子）轰击固体靶材表面，靶材原子或原子团因被粒子撞击而离开靶材表面，原子或原子团经过一定的输运过程到达衬底或基片上并在上面以一定的方式结合并形成薄膜。溅射镀膜的原理如图 2-19 所示，真空泵负责对腔体抽真空以使其达到镀膜所需的真空度，正离子来源于溅射气体的电离，流量计控制溅射气体的流量，溅射时，流量计和真空泵共同作用以维持腔体的真空度。

溅射气体通常为惰性气体，这是因为惰性气体活性较弱，从而可以减少气体原子与靶材原子的反应，常见的溅射气体有 Ar、Kr、Xe 等，这其中又以 Ar 气的使用最为广泛。溅射进行时，Ar 气在高电压的作用下产生辉光放电成为等离子

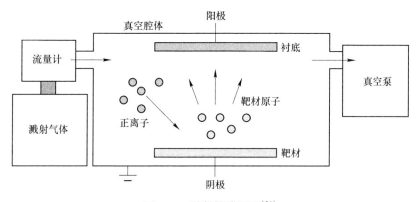

图 2-19 溅射镀膜原理[24]

体，辉光放电是低压气体在电场中所呈现出的一种稳定的自持放电现象，等离子体由电子、离子及中性原子和原子团组成，在宏观上对外呈现电中性。最简单的辉光放电是二级辉光放电，当在阴极和阳极之间施加上高电压时，等离子体在两个电极之间会形成明亮的辉光区和暗区，其分布如图 2-20 所示，溅射镀膜通常把基片置于负辉光区。与众多的等离子现象类似，二级辉光放电的伏安特性曲线也是非线性的，如图 2-21 所示，可以看到，二级辉光放电的伏安特性曲线可以分成三个不同的区域，即暗电流区、辉光放电区和弧光放电区，溅射镀膜一般选在异常辉光放电区进行。

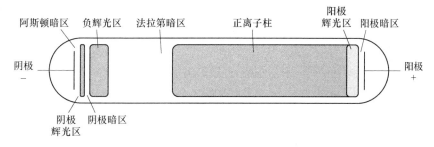

图 2-20 二级辉光放电辉光区和暗区分布图

在溅射镀膜过程中，高速运动的离子与靶材相撞，这其中仅有一小部分能量用来激发靶材原子离开靶材，绝大部分能量都转变成了靶材的热能并引起靶材温度的升高，所以在溅射进行时，需要不断用循环水对靶材进行冷却。对于导热能力较差且容易开裂的一些绝缘体靶材，如 MgO、NiO 和 Cr_2O_3 等，通常在这些靶材背面粘贴一块等尺寸的铜板，从而帮助靶材散热同时避免靶材的开裂。溅射离开靶材的原子，其能量一般为 5~20eV，相比之下热蒸发的原子其能量通常只有 0.1eV，能量较高的原子对于薄膜的致密性以及薄膜与基片的附着力是很有好处的，但是溅射原

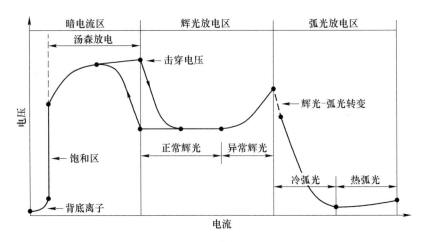

图 2-21 二级辉光放电的伏安特性曲线[25]

子的撞击不会导致基片温度升高太多，所以基片一般无需用循环水冷却。

大部分溅射镀膜采用的都是直流溅射方式，即施加在阳极和阴极之间的电压为直流电压。在溅射进行时，带正电的阳离子不断轰击靶材并从靶材上激发出二次电子，所以靶材上会有正电荷的积累，必须及时把正电荷导走才能使溅射过程不断进行下去，所以直流溅射只能溅射导体材料，不能溅射绝缘体材料。为了溅射绝缘体材料，必须采用射频溅射，常用射频电源的频率为 13.56MHz，射频溅射不仅能溅射绝缘体材料，也能溅射导体材料，但是射频电源的价格也较直流电源昂贵很多，所以对于一般的溅射镀膜仪，通常安装 1~2 个射频电源和 3~4 个直流电源。

为了提高溅射镀膜的效率，即让更多的 Ar 原子通过电离产生 Ar 离子和电子，从而撞击出更多的靶材原子，人们发明了磁控溅射。磁控溅射的结构示意图如图 2-22 所示，靶材下面安装有强磁铁，在磁场的作用下，Ar 原子电离产生的电子被束缚在靶材表面附近做螺旋运动，这大大增加了电子的运动距离，从而电子可以和更多的 Ar 原子碰撞并使其电离。同时由于飞向阳极基片的电子个数变少，基片上沉积的薄膜由于电子撞击产生的损害也减少了。

如果想沉积合金薄膜，可以采用共溅射或贴片的方法，例如在圆形 Ni 靶上固定扇形 Fe 靶可以沉积制备 Ni-Fe 合金薄膜，还可以通过改变扇形的面积来调节 Ni-Fe 合金薄膜的原子比例。如果想沉积化合物薄膜，可以采用反应溅射的方法，例如可以在 O_2 中反应溅射制备氧化物薄膜，在 N_2 中反应溅射制备氮化物薄膜，在 C_2H_2 或 CH_4 中反应溅射制备碳化物薄膜，通过控制反应气体的压强可以调节化合物中的原子配比。由于反应溅射中所使用的气体活性较高，所以要避免靶材发生中毒现象。

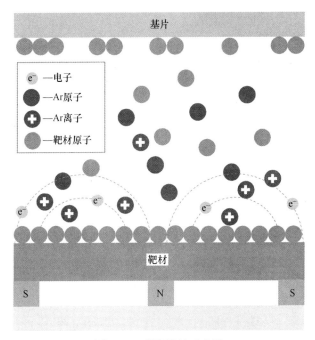

图 2-22　磁控溅射示意图

2.2.3　脉冲激光沉积镀膜

随着激光技术的发展，人们发明了另外一种物理气相沉积镀膜方法——脉冲激光沉积镀膜[26,27]，其原理如图 2-23 所示。脉冲激光沉积又称为脉冲激光烧蚀，

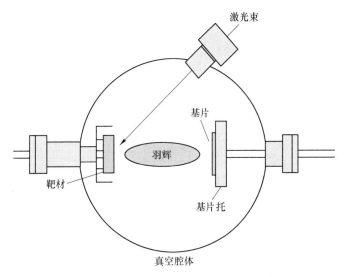

图 2-23　脉冲激光沉积原理示意图[26,27]

其原理是利用高能激光束入射到靶材表面，靶材原子被烧蚀并形成等离子体烧蚀物，烧蚀物沿靶材法线运动形成羽毛状的发光团——羽辉，最后烧蚀物沉积到基片上成核长大形成薄膜。与磁控溅射镀膜相比，脉冲激光沉积镀膜更适合制备氧化物薄膜，如果制备金属单质薄膜，还是磁控溅射的效果更好。本书后面章节中的样品大部分都是采用磁控溅射方法制备的。

参 考 文 献

[1] 张永宏. 现代薄膜材料与技术 [M]. 西安：西北工业大学出版社，2014.

[2] 郑伟涛. 薄膜材料与薄膜技术 [M]. 2 版. 北京：化学工业出版社，2009.

[3] 吴自勤，王兵. 薄膜生长 [M]. 北京：科学出版社，2010.

[4] 唐伟忠. 薄膜材料制备原理、技术及应用 [M]. 2 版. 北京：冶金工业出版社，2013.

[5] 田民波，李正操. 薄膜技术与薄膜材料 [M]. 北京：清华大学出版社，2011.

[6] 蔡珣，石玉龙，周建. 现代薄膜材料与技术 [M]. 上海：华东理工大学出版社，2007.

[7] 张以忱. 真空镀膜技术 [M]. 北京：冶金工业出版社，2009.

[8] 张三慧. 大学物理学：力学、热学 [M]. 4 版. 北京：清华大学出版社，2018.

[9] 李军建，王小菊. 真空技术 [M]. 北京：国防工业出版社，2016.

[10] https：//www. pfeiffer-vacuum. com/filepool/file/literature/brochure-rotary-vane-pumps-henaline-chinese. pdf? referer=1921&request_locale=zh_CN.

[11] https：//vacaero. com/information-resources/vacuum-pump-technology-education-and-training/161438-the-oil-sealed-rotary-vane-vacuum-pump-background-and-designs. html.

[12] https：//vacaero. com/information-resources/vacuum-pump-technology-education-and-training/195875-oil-sealed-rotary-vane-pumps. html.

[13] http：//supervacindustries. blogspot. com/2014/11/roots-blower-booster-vacuum-pump-oil_19. html.

[14] Gatzen H H, Saile V, Leuthold J. Micro and nano fabrication tools and processes [M]. Berlin：Springer, 2015：30.

[15] http：//www. boerger. com. cn/index. php? id=51&L=4；https：//pumpandvalve. com/product/rotary-lobe-pumps-sanitary/；https：//www. joskin. com/en/equipment/quadra/pumping-systems.

[16] https：//en. wikipedia. org/wiki/Turbomolecular_ pump.

[17] https：//www. osakavacuum. co. jp/en/products/index. php.

[18] https：//sens4. com/heat-loss-gauge. html.

[19] https：//arunmicro. com/news/how-does-an-ion-gauge-work/.

[20] https：//doi. org/10. 1016/B978-0-12-415995-2. 00015-5.

[21] Camley R E, Celinski Z, Stamps R L. Magnetism of surfaces, interfaces, and nanoscale materials [M]. Elsevier, 2015：4.

[22] Kuzmichev A, Tsybulsky L. Advances in induction and microwave heating of mineral and organic materials [M]. Intechopen, 2011：271.

[23] Madani A. Titanium dioxide based microtubular cavities for on-chip integration [D]. Chemnitz：Technische Universität Chemnitz, 2017：41.

［24］ https：//pvd. ir/faq/.

［25］ https：//www. plasmawise. com/technology/plasma-discharges/.

［26］ Soonmin Ho, Vanalakar S A, Galal Ahmed, et al. A review of nanostructured thin films for gas sensing and corrosion protection ［J］. Mediterranean Journal of Chemistry, 2019, 7：433.

［27］ 高国棉, 陈长乐, 王永仓, 等. 脉冲激光沉积（PLD）技术及其应用研究 ［J］. 空军工程大学学报（自然科学版）, 2005, 6：77.

3 磁性薄膜的结构表征和性能测试

薄膜材料在制备出来之后，还需要对其各种物理和化学性质进行相应的测试，才能确定薄膜材料是否满足人们对特定性能的需要。对于磁性薄膜材料，人们经常对其以下性能进行测试：

（1）磁学性能，包括磁滞回线、磁化率、矩形度、矫顽力、饱和磁化强度、磁畴状态、居里温度、交换偏置、铁磁共振等。

（2）电输运性能，包括电阻率、霍尔效应、各种磁电阻效应等。

薄膜材料外在的性能表现是由其内部原子或离子的物理或化学状态决定的，因此在对薄膜材料进行性能测试的同时，还有必要对薄膜材料的微结构和元素状态等进行表征，以期能把性能和微结构联系起来。这样做不仅可以对薄膜材料有更加深入的了解，同时还可以为通过人工调控微结构改善薄膜性能提供参考依据。表 3-1 列出了一些薄膜材料的特性及与之对应的测试方法[1~5]，供读者参考。

表 3-1　薄膜材料的特性及与之对应的测试方法[1~5]

薄膜的特性	测试方法
薄膜厚度的测量	称重法 石英晶体振荡法 台阶仪法 X 射线反射率法（XRR） 多重反射干涉法 椭圆偏振仪法 测量光吸收系数法 面电阻测量法 断面扫描电子显微镜法（SEM） 断面透射电子显微镜法（X-TEM） Rutherford 背散射法（RBS）
元素（成分）分析	二次离子质谱（SIMS） 俄歇电子能谱（AES） X 射线光电子能谱（XPS） Rutherford 背散射法（RBS）
化学结合键的分析	X 射线光电子能谱（XPS）

薄膜的特性	测试方法
结晶取向和结构分析	X 射线衍射（XRD） 电子衍射（ED，LEED，RHEED） 扫描电子显微镜法（SEM） 透射电子显微镜法（TEM） 高分辨透射电子显微镜法（HRTEM） 原子力显微镜法（AFM） 扫描隧道显微镜法（STM） Rutherford 背散射法（RBS）
表面形貌（结晶取向和结构）	扫描电子显微镜法（SEM） 原子力显微镜法（AFM） 扫描隧道显微镜法（STM） 低能电子衍射（LEED） 反射高能电子衍射（RHEED）
力学性能（附着力和内应力）	胶带法 划痕法 拉倒法 干涉测量形变法 台阶仪测量形变法
电学性质（电阻率）	四探针法
磁学性质	振动样品磁强计（VSM） 交变梯度力磁强计（AGFM） 超导量子干涉仪（SQUID） 铁磁共振（FMR） 中子衍射
光学性质	透射率和反射率的测量 折射率的测量

3.1　薄膜厚度的测量

　　薄膜材料的最大特点就是"薄"，因为只有当材料薄到一定程度时，才能表现出特有的物理和化学性质，这些特有的物理和化学性质通常是由量子效应决定的，在大块的体材料中是观察不到的。厚度是薄膜材料的重要参数，厚度的不同会极大影响薄膜的磁学、电学和力学性能，所以有必要对薄膜的厚度进行精确的测量。

通常，在薄膜材料制备之前，就需要先确定所需要生长的薄膜的厚度。以磁控溅射生长薄膜为例，一般通过靶材溅射速率乘以溅射时间的方法确定薄膜的厚度，这种方法相对简单、直观。为了保证靶材溅射速率的稳定，必须确保每次溅射时靶材所处的溅射环境都是一样的，包括电源功率、溅射气体（通常为氩气）压强、温度、靶材与基片间的距离等。为了确定靶材溅射速率，首先要在已知的时间内（通常为1h或0.5h）制备一定厚度的薄膜，用实验方法测出薄膜厚度，再除以时间即可得到溅射速率。但是靶材在使用过程中，随着被刻蚀的溅射沟槽的加深，速率会有微小的变化。不过考虑到靶材一般较薄（通常为1~2mm），如果多次标定速率会浪费掉大量靶材料，所以通常一个靶材只标定一次速率。

测量薄膜厚度的方法有很多，下面介绍几种在磁性薄膜厚度测量过程中经常会用到的方法。

3.1.1 台阶仪法

台阶仪又称表面轮廓仪，其测量膜厚的精度可高达0.1nm。台阶仪的工作原理是利用细探针扫描样品表面，当检测到一个高度差则探针做上下起伏的变化，此变化在仪器内部的螺线管线圈内造成磁通量的变化，再由内部电子电路转换成电压讯号，进而计算出膜厚。表面轮廓仪的核心组成部分是线性可变差动变压器（linear variable differential transformer，LVDT），LVDT是机电转换器的一种，它可以将一个物体的直线运动的位移转换成相对应的电信号。LVDT可测量的位移量小至几百万分之一英寸至几英寸。LVDT的结构示意图如图3-1所示，左边的线圈称为一次线圈，右边两个反向相连的线圈称为感应线圈，左右线圈中间的细长金属称为衔铁。在一次线圈中通一交流电从而在周围空间产生磁场，当衔铁在竖直方向的不同位置时，一次线圈和两个感应线圈的互感系数会发生变化，从而两个感应线圈串联后的输出电压信号也会发生变化，利用此电压信号便能反推出衔铁的竖直位移。

用台阶仪测量薄膜厚度时，薄膜和基片之间必须要有台阶，制备台阶的方法主要有两种：光刻浮胶法和掩膜镀膜法。台阶仪的测量原理如图3-2所示，测量时，金刚石探针在样品表面扫描，可以通过程序设定探针下压力的大小和扫描距离。探针在垂直方形的位移被实时记录下来并显示在计算机屏幕上，通过对测试曲线的简单处理即可得到台阶处薄膜的厚度。

图3-3是利用NanoMap-PS台阶仪测试所得到的实际实验曲线。可以看到台阶处曲线的变化非常尖锐，薄膜样品的厚度大概为47nm。在使用台阶仪测量薄

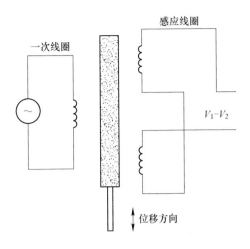

图 3-1 LVDT 结构示意图[6]

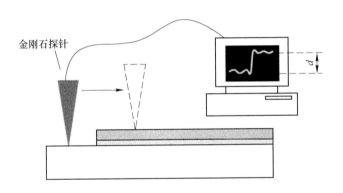

图 3-2 台阶仪测量薄膜厚度原理图[7]

膜厚度时，要注意根据薄膜的软硬，合理选择探针弧度和测试压力。避免划伤薄膜或膜材黏附在针尖上。供应台阶仪的主要厂家有 NanoMap、Bruker、Filmetrics、Nanovea、Rtec、Heliotis 等，大部分为国外厂家。

3.1.2 石英晶体振荡法

石英晶体振荡法的优点是可以在薄膜沉积过程中对薄膜厚度进行实时监控，其原理主要是利用了石英晶体的压电效应，即石英晶体的振荡频率随其质量的变化而变化。测试过程中，薄膜沉积在基片上的同时，也会沉积在石英晶体上，石英晶体由于质量发生变化，因此振荡频率也发生相应变化，通过测量频率的变化量便可求得薄膜的厚度。图 3-4 所示为一带有石英晶体振荡器的真空热蒸发镀膜系统。

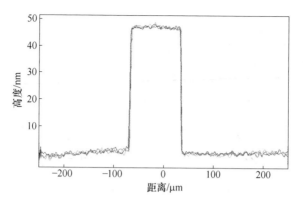

图 3-3 NanoMap-PS 台阶仪的实验测量曲线[8]

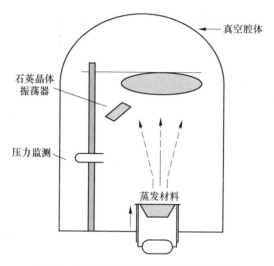

图 3-4 石英晶体测量薄膜厚度原理图[9]

对厚度为 t_1 的石英晶体，其压电效应的固有频率 f 可用如下公式表示为

$$f = \frac{c}{2t_1} \tag{3-1}$$

式中，c 为横波在石英晶体中的传播速度。对上式的两边取微分，可得由石英厚度变化所引起的频率变化为

$$\Delta f = -\frac{c}{2t_1^2}\Delta t_1 \tag{3-2}$$

假设石英晶体的被镀面积为 A，ρ_2 是被镀膜层材料的密度，Δt_2 是被镀膜层材料的厚度，则被镀膜层材料的质量为

$$\Delta m = A\rho_2\Delta t_2 \tag{3-3}$$

在薄膜足够薄的情况下，可以近似认为由镀层材料所导致的石英晶体的厚度变化量为

$$\Delta t_1 = \frac{\Delta m}{A\rho_1} \tag{3-4}$$

式中，ρ_1 为石英晶体的密度。联立式（3-3）和式（3-4），可得：

$$\Delta t_1 = \frac{\rho_2}{\rho_1}\Delta t_2 \tag{3-5}$$

将式（3-5）带入式（3-2），并结合式（3-1），可得膜层材料的厚度与石英晶体频率变化量的关系为

$$\Delta t_2 = -\frac{c\rho_1}{2f^2\rho_2}\Delta f \tag{3-6}$$

从而可以达到通过对石英晶体频率变化的监测而得到镀层材料厚度的目的。

3.1.3 X 射线反射率法

X 射线反射率（X-ray reflectivity，XRR）法是利用了 X 射线在介质中的折射率小于在空气中的折射率，从而在入射角满足一定条件的情况下可以发生全反射的现象[6]。通常情况下，X 射线在介质中的折射率可用如下公式表示：

$$n = 1 - \delta + i\beta \tag{3-7}$$

式中，

$$\begin{cases} \delta = \dfrac{\lambda^2}{2\pi}r_e\rho_e \approx 10^{-6} \sim 10^{-4} \\[2mm] \beta = \dfrac{\lambda}{4\pi}\mu \approx 10^{-9} \sim 10^{-6} \end{cases} \tag{3-8}$$

式中，λ 为 X 射线的波长；r_e 为电子半径；ρ_e 为电子密度；μ 为线吸收系数。可以看到 β 比 δ 小 2 到 3 个数量级，所以通常可以忽略不计，可近似认为 $n = 1 - \delta$。

图 3-5 所示为 X 射线从折射率 $n = 1$ 的空气射向折射率 $n = 1 - \delta$ 的介质表面时，光线在表面处发生折射和反射的光路图。其中 α_i、α_f、α_t 分别为入射角、反射角和折射角。根据 Snell 折射定律有：

$$1 \times \cos\alpha_i = (1 - \delta)\cos\alpha_t \tag{3-9}$$

所以

$$\alpha_t = \arccos\frac{\cos\alpha_i}{1 - \delta} \tag{3-10}$$

当 α_i 逐渐减小时，α_t 也逐渐减小。当 α_i 减小到 $\alpha_i = \arccos(1 - \delta)$，即 $\cos\alpha_i = 1 - \delta$ 时，此时有 $\alpha_t = 0$，也即透射光线消失，只有反射光线，或者说 X 射线发生了全反射。所以 X 射线产生全反射的临界条件就是入射角 $\alpha_i \leqslant \arccos(1 - \delta)$，

而 $\alpha_i = \arccos(1 - \delta)$ 则被称为 X 射线全反射的临界角。

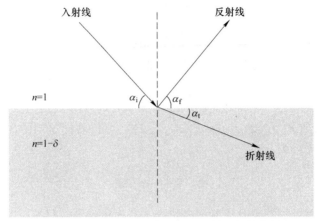

图 3-5　X 射线在空气和介质界面反射、折射光路图

通常情况下，X 射线产生全反射的临界角都很小，所以可以对 $\cos\alpha_i$ 做幂级数展开，在只取级数前两项的情况下，可得：

$$\cos\alpha_i \approx 1 - \frac{\alpha_i^2}{2} = 1 - \delta \tag{3-11}$$

所以可得临界角大小为

$$\alpha_i = \sqrt{2\delta} \approx 1° \tag{3-12}$$

当利用 X 射线反射率法测量薄膜样品厚度时，入射角从靠近 0° 开始逐渐增大，同时 X 射线接收器以相同的反射角同步变化，测量反射光线的强度。最终会在计算机的屏幕上得到一条振荡衰减的曲线，曲线的横轴为入射角，纵轴为反射率（通常取对数坐标）。图 3-6 所示为在 Si 基片上沉积的 30nm 金薄膜的反射率曲线，所选用的 X 射线的波长为 0.1542nm[10]。

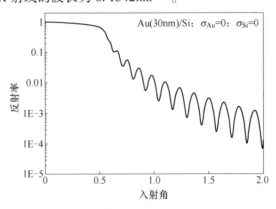

图 3-6　Si 片上沉积的厚度为 30nm 金薄膜的 X 射线反射率曲线[10]

为了得到薄膜的精确厚度，通常还要对图 3-6 中的曲线进行直线拟合，如图 3-7 所示。横轴为振荡峰位，纵轴为振荡峰的数目。则薄膜厚度为

$$d = \frac{\lambda}{2\Delta\alpha} \tag{3-13}$$

式中，$\Delta\alpha$ 为相邻两个振荡峰之间的峰位差，注意 $\Delta\alpha$ 的单位为弧度。此种方法测量薄膜的厚度非常简单，但是误差比较大，对薄膜厚度的严格计算需要对实验数据进行计算机拟合，详情可参阅潘峰等所著的书籍[10]。

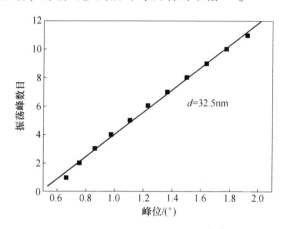

图 3-7 对金薄膜厚度的估算[10]

3.2 薄膜成分的测量

对于薄膜样品，除了厚度之外，人们通常还很关心薄膜样品的成分组成，即样品中包含哪些元素，以及各种元素的含量分别是多少。确定薄膜成分组成的方法有很多，其中扫面电镜能量色散 X 射线谱（energy-dispersive X-ray spectroscopy，EDS）是最常见也是最简单的分析方法之一。扫描电镜（scanning electron microscope，SEM）可以通过分析高能汇聚电子束在样品表面扫描时所激发出的各种光电信号，从而确定样品的表面形貌信息和元素组成信息。电子束与样品中的原子相互作用，会产生各种各样的反馈信号，如背散射电子、二次电子、特征 X 射线、俄歇电子等，如图 3-8 所示。对这些信号进行收集并分析，就可以得到人们所需要的样品的信息，图中还近似展示了这些信号所能反应的样品信息的厚度范围。

背散射电子是被固体样品中的原子反弹回来的电子，包括弹性背散射电子和非弹性背散射电子。其中弹性背散射电子是被样品原子核反弹回来的电子，其散射角通常大于 90°，其能量基本没有损失，可高达数万电子伏。而非弹性背散射电子则是被样品的核外电子散射回来的电子，其能量损失很大，离开样品时的能

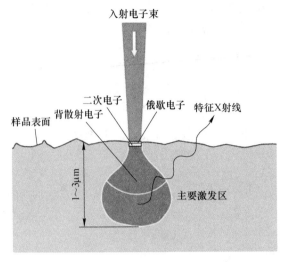

图 3-8   入射电子束与样品相互作用激发出的各种信号[11]

量大约为几百电子伏。从数量上看，弹性背散射电子远多于非弹性背散射电子。背散射电子来源于样品表面几十到一百纳米深度范围，它的产额随样品原子序数增大而增多，所以不仅能用作形貌分析，而且可以用来显示原子序数衬度。

二次电子是在入射电子束的作用下，被轰击离开样品表面的样品原子的核外电子。由于样品原子的外层电子与原子核的结合能比较小，所以很容易受到外部因素的作用脱离原子核的束缚成为自由电子，这些自由电子就称为二次电子。一个能量很高的电子入射到样品表面时，可以激发出很多不同能量的二次电子。二次电子能量较低，一般不超过 50eV，多数在 2~3eV。二次电子一般来自距表面 5~50nm 的深度，所以能有效显示样品的表面形貌。由于二次电子来自样品表面，所以入射电子还没有与样品有过多相互作用而发生多次散射，因此产生二次电子的区域与入射电子束的照射区域差不多大，所以二次电子的分辨率较高，一般可达 5~10nm，通常所说的扫描电镜的分辨率指的就是二次电子的分辨率。但是二次电子的产额和原子序数之间没有明显依赖关系，所以不能用来进行成分分析。

除了电子，在入射电子束的作用下，材料还会向外发射特征 X 射线，这可以作为样品成分分析的重要依据。特征 X 射线的产生如图 3-9 所示，当入射电子与样品原子的内层电子产生非弹性碰撞时，可把内层电子撞击出样品表面，在这种情况下，原内层电子的位置就会出现空位，而整个原子也处于能量较高的激发态。但是这种激发态并不会维持太久，样品原子的外层电子会迅速向空位跃迁，以使原子能量降低从而达到稳定的状态。在外层电子向内层跃迁的过程中，多余的能量就会以特征 X 射线的方式释放出去。不同的元素有不同波长和强度的特征

X 射线，从而可以用特征 X 射线作为识别元素的标志。并且还可以通过测定特征 X 射线能量大小的方法来确定相应元素的含量，从而达到成分分析的目的。这就是 EDS 分析方法的原理。

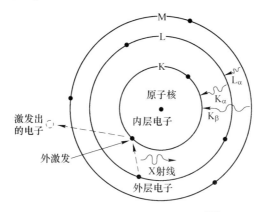

图 3-9 特征 X 射线产生示意图[12]

图 3-10 所示为一种在大西洋中生活的脊盲虾外壳的 EDS 图谱，从中可以确定虾壳中含有的各种元素及元素含量。

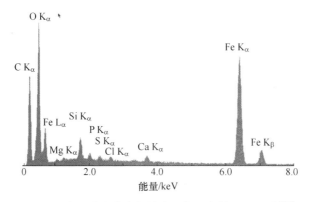

图 3-10 大西洋中脊盲虾外壳的能量色散 EDS 图谱[13]

3.3 薄膜表面元素化学状态的表征

对薄膜样品表面化学状态的表征，一种常见的分析方法就是 X 射线光电子能谱（X-ray photoelectron spectroscopy，XPS）。XPS 的基本原理其实就是光电效应，即以具有一定能量 E_p 的 X 射线光子照射样品表面，若光子能量大于样品电子的逸出功，则样品原子会接收 X 射线光子的能量，并向外发射光电子。光电子发射过程如图 3-11 所示，其中的能量关系满足如下公式：

$$E_b = E_p - (E_k + \varphi) \tag{3-14}$$

式中，E_b 为电子的结合能（binding energy），具体讲结合能就是指某一轨道的电子与原子核结合的能量；E_k 为电子逸出样品后的动能；E_F 为费米能级；φ 为能谱仪的功函数。

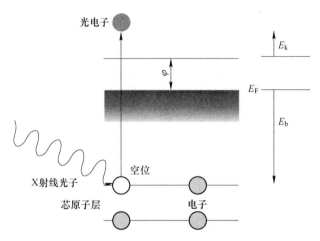

图 3-11　X 射线光电子发射过程及能量关系示意图[14]

图 3-12 是 XPS 的测量原理示意图，具体测量时，在用 X 射线源照射样品的同时，用一高精度能谱仪记录分析被 X 射线激发出的光电子能量，利用式（3-14）进行简单计算便可得到样品中元素的结合能。把结合能与标准图谱进行对比，即可确定元素的种类。通过对光电子产额的定量分析还可得到样品中元素含量多少的信息。光电子在从样品向能量分析器运动的过程中，如果频繁和空气分子碰撞则其能量会有较大的变化，从而导致测量结果不准确，所以，为了减少光电子和空气分子的碰撞，XPS 实验需要在超高真空条件下进行。

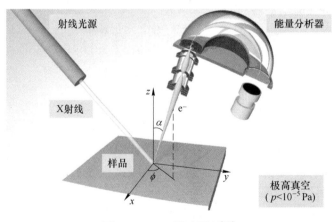

图 3-12　XPS 测试原理[15]

对具体元素而言，不同能级的电子结合能是不同的，越靠近内层的电子结合能越大，相应电子逸出后动能越小；越靠近外层的电子结合能越小，相应电子逸出后动能越大。XPS 测试过程中，结合能和动能与原子能接的关系如图 3-13 所示。

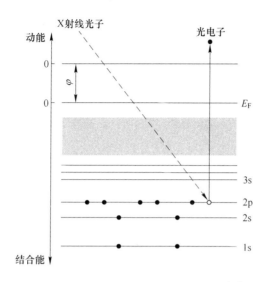

图 3-13　不同原子能级的结合能和动能[16]

在对样品进行 XPS 分析时，必须考虑电子自旋轨道分裂（spin-orbit splitting）的影响。在中心力场 $V(r)$ 中运动的电子，其相对论波动方程在过渡到非相对论极限时，Hamilton 量中将出现自旋轨道耦合项 $\xi(r)S \cdot L$，其中 $\xi(r)$ 为一与电子位置有关的参数，S 为电子的自旋角动量算符，L 为电子的轨道角动量算符。由于自旋轨道耦合项的影响，总自旋角动量 S 和总轨道角动量 L 都不再是守恒量，但是总角动量 $J = L + S$ 仍然是守恒量，总角动量的取值为 $J = \sqrt{j(j+1)}\,\hbar$，其中 j 称为内量子数。在原子中，对于轨道量子数 l 不为零的轨道（p、d、f 等），电子的轨道角动量和自旋角动量可以相互平行，也可以反平行，所以轨道会产生分裂，进而形成两个不同能量的轨道。两个轨道的内量子数分别是 $j=l+s$ 和 $j=l-s$，其中 s 是自旋磁量子数，可以取 1/2 或 −1/2。例如对于常见的 2p 轨道，其轨道量子数 $l=1$，所以内量子数为 $j=1/2$ 或 $j=3/2$。相应的两个原子能级一般表示为 $2p_{1/2}$ 和 $2p_{3/2}$。对于 l 为零的 s 轨道，j 仅有一个取值 $j=1/2$。图 3-14 展示了几种原子两个不同内量子数轨道结合能大小的比较（C 元素 1s 有只一个轨道），可以看到 j 越小，轨道电子的结合能 E_b 越大，例如 $2p_{1/2}$ 轨道大于 $2p_{3/2}$ 轨道，$3d_{3/2}$ 轨道大于 $3d_{5/2}$ 轨道，$4f_{5/2}$ 轨道大于 $4f_{7/2}$ 轨道。

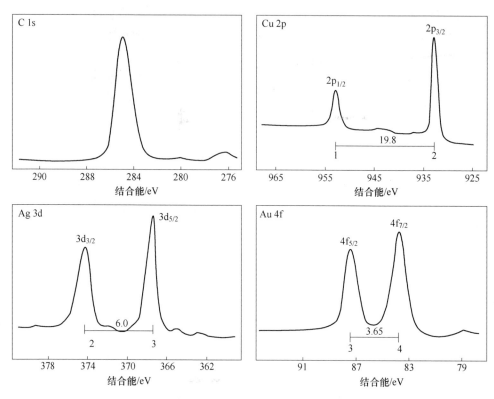

图 3-14 C、Cu、Ag 和 Au 不同内量子数两个轨道的结合能[14]

总角动量 $\boldsymbol{J}$ 沿 z 轴的分量 $\boldsymbol{J}_z = m_j \hbar$，其中总磁量子数 $m_j = -j$，$-j+1$，…，$j-1$，j，可以发现 m_j 共有 $2j+1$ 个取值，所以每个内量子数 j 又分裂成 $2j+1$ 个轨道。例如 2p 轨道共有 6 个电子，其中 2 个位于 $2p_{1/2}$ 轨道，4 个位于 $2p_{3/2}$ 轨道。原子能级的填充情况和标记如图 3-15 所示。通常对于 s 轨道，下标 1/2 可以去掉，即写为 1s、2s、3s 等。

一般在 XPS 图谱中，横轴为结合能，纵轴为能量的相对强度。图 3-16 所示为金的 XPS 扫描图谱，X 射线为铝 K_α。从中可以看到金原子不同原子能级的结合能以及相对强度。由于 $4p_{1/2}$ 有两个电子，而 $4p_{3/2}$ 有四个电子，所以虽然单个 $4p_{1/2}$ 电子的能量比单个 $4p_{3/2}$ 电子的能量高，但是总体上 $4p_{1/2}$ 比 $4p_{3/2}$ 的强度要低。对 $4d_{3/2}$ 与 $4d_{5/2}$ 能级以及 $4f_{5/2}$ 与 $4f_{7/2}$ 能级也有类似的情况。

元素的结合能并不是一成不变的，而是随其所处化学状态的变化而变化。电子的结合能主要受两方面因素的影响，一是原子核的吸引力，二是其他核外电子的屏蔽作用或排斥力。所以当原子失去部分电子而成为阳离子时，其结合能会增加，而当原子由于得到额外的电子而成为阴离子时，其结合能会有所下降，这种现象被称为化学位移（chemical shifts）。XPS 对元素化学状态的分析即是以此为

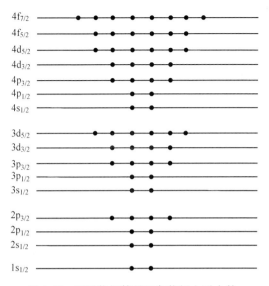

图 3-15　原子能级符号和各能级电子个数

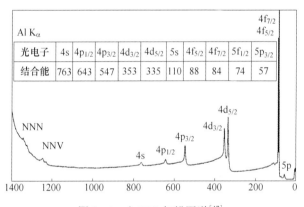

图 3-16　金 XPS 扫描图谱[17]

基础进行的。图 3-17 所示为 Li 元素 1s 结合能的化学位移示意图。在形成 LiO$_2$ 的过程中 Li 原子失去一个 2s 电子，所以 1s 能级的两个电子受到的核外电子的屏蔽作用会减弱，进而其结合能会升高。而对于 O 元素来说，其 2p 能级由于吸收了两个 Li 原子的电子，电子个数由四个变成了六个，所以结合能会降低。

　　通过结合能还可以看出元素被氧化的程度，元素被氧化的程度越深，结合能增加的就越多，表 3-2 中列出了不同氧化状态下 Mo 元素的 3d$_{5/2}$ 能级的结合能。图 3-18 所示为 Si 被 F 氧化后的结合能变化图，从图中可以看到，随着氧化状态的加深，Si 的结合能位移量逐渐变大，具体计算发现结合能的位移量与氧化程度近似呈线性关系，当然这只是一种巧合，并不是所有元素都有这样的特征。在具

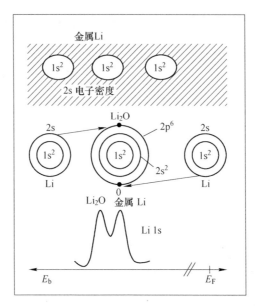

图 3-17 单质金属 Li 和 LiO$_2$ 中 Li 元素的 1s 结合能[17]

体的实践过程中，经常通过 XPS 分析化合物中元素化学状态的变化，并与样品性质的变化建立定性的关系。

表 3-2 Mo 元素不同氧化状态下的结合能

元素	能级	化学式	结合能/eV
Mo	3d$_{5/2}$	Mo$_2$C	227.8
Mo	3d$_{5/2}$	Mo	228.0
Mo	3d$_{5/2}$	MoO$_2$	229.4
Mo	3d$_{5/2}$	MoS$_2$	229.4
Mo	3d$_{5/2}$	MoCl$_3$	230.0
Mo	3d$_{5/2}$	MoCl$_4$	231.0
Mo	3d$_{5/2}$	MoCl$_5$	232.2
Mo	3d$_{5/2}$	MoO$_3$	232.6

具有动能 E_k 的电子在固体中运动时，由于与固体原子的碰撞，所以电子会失去其全部或部分动能，电子在固体中连续两次碰撞所走过的平均距离称为非弹性平均自由程（inelastic mean free path）λ_m。实验证明，λ_m 随电子动能 E_k 的变化而变化，并且是非单调变化的，如图 3-19 所示，从图中可以看到，随着动能的增大，非弹性平均自由程先减小后增大。在 XPS 分析中，被 X 射线光电子激发出的电子能量通常为 50~1200eV，从图 3-19 中虚线框可以看到，在此能量范围内，电子在固体中的非弹性平均自由程大约为几个原子层。所以 XPS 对样品深

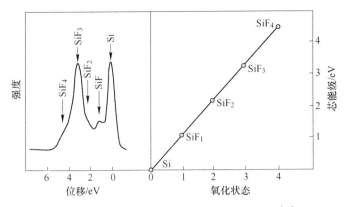

图 3-18 不同氧化程度的 Si 的结合能变化图[17]

度的分析大约为几纳米，一般把 XPS 看作是一种表面分析技术。如果想获得样品内层的 XPS 信息，则需要用离子对样品表面层进行剥离，等大概剥离到所需要进行分析的深度时再进行 XPS 分析。为了避免剥离离子和样品反应，一般用 Ar 或 Xe 离子进行剥离。

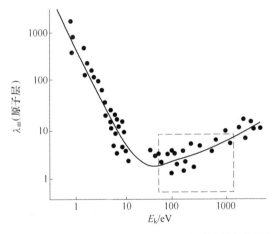

图 3-19 电子的非弹性平均自由程随动能的变化[18]

除了定性分析，XPS 还可以对均匀样品进行定量分析。进行定量分析时，首先要计算各元素谱线峰的面积 I，如图 3-20 所示，计算时一定要扣除背底的影响。然后，即可计算得到样品中各原子的百分比浓度：

$$\text{原子百分比浓度} = \frac{\dfrac{I_A}{S_A}}{\sum\limits_{i}\dfrac{I_i}{S_i}} \times 100\% \qquad (3\text{-}15)$$

式中，参数 S 为元素的灵敏度因子，可以从 XPS 的相关工具书中查询。用 XPS 进行元素定量分析时，误差一般在 10%~20%。

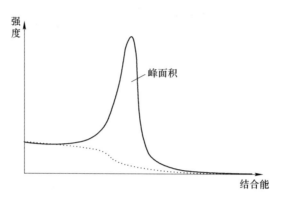

图 3-20 元素谱线峰的面积[18]

3.4 薄膜形貌的表征

对薄膜形貌的表征，常用的仪器是透射电子显微镜（transmission electron microscopy，TEM）。透射电镜除了可以获得样品的形貌信息，还可以通过选区电子衍射获得样品晶体结构的信息。现在的高分辨透射电镜甚至可以直接观察到样品中原子排列的信息。透射电镜的基本原理和光学透镜类似，光学透镜利用的是可见光，波长在 400~700nm 之间，所以光学透镜的分辨率大约为 200nm。而在晶体中，原子之间的距离大约为 10^{-1}nm，这远远超过了光学透镜的分辨率，所以需要用到波长更短的光源。透射电镜中所使用的是电子光源，根据德布罗意理论，电子具有波粒二象性，其所对应的物质波的波长为

$$\lambda = \frac{h}{mv} \tag{3-16}$$

式中，$h = 6.626 \times 10^{-34}$J·s 为普朗克常数；$m$ 为电子的质量；v 为电子的运动速度。可以看到电子的运动速度越快，波长越短，相应透射电镜的分辨率也就越高。通常使用高电压对电子进行加速，假设加速电压为 U，在电场作用下，电子的电势能全部转换为动能，即：

$$eU = \frac{1}{2}mv^2 \tag{3-17}$$

由于电子的运动速度极快，所以还要考虑相对论效应：

$$m = \frac{m_0}{\sqrt{1 - \left(\dfrac{v}{c}\right)^2}} \tag{3-18}$$

式中，$m_0 = 9.11 \times 10^{-31}\text{kg}$ 为电子的静止质量。联立式（3-16）、式（3-17）、式（3-18），可得在加速电压 U 的作用下，电子波长为

$$\lambda = \frac{h}{\left[2m_0 eU\left(1 + \frac{eU}{2m_0 c^2}\right)\right]^{\frac{1}{2}}} \tag{3-19}$$

表 3-3 列出了在不同加速电压下电子的波长，可以看到电压越高，电子波长越短。但是由于相对论效应，电子速度越快质量越大，所以速度随电压的增长也越趋缓慢，例如当加速电压为 1000kV 时，电子速度高达 $2.823 \times 10^8\text{m} \cdot \text{s}$，已经接近于光速，再使其加速已经变得非常困难。

表 3-3 不同加速电压下的电子波长[19]

电压/kV	波长/nm	电压/kV	波长/nm	电压/kV	波长/nm
1	0.0338	20	0.00859	100	0.00370
2	0.0274	30	0.00698	120	0.00334
3	0.0224	40	0.00601	200	0.00251
4	0.0194	50	0.00536	300	0.00197
5	0.0713	60	0.00487	500	0.00142
10	0.0122	80	0.00418	1000	0.00087

传统光学显微镜是利用具有一定形状的玻璃透镜来对光线进行汇聚的，而透射电子显微镜是利用通电线圈产生磁场来达到汇聚电子束的目的的。通电线圈可产生轴对称的非均匀分布磁场，电子在磁场中运动时由于受到洛伦兹力的作用而产生偏转，适当选择线圈的形状和电流大小可使电子在线圈中做螺旋运动并且在通过线圈后汇聚为一点，如图 3-21 所示。电磁透镜的焦距可表示为

$$f = K\frac{U_r}{(IN)^2} \tag{3-20}$$

式中，K 为常数；U_r 为经过相对论修正的电子加速电压；I 为线圈励磁电流的大小；N 为线圈匝数。可以看到，电磁透镜的焦距随电子加速电压的变化而变化。

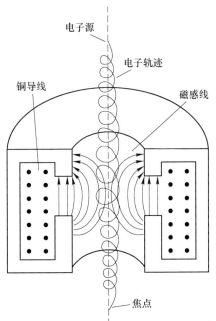

图 3-21 电子被线圈作用产生的磁场汇聚[20]

透射电镜通常在高真空条件下工作，真空度一般高于 10^{-4}Pa，这样做的目的有两个：一是增大电子在镜筒中运动时的平均自由程，减少电子由于和气体分子碰撞而导致的能量变化和运动轨迹变化；二是避免由阴极和地面之间的高电压所导致的弧光放电。透射电镜一般都配备扩散泵和机械泵，两个真空泵共同工作使镜筒中达到测试所需的真空度。

透射电镜的型号千差万别，但是工作原理都类似。首先由电子枪向外发射高能电子束，电子束通过聚光镜之后被汇聚成一束明亮、尖细且均匀的光斑并照射到样品上。电子束穿过样品后携带样品的信息并投射在荧光屏上，通过对荧光屏上图形或图案的分析即可获知样品的结构信息[21]。透射电镜一般有两种工作模式，成像模式和衍射模式，如图 3-22 所示。

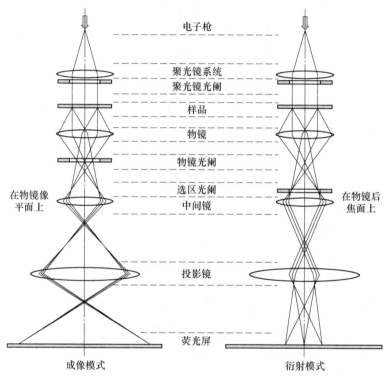

图 3-22   透射电镜的两种工作模式[22]

在成像模式下，中间镜的物平面和物镜的像平面重合，从而就能在荧光屏上得到一幅放大了的样品形貌像，图 3-23（a）所示为脊髓灰质炎病毒的团簇像[23]，病毒直径约 30nm，图 3-23（b）所示为金纳米颗粒[24]。在做透射电镜成像观察时，样品中致密处透过的电子数目少，而稀疏出透过的电子数目多，这些信息都会反映在荧光屏上。如果只允许透射束通过物镜光阑成像，则称为明场像；如果只允许某支衍射束通过物镜光阑成像，则称为暗场像。

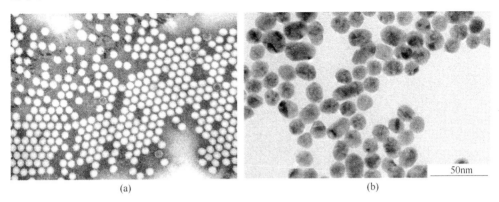

图 3-23 透射电镜成像模式照片

(a) 病毒团簇像[23]；(b) 金纳米颗粒[24]

如果把中间镜的物平面与物镜的后焦面重合，这时可以在荧光屏上得到样品的衍射花样，这种模式称为衍射模式。通过对衍射图案的分析可以确定样品是晶体还是非晶体，如果是晶体的话是单晶体还是多晶体。非晶体的衍射花样为一漫散的晕斑，如图 3-24 (a) 所示为非晶 $Ca_3(PO_4)_2$ 的衍射花样[25]；多晶体的衍射花样是以透射斑点为圆心的明暗相间的同心圆环，如图 3-24 (b) 所示为多晶 Al 的衍射图像[26]；单晶体的衍射花样则是以透射斑点为中心的规则分布的斑点，如图 3-24 (c) 所示为单晶 $LaCoO_3$ 的电子衍射花样[27]。通过对衍射花样的标记和计算还可以进一步获得晶面指数、晶面间距、晶体方向等信息。

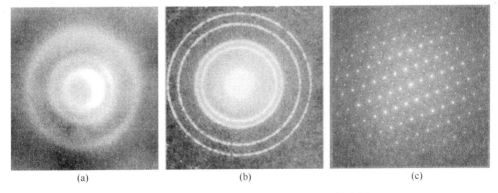

图 3-24 透射电镜所拍摄的晶体电子衍射花样

(a) 非晶体；(b) 多晶体；(c) 单晶体

透射电镜还有一种成像模式称为高分辨成像模式，在这种模式下，可以观察到原子尺度的信息，还可以直接在高分辨图像上测量原子间距、晶面间距等信息。图 3-25 所示为石墨烯单层的高分辨像，从图中可以清楚地看到 C 原子的排列方式，图像非常直观。

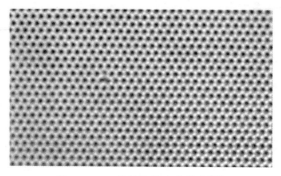

图 3-25 Si 单晶体的高分辨像[28]

与扫描电镜或 X 射线衍射等观测手段相比，透射电镜制样过程较为复杂，这是因为电子穿透能力较弱，所以样品必须足够薄才能进行观察。对于薄膜样品来说一般要通过手工打磨和离子减薄等方式才能把样品减小到足够的厚度。如果要对薄膜样品进行断面观察的话则制样过程更为复杂。通常用圆环形的金属网状格栅支撑透射电镜样品，金属网的厚度为微米量级，直径为 3mm，用来制备金属网的材料有铜、钼、铂等，其中金属铜最常见，图 3-26 所示为金属铜网。

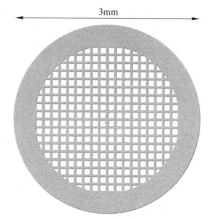

图 3-26 透射电镜金属铜网

3.5 薄膜晶体结构的表征

薄膜的晶体结构即薄膜中原子（或离子）的排列信息，包括原子的排列方式、原子之间的距离、晶面间距、晶粒尺寸等。常用的观察晶体结构的方法有 X 射线衍射（X-ray diffraction，XRD），透射电镜选区电子衍射等。和选区电子衍射相比，X 射线衍射具有制样简单、操作简单、观测成本低等优点。一台 X 射线衍射仪的价格也远低于一台透射电镜的价格，所以 X 射线衍射成为一种最受欢迎、最广泛应用的观察晶体结构的方法。选区电子衍射以高速运动的电子为光源，而 X 射线衍射以 X 射线为光源。

3.5.1 X 射线的物理基础

X 射线从本质上讲也是一种电磁波，其特征为，波长：0.01~10nm；频率：

$10^{16} \sim 10^{19}$ Hz；光子能量：$10^{-18} \sim 10^{-15}$ J，X 射线在电磁波谱中的位置如图 3-27 所示。习惯上，人们称波长较短的 X 射线为硬 X 射线，波长较长的 X 射线为软 X 射线。软、硬表示 X 射线穿透物质的能力，射线越硬，即波长越短，则穿透物质的能力就越强。图 3-28 示意出了不同硬度 X 射线的用途，其中软 X 射线通常用于晶体学分析，而硬 X 射线由于穿透性较强所以可用作医学检查或者机场安检等。由于 X 射线具有强穿透性所以在使用过程中必须注意电磁辐射，尤其长期接触 X 射线的人员更要注意这一点。如果不做好防护，可能会对身体造成严重的且不可逆转的损害。

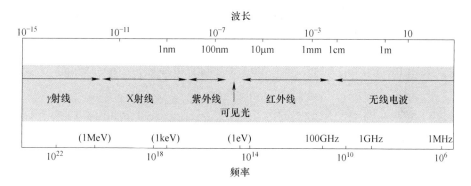

图 3-27　电磁波谱

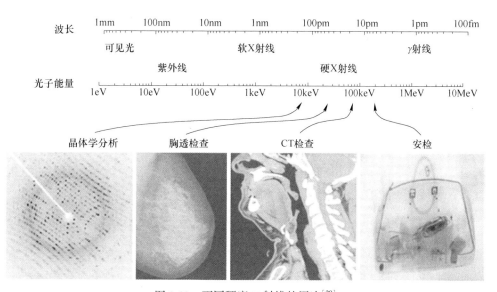

图 3-28　不同硬度 X 射线的用途[29]

X 射线通常是由 X 射线管产生的，其构造如图 3-29 所示。X 射线管又称为热阴极管或柯立芝管，其主体构造为一高真空玻璃管，玻璃管的阴极和阳极之间施加有很高的电压（一般为几十千伏）。X 射线管的工作原理是灯丝受热向外发射电子，电子在高电压的作用下获得加速，以极高的速度轰击到金属靶材上，靶材受到激发从而向外发射 X 射线。常见的 X 射线靶材有金属铜、金属钼、金属钨等，不同类型的靶材会向外辐射不同特征的 X 射线。X 射线管的内部需要保持高真空状态（通常为 10^{-4} Pa），以减小电子由于和气体分子碰撞所导致的能量损失，从而增大 X 射线的发射效率。在 X 射线管工作过程中，仅有一小部分（1%左右）能量转变为 X 射线，绝大部分（99%左右）能量会转变成热能并使靶材温度升高，所以 X 射线管在工作过程中必须用循环水对其进行冷却，以防止靶材温度过高。靶材受到高能电子的轰击时会有一部分靶材原子脱离基体的束缚而沉积到玻璃管内壁上，这一方面会导致玻璃管变暗从而影响 X 射线的质量，同时还会导致高压电弧的产生，所以每个 X 射线管的使用都是有一定寿命的。

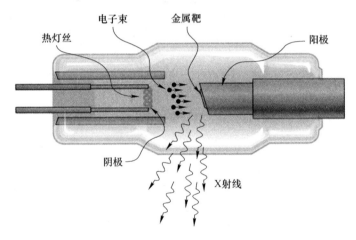

图 3-29 X 射线管的构造[30]

假设 X 射线管中阴极和阳极间的电压为 U，则灯丝发射的电子可以获得的能量为 eU。能量为 eU 的电子每和靶材原子碰撞一次都会损失一部分能量，损失的能量就以 X 射线光子的形式辐射出去，辐射的 X 射线光子的能量与频率满足如下关系：

$$E = h\nu = \frac{hc}{\lambda} \tag{3-21}$$

式中，E 为 X 射线光子的能量；h 为普朗克常数；ν 为 X 射线光子的频率；λ 为 X 射线光子的波长；c 为光速。被电压加速而高速运动的电子可能会和靶材产生多次碰撞，每次碰撞所损失的能量都会转化成 X 射线光子，光子的波长由式（3-21）决定。由于是大量电子多次和靶材碰撞，所以每次碰撞所损失的能量准连续分布，相应 X 射线的波长也准连续分布，从而形成 X 射线连续谱如图 3-30 所示。

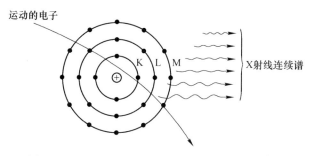

图 3-30 运动的电子产生 X 射线连续谱示意图[31]

图 3-31 为 X 射线管在不同加速电压下所产生的连续 X 射线谱，横轴为 X 射线的波长，纵轴为相对辐射强度。从图中可以看到，X 射线的辐射强度随波长的变化并不是单调的，而是随波长的增大先增大，达到峰值后再减小。对应每一个加速电压，X 射线都有一个最短波长的存在，称为短波极限 λ_0。λ_0 的存在是很容易理解的，如果能量为 eU 的电子和靶材一次碰撞就损失了全部能量，这时就会产生一个能量最大，频率最大，波长最短的光子。利用式（3-21）还可以得到短波极限与加速电压的定量关系式：

$$\lambda_0 = \frac{hc}{eU} \tag{3-22}$$

将 $h = 6.626 \times 10^{-34}$ J·s、$c = 3.0 \times 10^8$ m·s^{-1}、$e = 1.6 \times 10^{-19}$ C 带入式（3-22），可得：

$$\lambda_0 = \frac{12.4}{U} \tag{3-23}$$

注意式（3-23）中波长 λ_0 的单位为 Å❶，电压 U 的单位为 kV。例如对于常见的 Bruker D8 型 X 射线衍射仪，其工作电压为 40kV，短波极限为 $\lambda_0 = 0.031$nm。从式（3-23）中可以看到，短波极限与加速电压成反比，加速电压越高，短波极限越小，图 3-31 也反映了这一现象。

在 X 射线谱中，当电压不超过某一数值时，仅有连续 X 射线谱的存在，如图 3-32 中，电压为 5kV、10kV、15kV、20kV 时，仅有光滑的连续谱。但是当电压超过某一数值时，在连续谱中会出现强度突然升高的尖锐辐射峰，这样的辐射峰称为特征谱，在图 3-32 中，当电压达到 25kV 时，谱线上出现了两个特征辐射。

特征谱的出现是由电子在不同能级之间的跃迁产生的。高速运动的电子和靶材原子碰撞时，如果电子能量足够高，则有可能把靶材原子中的电子撞击出原子之外，这时原子处于不稳定的激发态，高能级电子会向缺失电子的低能级跃迁，

---

❶ 1Å = 0.1nm。

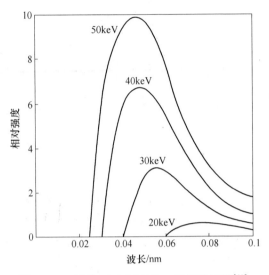

图 3-31 不同加速电压下的 X 射线连续谱[32]

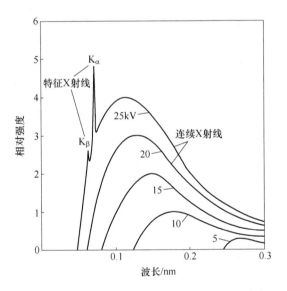

图 3-32 不同加速电压下的连续谱和特征谱[33]

跃迁过程中多余的能量就以特征 X 射线光子的形式向外辐射出去。图 3-33 展示了连续谱辐射与特征谱辐射的区别。由于参与跃迁的两个能级能量都是固定的，所以能级之间的能量差也是固定的，因此，对于特定的靶材，其特征 X 射线的波长也是固定不变的。

通常，用特定的字母和下标对特征 X 射线进行标记，不同能级间的跃迁与特

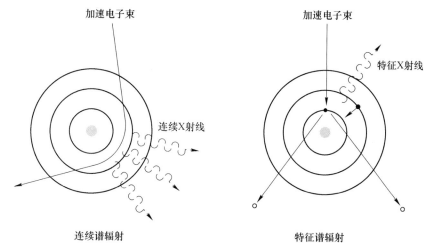

图 3-33 连续谱辐射与特征谱辐射[34]

征 X 射线的标记如图 3-34 所示。由高能级向 K 能级的跃迁产生 K 系辐射，其中由 L 能级向 K 能级跃迁产生的特征 X 射线用 K_α 标记，由 M 能级向 K 能级跃迁产生的特征 X 射线用 K_β 标记，由 N 能级向 K 能级跃迁产生的特征 X 射线用 K_γ 标记。同理，由高能级向 L 能级的跃迁产生 L 系辐射，由 M 能级向 L 能级跃迁产生的特征 X 射线用 L_α 标记，由 N 能级向 L 能级跃迁产生的特征 X 射线用 L_β 标记。

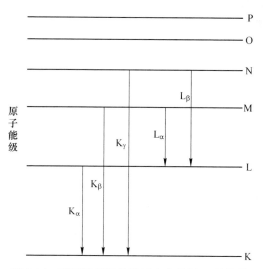

图 3-34 不同能级间的跃迁产生特征 X 射线谱

由于 L 能级有两个不同能量的亚能级，所以电子从 L 能级向 K 能级跃迁的时候会产生两种能量和波长略有差异的 X 射线。比如对于 Cu 靶，$\lambda_{K\alpha1} =$

0.15405nm，$\lambda_{K\alpha2}$ = 0.15443nm，其中 $K_{\alpha1}$ 的强度是 $K_{\alpha2}$ 的两倍。可以按照二者的加权平均值作为 K_α 射线的波长，计算方法如下：$\lambda_{K\alpha}$ = ($2\lambda_{K\alpha1}$ + $\lambda_{K\alpha2}$)/3 = 0.15418nm。表 3-4 中列出了常见的 X 射线靶材及其辐射波长，这些靶材中又以 Cu 靶最为常用。

表 3-4　常见 X 射线靶材和辐射波长

靶元素	原子序数	$K_{\alpha1}$/nm	$K_{\alpha2}$/nm	K_α/nm	K_β/nm
Cr	24	0.228962	0.229351	0.22909	0.208480
Fe	26	0.193597	0.193991	0.19373	0.175653
Co	27	0.178892	0.179278	0.17902	0.162075
Ni	28	0.165784	0.166169	0.16591	0.150010
Cu	29	0.154051	0.154433	0.15418	0.139217
Mo	42	0.070926	0.071354	0.07107	0.063225
Ag	47	0.055941	0.056381	0.05609	0.049701

3.5.2　X 射线在晶体中的衍射

一束强度为 I_0 的 X 射线射向物质后，X 射线光子会与物质中的原子相互作用，并激发出多种电子和电磁波信号，如图 3-35 所示。在 X 射线衍射技术中，人们感兴趣的是弹性散射的 X 射线，即在散射过程中，波长、频率不发生变化，而仅仅是传播方向发生变化的 X 射线。下面的分析即是以弹性散射为基础进行的。

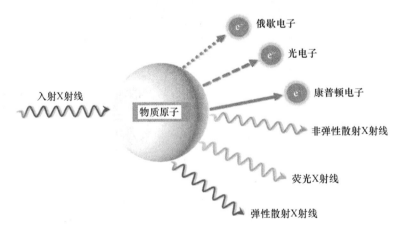

图 3-35　X 射线与物质的相互作用[35]

首先考虑单独一个散射源对 X 射线的散射，在图 3-36 中，波长为 λ 的 X 射线被散射源 O 散射，S_0 是入射线方向的单位矢量，S 是散射线方向的单位矢量，入射线与散射线夹角为 2θ，定义 $s = \dfrac{S - S_0}{\lambda}$ 为散射矢量。在 S_0 固定的情况下，S 可以取任意方向，而散射矢量 s 的大小和方向完全由 S 决定，这里需要特别注意散射矢量 s 的方向不是散射 X 射线的方向。同时还可以看到散射矢量 s 具有长度的倒数的量纲，所以不妨将其写为 $s = s_1 a^* + s_2 b^* + s_3 c^*$，其中 a^*，b^*，c^* 分别为倒空间的基矢量。

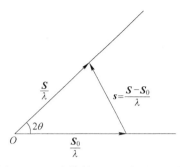

图 3-36　一个散射源对 X 射线的散射

　　下面考虑两个散射源 O_1、O_2 散射线的叠加干涉，如图 3-37 所示。假设 O_1 散射波的振幅为 $A_1 e^{i\varphi_1}$，O_2 散射波的振幅为 $A_2 e^{i\varphi_2}$，则相干叠加后的总振幅为 $A = A_1 e^{i\varphi_1} + A_2 e^{i\varphi_2}$，注意这里 A 为复数振幅，叠加后射线的总能量 $E \propto |A|^2$。两个散射源之间的位置矢量用 r 表示，则两条散射线的光程差为

$$\delta = O_2 A + O_2 B = - S_0 \cdot r + S \cdot r = (S - S_0) \cdot r = \lambda s \cdot r \qquad (3\text{-}24)$$

所以两列散射波的相位差为

$$\Delta\varphi = \varphi_1 - \varphi_2 = \frac{2\pi}{\lambda}\delta = 2\pi s \cdot r \qquad (3\text{-}25)$$

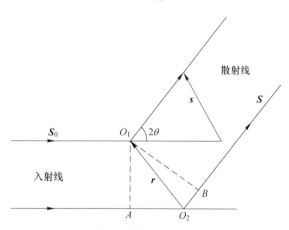

图 3-37　两个散射源散射 X 射线的干涉

式（3-25）对任意两个相对位置为 r 的相干散射源（原子、分子、晶胞）均成立，下面的讨论均是以此公式为基础展开的。

　　如果以 O_2 为基准，即取 O_2 的位置矢量 $r_2 = 0$，O_1 的位置矢量为 r_1，因为在相干叠加过程中起作用的不是相位本身的绝对值而是相位差，所以不妨取 φ_2 也

等于零。再结合式（3-25），这时有：

$$\varphi_1 = \varphi_2 + \Delta\varphi = 2\pi s \cdot r_1 \tag{3-26}$$

从而可得两列波叠加后的振幅为

$$A = A_1 e^{i\varphi_1} + A_2 e^{i\varphi_2} = A_1 e^{i2\pi s \cdot r_1} + A_2 e^{i2\pi s \cdot r_2} \tag{3-27}$$

把式（3-27）推广，如果有 n 个散射源，以某一散射源为基准，每个散射源的位置矢量为 r_j，每个散射源散射波的振幅为 A_j，n 个散射源的散射波在散射矢量为 s 时，散射波叠加干涉后的总振幅为

$$A = \sum_{j=1}^{n} A_j e^{i2\pi s \cdot r_j} \tag{3-28}$$

下面利用式（3-28）分别去计算散射源为电子、原子和小晶胞时散射波的叠加干涉。

3.5.2.1 一个原子对 X 射线的散射

原子中的电子和原子核都可以对 X 射线产生散射，当入射波强度为 I_0 时，电子和原子核散射波的强度分别为

$$I_{电子} = I_0 \left(\frac{e^2}{mc^2 R}\right)^2 \frac{1 + \cos^2 2\theta}{2} \tag{3-29}$$

$$I_{原子核} = I_0 \left(\frac{e^2}{Mc^2 R}\right)^2 \frac{1 + \cos^2 2\theta}{2} \tag{3-30}$$

式（3-29）和式（3-30）中，R 为测量点与散射中心的距离；m 为电子质量；M 为原子核质量。由于 M 远大于 m（1836 倍以上，）所以原子核散射波的强度远低于电子散射波的强度，可以忽略不计，因此只需考虑电子对 X 射线的散射即可。一个原子对 X 射线的散射可以看作原子中所有电子对 X 射线相干散射波的叠加，定义原子散射因子为

$$f = \frac{一个原子相干散射波的振幅}{一个电子相干散射波的振幅} = \frac{A_a}{A_e} \tag{3-31}$$

原子散射因子的计算需要用到量子力学中电子的分布函数，具体元素的原子散射因子可以查询《International Tables for X-Ray Crystallography》第三卷和第四卷。

3.5.2.2 一个晶胞对 X 射线的散射

同一晶胞中不同位置原子的散射线也会产生相互干涉，设晶胞中有 n 个原子，其位置矢量分别用 r_j 表示，每个原子的原子散射因子用 f_j 表示，定义晶胞的结构因子：

$$F(s) = \frac{一个晶胞相干散射波的振幅}{一个电子相干散射波的振幅} = \sum_{j=1}^{n} f_j e^{i2\pi s \cdot r_j} \qquad (3-32)$$

则一个晶胞散射线的强度为

$$I_{晶胞} = |F(s)|^2 I_{电子} \qquad (3-33)$$

式中，$I_{电子}$ 为一个电子散射波的强度。通过分析式（3-32）可以发现，在满足一定条件的情况下，同一晶胞中各原子相互影响有可能导致某些方向的结构因子为零，也即在该方向观察不到衍射线，这种现象称为系统消光。

下面，计算几种常见晶胞的结构因子，如图 3-38 所示。为简单起见，假设晶胞中只有一种类型的原子，所以各原子有相同的原子散射因子 $f_j = f$。同时限定散射矢量 $s = s_1 a^* + s_2 b^* + s_3 c^*$ 中的参数 s_1、s_2、s_3 都为整数，也即 s 为倒格矢 $s = g_{hkl} = ha^* + kb^* + lc^*$（这样做的原因见后面分析）。假设晶胞中各原子的位置矢量为 $r_j = u_j a + v_j b + \omega_j c = (u_j, v_j, \omega_j)$，所以结构因子为

$$F(s) = \sum_{j=1}^{n} f_j e^{i2\pi s \cdot r_j} = f \sum_{j=1}^{n} e^{i2\pi(u_j h + v_j k + \omega_j l)} \qquad (3-34)$$

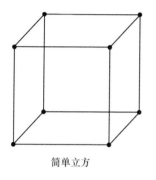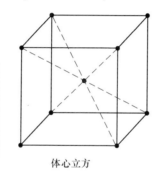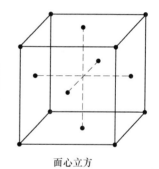

简单立方　　　　　　　体心立方　　　　　　　面心立方

图 3-38　几种常见的简单晶胞

A　简单立方晶胞

简单立方晶胞中仅有一个原子，其位置坐标为（0，0，0），计算结构因子为

$$F(s) = f \sum_{j=1}^{n} e^{i2\pi(u_j h + v_j k + \omega_j l)} = f \qquad (3-35)$$

所以简单立方晶胞不存在系统消光，这也是很容易理解的，因为简单立方晶胞中仅有一个原子，所以不存在原子之间的相互影响。

B　体心立方晶胞

体心立方晶胞中有两个原子，其位置坐标分别为（0，0，0）和（1/2，1/2，1/2），计算结构因子为

$$F(s) = f \sum_{j}^{n} e^{i2\pi(u_j h + v_j k + \omega_j l)} = f[1 + e^{i\pi(h+k+l)}] \qquad (3-36)$$

（1）当 $h+k+l$ 为偶数时：$F(s) = 2f$;

（2）当 $h+k+l$ 为奇数时：$F(s) = 0$。

所以，体心立方点阵中观察不到（100）、（111）等晶面的 X 射线衍射。

C　面心立方晶胞

面心立方晶胞中有四个原子，位置坐标分别为（0，0，0）、（0，1/2，1/2）、（1/2，0，1/2）、（1/2，1/2，0），计算结构因子为

$$F(s) = f \sum_{j}^{n} e^{i2\pi(u_j h + v_j k + \omega_j l)} = f[1 + e^{i\pi(k+l)} + e^{i\pi(h+l)} + e^{i\pi(h+k)}] \tag{3-37}$$

（1）当 h、k、l 为全奇数或全偶数时：$F(s) = 4f$;

（2）当 h、k、l 为一奇二偶或一偶二奇时：$F(s) = 0$

所以，面心立方点阵中观察不到（100）、（110）、（112）等晶面的 X 射线衍射。

3.5.2.3　一个小（单）晶体对 X 射线的散射

小晶体是由很多晶胞按照一定规则排列组成的，所以讨论小晶体散射时，可以把晶胞看成散射单元，散射中心取在晶胞的原点上。散射中心的位置矢量为 $\boldsymbol{R}_{mnp} = m\boldsymbol{a} + n\boldsymbol{b} + p\boldsymbol{c}$，其中 $\boldsymbol{a}$，$\boldsymbol{b}$，$\boldsymbol{c}$，为晶胞基矢，m、n、p 为任意整数。设小晶体为平行六面体，且沿 $\boldsymbol{a}$、$\boldsymbol{b}$、$\boldsymbol{c}$ 方向的长度分别为 $N_a a$、$N_b b$、$N_c c$，则小晶体中原胞个数为 $N = N_a N_b N_c$。定义干涉函数为

$$L(s) = \frac{\text{小晶体相干散射强度}}{\text{一个晶胞相干散射强度}} = \left| \sum_{mnp}^{N} e^{i2\pi s R_{mnp}} \right|^2 \tag{3-38}$$

小晶体散射线干涉后的强度为

$$I_{晶体}(s) = L(s) |F(s)|^2 I_{电子} \tag{3-39}$$

又由前面可知，散射矢量可写为 $s = s_1 \boldsymbol{a}^* + s_2 \boldsymbol{b}^* + s_3 \boldsymbol{c}^*$，所以可把干涉函数写为

$$
\begin{aligned}
L(s) &= \left| \sum_{mnp}^{N} e^{i2\pi s \cdot \boldsymbol{R}_{mnp}} \right|^2 \\
&= \left| \sum_{m=0}^{N_a-1} \sum_{n=0}^{N_b-1} \sum_{p=0}^{N_c-1} e^{i2\pi(s_1 \boldsymbol{a}^* + s_2 \boldsymbol{b}^* + s_3 \boldsymbol{c}^*)(m\boldsymbol{a} + n\boldsymbol{b} + p\boldsymbol{c})} \right|^2 \\
&= \left| \sum_{m=0}^{N_a-1} e^{i2\pi s_1 m} \sum_{n=0}^{N_b-1} e^{i2\pi s_2 n} \sum_{p=0}^{N_c-1} e^{i2\pi s_3 p} \right|^2 \\
&= L(s_1) \cdot L(s_2) \cdot L(s_3)
\end{aligned}
\tag{3-40}
$$

其中，

$$L(s_1) = \left| \sum_{m=0}^{N_a-1} e^{i2\pi s_1 m} \right|^2$$

$$= \left| \frac{1 - e^{i2\pi N_a s_1}}{1 - e^{i2\pi s_1}} \right|^2$$

$$= \frac{(1 - e^{i2\pi N_a s_1})(1 - e^{-i2\pi N_a s_1})}{(1 - e^{i2\pi s_1})(1 - e^{-i2\pi s_1})} \qquad (3\text{-}41)$$

$$= \frac{2 - (e^{i2\pi N_a s_1} + e^{-i2\pi N_a s_1})}{2 - (e^{i2\pi s_1} + e^{-i2\pi s_1})}$$

$$= \frac{\sin^2 \pi N_a s_1}{\sin^2 \pi s_1}$$

利用类似的推导方式，可得：

$$L(s_2) = \frac{\sin^2 \pi N_b s_2}{\sin^2 \pi s_2} \qquad (3\text{-}42)$$

$$L(s_3) = \frac{\sin^2 \pi N_c s_3}{\sin^2 \pi s_3} \qquad (3\text{-}43)$$

把式（3-41）~式（3-43）带入式（3-40）可得

$$L(s) = L(s_1) \cdot L(s_2) \cdot L(s_3) = \frac{\sin^2 \pi N_a s_1}{\sin^2 \pi s_1} \cdot \frac{\sin^2 \pi N_b s_2}{\sin^2 \pi s_2} \cdot \frac{\sin^2 \pi N_c s_3}{\sin^2 \pi s_3} \qquad (3\text{-}44)$$

下面考查干涉函数随各参数的变化，图 3-39 所示为 $N_a = 5$ 时，干涉函数 $L(s_1) = \dfrac{\sin^2 \pi N_a s_1}{\sin^2 \pi s_1}$ 随 s_1 的变化曲线。可以看到当 s_1 取整数时，$L(s_1)$ 有最大值 25，将 s_1 取整数时的位置称为主峰。通过计算可以得到如下结论：主峰高度为 N_a^2，宽度为 $2/N_a$，在相邻两个主峰之间，有 $N_a - 2 = 3$ 个副峰。

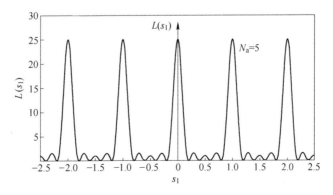

图 3-39　$N_a = 5$ 时，干涉函数 $L(s_1)$ 随 s_1 的变化

图 3-40 在一张图中同时画出了 $N_a = 5$ 和 $N_a = 10$ 时，干涉函数 $L(s_1) = \dfrac{\sin^2 \pi N_a s_1}{\sin^2 \pi s_1}$ 随 s_1 的变化曲线。通过对比可以发现，当 N_a 增大时，主峰变得更高，同时也更加尖锐（峰宽为 $2/N_a$）。我们知道晶体中晶胞的数量是极多的，所以主峰可近似看作一条竖线，也即散射方向稍微偏离 s_1 为整数的方向，强度就几乎降为零。因此对于晶体散射，一般只需考虑那些 s_1 为整数的散射方向，对于 s_1 不为整数的方向，因为强度太弱所以可以忽略不计。

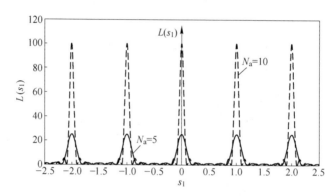

图 3-40　$N_a = 5$ 和 $N_a = 10$ 时，干涉函数 $L(s_1)$ 随 s_1 的变化

对 $L(s_2)$ 和 $L(s_3)$ 也有类似的情况。所以把以上对一维情况的分析推广到三维情况，可知当 s_1、s_2、s_3 同时都为整数时，干涉函数 $L(s)$ 有最大值 $L(s) = N_a^2 N_b^2 N_c^2$，s_1、s_2、s_3 不同时为整数的散射方向可以忽略不计。s_1、s_2、s_3 均为整数说明散射矢量 $\boldsymbol{s} = s_1 \boldsymbol{a}^* + s_2 \boldsymbol{b}^* + s_3 \boldsymbol{c}^*$ 为倒易空间的倒格矢，即：

$$\boldsymbol{s} = \boldsymbol{g}_{hkl} = h\boldsymbol{a}^* + k\boldsymbol{b}^* + l\boldsymbol{c}^* \tag{3-45}$$

式中，h、k、l 均为整数，式（3-45）称为干涉方程，它描述了 X 射线在晶体中衍射时对方向的选择性。

3.5.2.4 利用干涉方程推导布拉格方程

根据干涉方程可知，X 射线射到晶体上时，只有当散射方向 $\boldsymbol{S}$ 与入射方向 $\boldsymbol{S}_0$ 满足下面的公式时，才能观察到强度最大的衍射线：

$$\boldsymbol{s} = \frac{\boldsymbol{S} - \boldsymbol{S}_0}{\lambda} = \boldsymbol{g}_{hkl} = h\boldsymbol{a}^* + k\boldsymbol{b}^* + l\boldsymbol{c}^* \tag{3-46}$$

由晶体学知识可知，$\boldsymbol{s} = \boldsymbol{g}_{hkl}$ 垂直于（hkl）晶面，所以（hkl）晶面平分图3-41 中的 2θ 角，也即入射 X 射线和散射 X 射线关于晶面（hkl）有镜面对称关系。从图 3-41 中还可以看到 $|\boldsymbol{s}| = \left| \dfrac{\boldsymbol{S} - \boldsymbol{S}_0}{\lambda} \right| = \dfrac{2\sin\theta}{\lambda}$，又根据正空间与倒空间的对应关系

可知 $|s| = |g_{hkl}| = \dfrac{1}{d_{hkl}}$，其中 d_{hkl} 是（hkl）晶面的晶面间距，所以可得：

$$\frac{2\sin\theta}{\lambda} = \frac{1}{d_{hkl}} \Rightarrow 2d_{hkl}\sin\theta = \lambda \tag{3-47}$$

式（3-47）即为人们所熟知的处理 X 射线衍射问题的基本公式——布拉格公式。所以晶体对 X 射线的衍射，可以当作晶面对 X 射线的镜面反射来处理，如图 3-42 所示。

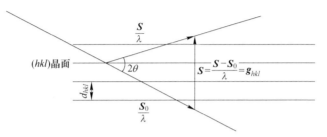

图 3-41　X 射线散射的几何关系

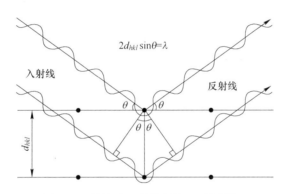

图 3-42　晶体对 X 射线的镜面反射[36]

这里需要注意，镜面反射布拉格公式仅仅是能观察到 X 射线衍射的必要条件，实际观察时还要考虑到由晶胞结构因子导致的系统消光。如前所述，对于体心立方晶体的（100）、（111）等晶面，面心立方晶体的（100）、（110）、（112）等晶面，即使在满足布拉格条件的方向测量，也观察不到它们的衍射线。

3.5.2.5　多晶体的衍射强度

一个多晶体中包含有很多不同位向的单晶体，这些单晶体在某一方向衍射强度的和就是多晶体在该方向上的衍射强度。考虑到多重性因子、温度因子等影响因素后，多晶体的衍射强度可用如下公式表示：

$$I = \frac{I_0 V\lambda^3}{32\pi R v_0^2}\left(\frac{e^2}{mc^2}\right)^2 \frac{1+\cos^2 2\theta}{\sin^2\theta\cos\theta}\,|F_{hkl}|^2 PA(\theta)\,\mathrm{e}^{-2M} \tag{3-48}$$

式中，I_0、λ 分别为入射 X 射线的强度和波长；R 为观测点与试样之间的距离；v_0 为晶胞体积；V 为试样中被 X 射线照射到的体积；e、m 分别为电子电荷、质量；c 为光速；θ 为布拉格角；F_{hkl} 为结构因子；P 为多重性因子；$A(\theta)$ 为吸收因子；e^{-2M} 为温度因子。

3.5.2.6 利用爱瓦尔德球（Ewald's sphere）处理 X 射线晶体衍射问题

前面对 X 射线晶体衍射的分析着重于理论推导，下面介绍一种更加形象直观的方法——爱瓦尔德球处理法。利用爱瓦尔德球可以形象的理解单晶体和多晶体的 X 射线衍射花样，X 射线衍射的极限条件等。

下面先以单晶体为例来进行分析。爱瓦尔德球的做法也很简单，如图 3-43 所示，把参与衍射的晶体看作一个点，以这个点为球心，以 X 射线波长的倒数 $1/\lambda$ 为半径做球，该球即为爱瓦尔德球，也称为反射球或干涉球。然后以透射 X 射线与爱瓦尔德球的交点为倒易点阵的原点 O^*，做出倒易点阵。我们知道，每个倒易格点（hkl）都对应正空间中的同指数（hkl）晶面，且倒格矢 g_{hkl} 长度的倒数等于（hkl）晶面的晶面间距 d_{hkl}。所以如果倒易格点（hkl）正好在爱瓦尔德球上，例如图中的（$\bar{1}20$）点，则有 $g_{hkl} = \dfrac{S}{\lambda} - \dfrac{S_0}{\lambda}$，进一步简单分析可得到 $2d_{hkl}\sin\theta = \lambda$，此即布拉格公式，也就是说（$hkl$）晶面满足布拉格反射条件。同样的分析可知，（$\bar{1}\bar{2}0$）点也在爱瓦尔德球上，所以（$\bar{1}\bar{2}0$）晶面也能产生布拉格反射。在图中，爱瓦尔德球上的倒易格点都是离散分布的，所以单晶体的 X 射线衍

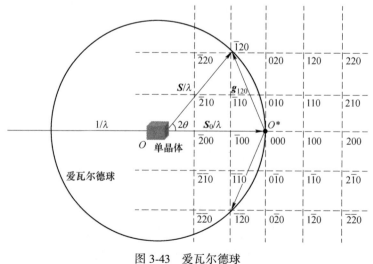

图 3-43 爱瓦尔德球

射花样是离散分布的点，每个点对应一组（*hkl*）晶面，如图 3-44 所示，前面讲过透射电子显微镜也是以此为基础进行衍射花样标定的。图 3-45 所示为铝单晶体的 X 射线衍射花样。

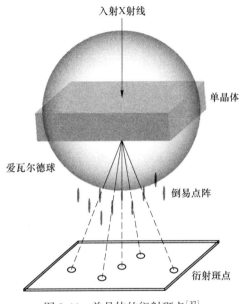

图 3-44　单晶体的衍射斑点[37]

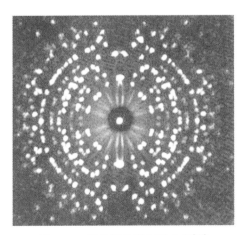

图 3-45　铝单晶体的衍射花样[38]

不在爱瓦尔德球上的倒易格点不满足布拉格反射条件，所以不能产生镜面反射。但是可以通过使倒易点阵绕原点 O^* 旋转的方法把某些倒易格点转到爱瓦尔德球上去，对应实空间的操作也就是可以通过旋转单晶体让某些本来不满足布拉

格反射条件的晶面产生布拉格反射。以倒易点阵的原点 O^* 为圆心，以 $2/\lambda$ 为半径做一球面，称为极限球，如图 3-46 所示。不难发现只有极限球里面的倒易格点才能通过旋转倒易点阵的方法转到爱瓦尔德球上去，而对于极限球外面的倒易格点，无论如何旋转倒易点阵，它们都不可能转到爱瓦尔德球上去。对应实空间的操作也就是说无论如何旋转单晶体，极限球外面的倒易格点所对应的晶面都不能产生布拉格反射。这是很容易理解的，对于极限球外面的倒易格点 (hkl)，有 $1/d_{hkl} = |g_{hkl}| > 2/\lambda$，也即 $2d_{hkl} < \lambda$，而由布拉格反射条件 $2d_{hkl}\sin\theta = \lambda$ 可知要想产生镜面反射必须有 $2d_{hkl} \geq \lambda$。

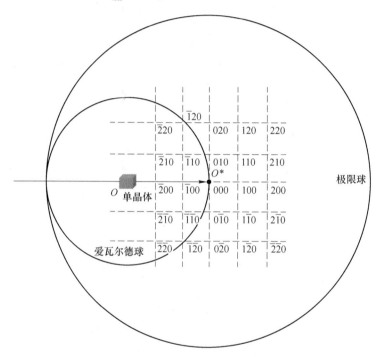

图 3-46　爱瓦尔德球和极限球

如果把图中的单晶体换成多晶体，则相当于对单晶体进行了沿任意方向的无数次旋转，从而某一极限球内的倒易格点 (hkl) 会形成一个球面，这个球称为倒易球，如图 3-47 所示。倒易球与爱瓦尔德球的交线为一圆环，圆环上的倒易格点所对应的这些不同方位的 (hkl) 晶面都能产生布拉格反射，这也说明多晶体的衍射花样是同心圆环，如图 3-48 所示。图 3-49 所示为铝多晶体的衍射花样。

3.5.3　X 射线衍射的应用

在实际进行 X 射线衍射分析时，X 射线管发射的 X 射线射到样品上，探测器负责接收被样品散射的 X 射线，如图 3-50 所示。X 射线管和探测器安装在角

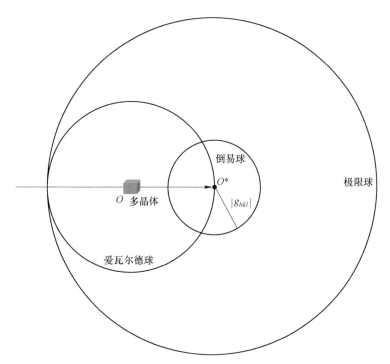

图 3-47 爱瓦尔德球和极限球

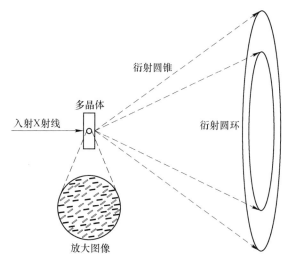

图 3-48 多晶体的衍射花样形成圆环[39]

度刻度盘上，计算机可以精确记录它们所转过的角度，入射线和出射线的夹角为 2θ。和图 3-49 不同，探测器所接收到的并不是整个衍射环的全部信号，而是衍

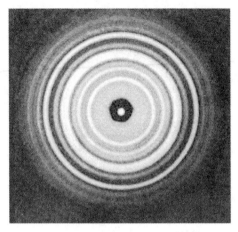

图 3-49 铝多晶体的衍射花样[38]

射环的一部分信号。X 射线衍射仪可以有多种扫描接收模式，例如可以让 X 射线管和探测器做 $\theta \sim 2\theta$ 耦合对称扫描，还可以固定 X 射线管的方向不变，单独让探测器扫描，某些 X 射线衍射仪还可以对样品进行旋转。

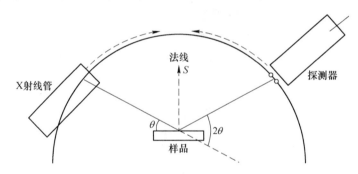

图 3-50 X 射线衍射仪原理图[40]

探测器和角度记录仪都与电脑相连，电脑实时记录探测器在不同角度处所接受到的信号强度 I（通常为计数），这样就可以得到一条以 2θ 为横轴，以计数或强度为纵轴的曲线，如图 3-51 所示。在曲线上有很多强度突然升高的峰位，它们都与样品晶体的晶面对应。对衍射峰所对应的角度和强度进行分析，就能得到很多关于样品晶体结构和成分的信息。

3.5.3.1 定性分析物相

定性物相分析就是通过分析样品的 XRD 衍射图谱，确定样品中所包含的物质成分。XRD 定性物相分析只能对样品中所包含的晶体物质进行分析，并且晶

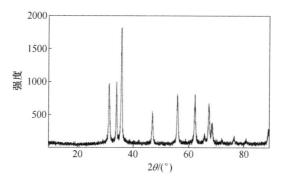

图 3-51　典型 X 射线衍射图[41]

体物质要没有织构。通常，定性物相分析包含以下几个步骤：

（1）测量得到样品的 XRD 衍射图谱，即 $I - 2\theta$，其中 I 是信号强度；

（2）利用布拉格公式 $2d\sin\theta = \lambda$，计算各个峰位所对应的晶面间距 d；

（3）从众多峰位中找出三个信号最强的衍射峰，列出它们的 d 值和 I/I_1 值，其中 I_1 为最强峰的衍射强度；

（4）利用三强线数据，根据 PDF 卡片索引，找到卡片，进行对比，确定物相。

图 3-52 所示为 SiO_2 的标准 PDF 卡片，在进行定性分析时，要把测得的实验数据与标准 PDF 卡片进行详细对比才能得到所需的信息。如果进行手动分析检索则工作量非常大，随着科技的进步，现在有专门的分析软件（例如 Jade）可以根据衍射数据进行自动物相匹配，非常快捷和方便。

46-1045 ★

SiO_2	dÅ	Int	hk*l*	dÅ	Int	hk*l*
Silicon Oxide	4.2550	16	100	1.1530	1	311
	3.3435	100	101	1.1407	<1	204
Quartz,syn	2.4569	9	110	1.1145	<1	303
	2.2815	8	102	1.0816	2	312
Rad.CuKα₁　λ 1.540598　Filter Ge Mono.d-sp Diff.	2.2361	4	111	1.0638	<1	400
Cut off　Int.Diffractometer　I/I cor. 3.41	2.1277	6	200	1.0477	1	105
Ref.Kern,A.,Eysel,W.,Mineralogisch-Petrograph.Inst.,Univ.Heidel-	1.9799	4	201	1.0438	<1	401
berg,Germany,*ICDD Grant-in-Aid*,(1993)	1.8180	13	112	1.0346	1	214
Sys.Hexagonal　　　　　　　S.G.P3₂21(154)	1.8017	<1	003	1.0149	1	223
a 4.91344(4) b　　　c 5.40524(8) A　　　C 1.1001	1.6717	4	202	0.9896	<1	115
α　　　　β　　　　γ　　　Z 3　　mp	1.6592	2	103	0.9872	<1	313
Ref.Ibid.	1.6083	<1	210	0.9783	<1	304
	1.5415	9	211	0.9762	<1	320
D_X 2.65　　D_m 2.66　　SS/FOM F₃₀=539(.002,31)	1.4529	2	113	0.9608	<1	321
εα　　　　nωβ 1.544　　εγ 1.553　　Sign + 2V	1.4184	<1	300	0.9285	<1	410
Ref.Swanson,Fuyat,*Natl.Bur.Stand.(U.S.),Circ.539*,3 24(1954)	1.3821	6	212	0.9182	<1	322
Color White	1.3750	7	203	0.9161	2	403
Integrated intensities.Pattern taken at 23(1)C.Low temperature	1.3719	5	301	0.9152	2	411
quartz.2θ determination based on profile fit method.O₂Si type	1.2879	2	104	0.9089	<1	224
Quartz group.Silicon used as internal standard.PSC:hP9.To	1.2559	3	302	0.9009	<1	006
replace 33-1161.Structure reference: *Z.Kristallogr.*, **198** 177	1.2283	1	220	0.8972	<1	215
(1992).	1.1998	2	213	0.8889	1	314
	1.1978	<1	221	0.8814	<1	106
	1.1840	2	114	0.8782	<1	412
See following card.	1.1802	2	310	0.8598	<1	305

图 3-52　SiO_2 的 PDF 卡片

3.5.3.2　定量分析物相

通过分析样品的 XRD 衍射图谱可以确定样品中各物相的相对含量百分比，分析的依据是一种物相所产生的衍射线强度，是与其在混合物样品中含量的多少相关的。

3.5.3.3　精确测定点阵常数

点阵常数即晶胞基矢的长度 a、b、c 等，利用 X 射线衍射的方法可以对其进行精确测量，以立方晶系为例：

$$\begin{cases} d_{hkl} = \dfrac{a}{\sqrt{h^2 + k^2 + l^2}} \Rightarrow a = \dfrac{\lambda \sqrt{h^2 + k^2 + l^2}}{2\sin\theta} \\ 2d_{hkl}\sin\theta = \lambda \end{cases} \qquad (3-49)$$

由式（3-49）即可得到点阵常数 a 的数值，下面分析一下式（3-49）中误差的来源。X 射线波长 λ 的有效数字一般可达 7 位，几乎可认为没有误差，干涉指数 hkl 是整数，没有误差。所以点阵参数 a 的误差主要取决于 $\sin\theta$，也即仪器测量角度的误差，在不同的角度部分，相同的 $\Delta\theta$ 会导致不同的 $\Delta(\sin\theta)$，例如在高角部分，$\Delta\theta$ 导致的 $\Delta(\sin\theta)$ 比低角度部分要小，所以一般选 XRD 的高角部分测定点阵常数。

3.5.3.4　晶粒尺寸的测定

由于晶粒并不是无限大，而是有一定的尺寸，所以实际测得的 XRD 衍射峰并不是一条竖线，而是一个具有一定宽度的峰。根据图 3-40 可知，晶粒尺寸越大，衍射峰越尖锐，晶粒尺寸越小，衍射峰越平缓，或者说衍射峰宽度越大，所以可以通过衍射峰的宽度计算晶粒尺寸。计算晶粒尺寸需要用到如下公式：

$$D_{hkl} = \frac{0.89\lambda}{\beta\cos\theta} \qquad (3-50)$$

式（3-50）称为谢乐（Scherrer）公式，D_{hkl} 为晶粒在 $[hkl]$ 方向尺寸的大小；λ 为入射 X 射线的波长；β 为衍射峰的半高宽，如图 3-53 所示。谢乐公式适用的晶粒尺寸范围 D_{hkl} 一般在 $3 \sim 200\text{nm}$ 之间。

3.5.3.5　织构的测定

在多晶试样中，如果各晶粒在空间的排列按方向分布是完全随机的，完全无序的，则空间各个方向均等价，这时对样品进行 X 射线衍射测量，所得衍射线的相对强度接近理论值，即相对强度与 PDF 卡片相同。若某些晶面的取向有一定规律，如集中倾向于平行某一方向排列，则相对衍射强度会偏离理论值，这时，

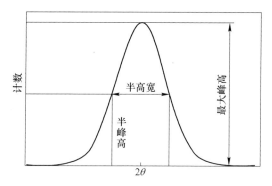

图 3-53 衍射峰的半高宽[42]

就称多晶材料具有择优取向或织构。具有织构的材料的某些物理性质会表现出各向异性，这一点对于磁性薄膜材料的磁各向异性尤为重要。例如对于（Co/Pt）多层膜，如果平行薄膜样品表面方向有（111）织构，即有比正常更多的（111）面平行于薄膜表面，则（Co/Pt）多层膜的垂直磁各向异性会得到增强。织构的测量方法也很简单，只需比较衍射峰的相对强度即可，令

$$\varepsilon_{实验} = \frac{某衍射线强度}{最强衍射线强度} \tag{3-51}$$

$\varepsilon_{实验}$ 计算出来之后再去和 PDF 卡片中的理论值做对比，有如下 3 种情况：

（1） $\varepsilon_{实验} = \varepsilon_{理论}$，样品没有织构；

（2） $\varepsilon_{实验} > \varepsilon_{理论}$，样品有织构，该晶面平行于试样表面择优；

（3） $\varepsilon_{实验} < \varepsilon_{理论}$，样品有织构，该晶面平行于其他方向择优。

3.5.4 掠入射 X 射线衍射

在利用 X 射线衍射对薄膜样品进行晶体结构分析时，经常会遇到衬底或基片衍射峰的干扰，例如 SiO_2 或 MgO 基片的衍射峰。由于薄膜都很薄，一般为几纳米或几十纳米，所以衍射峰很弱，而衬底或基片的厚度可以达毫米量级，如果衬底或基片也为晶体材料，则它们的衍射峰强度会远远超过薄膜材料本身，因此做正常 X 射线衍射很难观察到薄膜材料的衍射峰。

为了消除衬底或基片的影响，可以采用掠入射 X 射线衍射（grazing-incidence X-ray diffraction，GIXD）的方法。在掠入射模式下，X 射线以很小的入射角（通常小于 5°）入射到样品上，小的入射角大大延长了 X 射线在薄膜中的穿行距离，并且由于衰减作用，此时照射到衬底或基片上的 X 射线强度已经可以忽略，这样就能在衍射图谱上清楚地观察到薄膜材料本身的衍射峰。与正常的耦合型 $\theta \sim 2\theta$ 扫描模式不同，掠入射中入射角一般称为 ω，在做掠入射衍射时，固定 ω 大小不

变, X 射线探测器围绕样品做接收扫描, 如图 3-54 所示。当某一组晶面满足布拉格方程时, 就会出现该组晶面的衍射峰。

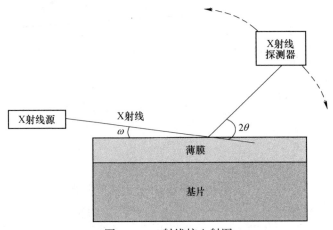

图 3-54   X 射线掠入射图

如前所述, 薄膜样品的织构会对其性能产生很大的影响, 一般把平行膜面方向和垂直膜面方向作为两个参考方向。掠入射模式虽然可以测到薄膜的衍射峰, 但是却很难对薄膜进行织构分析, 因为在这种模式下测到的晶面一般并不与薄膜表面平行或垂直, 如图 3-55 所示, 晶面法线与薄膜法线并不平行或垂直。

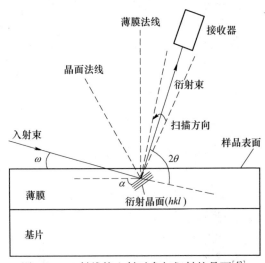

图 3-55   X 射线掠入射时参与衍射的晶面[43]

3.6   薄膜磁学性质的测量

薄膜的磁学性质包含很多方面, 例如磁化率、矫顽力、饱和磁化强度、饱和场、各向异性能、磁能积、交换偏置场、磁阻尼系数、磁畴大小、居里温度、奈尔温度、交换偏置截止温度等。测量不同的性能需要用到不同的仪器，但是大部分性能都可以通过磁矩的测量而得到，例如矫顽力、饱和磁化强度、各向异性能等。所以下面重点讲述薄膜磁矩的测量方法。

3.6.1 振动样品磁强计

振动样品磁强计（vibrating sample magnetometer，VSM）是由麻省理工学院林肯实验室的 Simon Foner 于 1955 年发明，是目前使用最广泛的磁性测量工具，其测量磁矩的原理也并不复杂。图 3-56 所示即为 VSM 的工作原理图，固定在样品杆下端的磁性样品处在由电磁铁产生的匀强磁场中，样品被磁化后带有磁矩 m。样品杆在马达的带动作用下沿 z 轴做上下振动，并带动样品也做相同的振动。样品振动过程中，穿过感应线圈的磁通量会发生变化，所以线圈中会产生感应电动势，通过测量感应电动势的大小即可得到样品磁矩的大小。VSM 中感应电动势的大小可用如下公式表示：

$$V = \frac{\mathrm{d}\Phi}{\mathrm{d}t} = \left(\frac{\mathrm{d}\Phi}{\mathrm{d}z}\right)\left(\frac{\mathrm{d}z}{\mathrm{d}t}\right) = 2\pi f C m A \sin(2\pi f t) \qquad (3-52)$$

式中，Φ 为磁通量；t 为时间；z 为样品和线圈之间的距离；f 为样品的振动频率；A 为振幅；C 为耦合常数；m 为样品磁矩。对某一特定的 VSM，式（3-52）中除耦合常数 C 和磁矩 m 外都为已知量，可以利用已知磁矩大小的样品对 C 进行标定。

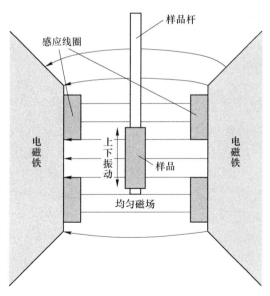

图 3-56 VSM 工作原理图[44]

VSM 常用的振动频率是 40Hz，振幅为 2mm，频率越高，振幅越大，样品振动失真会越严重，但是频率越低，振幅越小，则信号放大倍数越小。

随着科技的进步，单纯测量常温下的磁性已经远远不能满足科研和生产的需要，所以现在很多 VSM 都能进行变温测量。如美国 Quantum Design 公司生产的 Versalab 物性测量系统中的 VSM 插件，其测量的温度范围为 50~1000K，且全程无须液氦冷却，这大大降低了使用成本。如果想在更低的温度下测量样品磁性，可以使用综合物性测试系统（physical property measurement system，PPMS）中的 VSM 插件，其可测试温度可低到 4.2K，但是 PPMS 运行过程中需要用液氦进行冷却，所以成本较高。

除了测量温度，VSM 还有很多重要的性能指标，下面列出了 Quantum Design Versalab 的一些性能指标，供读者参考：

（1）灵敏度：$<10^{-6}$emu[❶]；

（2）噪声基：6×10^{-7}emu；

（3）振动频率：5~80Hz（最佳：40Hz）；

（4）振动幅值：0.5~5mm（一般 2mm 即可）；

（5）最大可测磁矩（emu）：40/振动峰值；

（6）最大磁场：3T；

（7）探测线圈内径：6mm。

磁性薄膜样品是典型的二维材料，由于对称性的破缺，样品有很强的磁各向异性。一般，在 VSM 中，磁场的方向都是沿 z 轴方向，在测量薄膜样品的磁性时，一定要注意样品的安装方向。如果想测平行膜面方向的磁性，则需让膜面平行于磁场；如需测量垂直于膜面方向的磁性，则需让膜面垂直于磁场。某些特殊情况下还要考虑磁场值的正负。

3.6.2　交变梯度磁强计

最早利用交变梯度磁强计（alternating gradient force magnetometer，AGFM）测量磁矩的想法是由 Zijlstra 提出的。AGFM 的简单原理如图 3-57 所示，把样品固定在弹性杆的一端，然后在样品上同时施加直流磁场和较小的交变梯度磁场。直流磁场使样品磁化并产生磁矩，而交变梯度磁场在样品上施加交变力，力的方向与弹性杆的轴向垂直，力的大小与样品的磁矩成正比。与 VSM 测量过程中样品平行于 z 轴振动不同，在进行 AGFM 测量时，样品垂直于 z 轴振动。弹性杆的另一端固定在力传感器上，通常为双压电晶片，通过测量力的大小即可得到样品磁矩的大小。

---

❶　$1A \cdot m^2 = 1000emu$。

与 VSM 相比，AGFM 有更高的测量灵敏度，其室温灵敏度可高达 10^{-8} emu，非常适合测量厚度仅为纳米量级的磁性薄膜材料，因为薄膜材料的磁矩非常小，例如对于 2mm×2mm 见方，1nm 厚的磁性薄膜，其磁矩通常在 10^{-6} emu 量级，这已是 VSM 的极限。目前，商业化的 AGFM 厂商还比较少，主要提供商为美国 Lake Shore 公司。现在，市面上最常见的是 MicroMag™ 2900 型 AGFM，如图 3-58 所示。

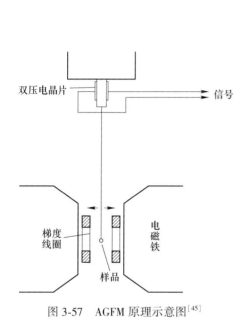

图 3-57　AGFM 原理示意图[45]　　　　图 3-58　MicroMag™ 2900 型 AGFM[46]

3.7　薄膜电输运性质的测量

薄膜的电输运性质包括电阻率、磁电阻效应和霍尔效应等，对这些性质进行测量时，最简单的测量方法就是四探针法。四探针法的原理如图 3-59 所示，前端精磨成针尖状的 1、2、3、4 号四根金属细棒分别与恒流源或电压表相连。图 3-59（a）用来测量电阻率或磁电阻，四根探针等距离共线排列，测量时，1 和 4 两根针连接恒流源，2 和 3 两根针连接电压表，磁场垂直或平行样品表面施加。图 3-59（b）用来测量霍尔效应，四根针分别处于菱形的四个顶点上，1 和 3 两根针的连线与 2 和 4 两根针的连线垂直，测量时，1 和 3 两根针连接恒流源，2 和 4 两根针连接电压表，磁场垂直薄膜样品表面施加。

如果不需要测量电阻率，而只是测量磁电阻和霍尔效应，则可以把上述两种测量方式集成到一起，如图 3-60 所示。图中的数字代表探针的编号，不同的探针与不同颜色的引线相连，以便于区分。测量磁电阻时可以 3（红线）和 6（黑

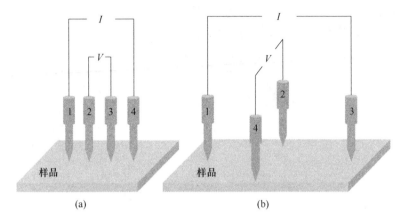

图 3-59 四探针法测量薄膜输运性质

(a) 磁电阻测量；(b) 霍尔效应测量

线）通电流，1（蓝线）和 2（橙线）测电压；测量霍尔效应时则可以 3（红线）和 6（黑线）通电流，1（蓝线）和 5（绿线）测电压。这样可以通过简单选择导线的颜色就能达到不同的测试目的。

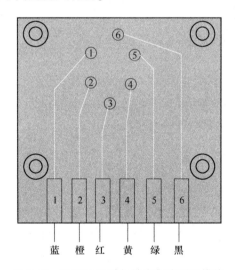

图 3-60 磁电阻和霍尔效应集成测量模块

对于薄膜中隧道磁电阻的测量，四探针法不再适用，这是因为在四探针法中，电流仅能在薄膜平面内流动，不能垂直膜面流动，而隧道磁电阻的测量要求电流垂直膜面流动，常见隧道磁电阻的测量方式如图 3-61 所示。如果要测量薄膜的隧道磁电阻，还必须把薄膜微加工成微米或纳米级的元件，以保证隧穿层的完整性，没有漏电流。

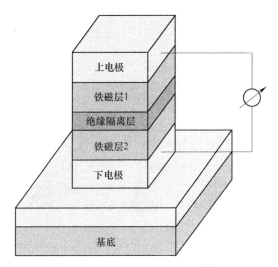

图 3-61　隧道磁电阻的测量[47]

参 考 文 献

[1] 李宝河，冯春，于广华. 高磁晶各向异性磁记录薄膜材料［M］. 北京：冶金工业出版社，2012.

[2] 苏少奎. 低温物性及测量［M］. 北京：科学出版社，2019.

[3] 张永宏. 现代薄膜材料与技术［M］. 西安：西北工业大学出版社，2016.

[4] 麦振洪. 薄膜结构 X 射线表征［M］. 北京：科学出版社，2007.

[5] 郑伟涛. 薄膜材料与薄膜技术［M］. 2 版. 北京：化学工业出版社，2009.

[6] http：//www. mcuzx. net/thread-67101-1-1. html.

[7] Haim A. Elastic and mechanical characterization of thin gold films utilizing laser-based surface-acoustic-waves spectroscopy［D］. Tel Aviv：Tel Aviv University，2010.

[8] http：//www. 51sole. com/b2b/pd_ 75976899. htm.

[9] https：//www. lesker. com/newweb/faqs/question. cfm? id＝487.

[10] 潘峰，王英华，陈超. X 射线衍射技术［M］. 北京：化学工业出版社，2016.

[11] https：//www. surfgroup. be/semedx.

[12] https：//en. wikipedia. org/wiki/Energy-dispersive_ X-ray_ spectroscopy.

[13] Corbari L，Cambon-Bonavita M A，Long G J，et al. Iron oxide deposits associated with the ectosymbiotic bacteria in the hydrothermal vent shrimp Rimicaris exoculata［J］. Biogeosciences，2008，5：1295.

[14] https：//ethz. ch/content/dam/ethz/special-interest/chab/icb/van-bokhoven-group-dam/course-work/Characterization-Techniques/2015/xps2015. pdf.

[15] https：//ywcmatsci. yale. edu/xps.

[16] https://physics. uwo. ca/~lgonchar/courses/p9826/Lecture7_XPS. pdf.

[17] http://pages. cnpem. br/synclight2015/wp-content/uploads/sites/46/2015/08/2007-Maria-Asensio-ARPES_PART1_DIFF. pdf.

[18] https://nanohub. org/resources/28934.

[19] 周玉. 材料分析方法 [M]. 3版. 北京: 机械工业出版社, 2017.

[20] https://www. globalsino. com/EM/page2703. html.

[21] 赵崇军. 异质界面对自旋极化电子输运特性影响的研究 [D]. 北京: 北京科技大学, 2012.

[22] http://nanofase. eu/show/tem---transmission-electron-microscopy_ 1454/.

[23] https://www. wbur. org/hereandnow/2018/07/17/polio-virus-brain-cancer.

[24] https://wwwf. imperial. ac. uk/blog/fonsmad2015-velox/2015/07/18/tem-of-gold-nanoparticles-results/.

[25] Cribb B W, Rasch R, Barry J, et al. Distribution of calcium phosphate in the exoskeleton of larval Exeretonevra angustifrons Hardy (Diptera: Xylophagidae) [J]. Arthropod Structure & Development, 2005, 34: 41.

[26] https://www. uwsp. edu/physastr/kmenning/phys204/lect34. html.

[27] https://www. gatan. com/resources/media-library/saed-pattern-lacoo3-image-1.

[28] https://www. nanogune. eu/audiovisual-materials/graphene-monovacancy.

[29] https://en. wikipedia. org/wiki/X-ray.

[30] https://www. jobilize. com/physics3/test/x-rays-atomic-spectra-and-x-rays-by-openstax.

[31] https://byjus. com/jee/continuous-x-rays/.

[32] https://physics. stackexchange. com/questions/245548/continuous-x-ray-spectrum.

[33] https://www. ndt. net/ndtaz/content. php? id=850.

[34] https://is. muni. cz/el/1431/jaro2012/C0001/um/32299794/ENG_C1020_L3_atom. pdf.

[35] Chen X F, Song J B, Chen X Y, et al. X-ray-activated nanosystems for theranostic applications [J]. Chemical Society Reviews, 2019, 48: 3073.

[36] https://www. stresstech. com/stresstech-bulletin-12-measurement-methods-of-residual-stresses/.

[37] Rondinelli J M. Model catalytic oxide surfaces: a study of the $LaAlO_3$ (001) surface [D]. Evanston: Northwestern University, 2006.

[38] https://www. pinterest. co. kr/pin/744571750865080892/.

[39] Sochi T. High throughput software for powder diffraction and its application to heterogeneous catalysis [D]. London: Birkbeck College London, 2010.

[40] Toth M K. Magnetic properties of $Sr_2YRu_{1-x}Ir_xO_6$ compounds [D]. San Diego: San Diego State University, 2013.

[41] Srinivasa Rao N, Basaveswara Rao M V. Structural and optical investigation of ZnO nanopowders synthesized from zinc chloride and zinc nitrate [J]. American Journal of Materials Science, 2015, 5: 66.

[42] Yilmazer H, Niinomi M, Akahori T, et al. Effect of high-pressure torsion processing on micro-

structure and mechanical properties of a novel biomedical β-type Ti-29Nb-13Ta-4. 6Zr after cold rolling [J]. International Journal of Microstructure and Materials Properties, 2012, 7: 168.

[43] Xi Y T, Bai Y Y, Gao K W, et al. In-situ stress gradient evolution and texture-dependent fracture of brittle ceramic thin films under external load [J]. Ceramics International, 2018, 44: 8176.

[44] Almeida F J P. Development of a miniature AC susceptometer for a cryogenic system [D]. Coimbra: University of Coimbra, 2015.

[45] https://physlab. lums. edu. pk/images/0/0a/Sproj_ alamdar1. pdf.

[46] https://www. lakeshore. com/products/categories/overview/discontinued-products/discontinued-products/pmc-micromag-2900-series-agm.

[47] https://en. wikipedia. org/wiki/Tunnel_magnetoresistance.

4 Co/Pt 基垂直磁各向异性多层膜的磁性和热稳定性调控

4.1 Au 插层对 Co/Pt 多层膜磁性和输运性质的调控

当前，随着自旋电子学元件向低能耗和小型化发展，组成元件的磁性材料的热稳定性在元件小型化过程中发挥的作用越来越重要[1,2]。热稳定性包含两方面内容：

（1）室温下，热稳定性因子 $\eta = K_{eff}V/k_bT$ 应大于 40 以使元件中存储的信息能稳定保存 10 年以上，式中 K_{eff} 为磁性材料的有效磁各向异性常数，V 为原件中磁性材料的体积，k_b 为 Boltzmann 常数，T 为绝对温度。随着 V 逐渐减小，更大的 K_{eff} 成为了人们追求的目标，例如对于一个厚度为 2nm，直径为 5nm 的圆柱形磁性材料，为了满足 $\eta > 40$，要求其 K_{eff} 最小为 $4.0 \times 10^7 erg/cm^3$❶，这是一般材料很难达到的量值。

（2）由于元件在与 CMOS 集成时要经历最低 350℃ 的退火过程，而退火会对很多磁性材料的性能产生破坏作用，所以要求磁性材料在 350℃ 退火后仍能保持其必要的功能性。

Co/Pt 多层膜作为自旋电子学中应用最为广泛的材料体系之一，其热稳定性问题也得到了人们越来越多的关注[3~8]。Co/Pt 多层膜中界面处 Co 和 Pt 原子在薄膜生长或退火过程中的扩散不仅会导致多层膜垂直磁各向异性下降，同时还会引起居里温度的降低[9]，所以抑制界面原子扩散对 Co/Pt 多层膜的实际应用有着重要意义。Bandiera 发现在 Pt/Co/Pt 三明治结构中扩散主要发生在 Co 的上界面即 Co_{bottom}-Pt_{top}（简称 Co-Pt）界面，而垂直磁各向异性则主要来源于 Co 的下界面即 Pt_{bottom}-Co_{top}（简称 Pt-Co）界面[6]，通过在 Co-Pt 界面插入与 Co 不互溶的 Cu 层可抑制扩散的发生，从而提高 Co/Pt 多层膜的垂直磁各向异性和热稳定性[7]。

在温度低于 422℃ 时 Au 和 Co 也不互溶[10]，并且和 Co/Cu 多层膜相比，Co/Au 多层膜有更大的饱和磁化强度[11]。同时由于 Au 的自旋轨道偶合作用比 Cu 强，所以 Co/Au 多层膜有着比 Co/Cu 多层膜更大的反常霍尔效应[12,13]。基于 Au 的这些优良特性，刘帅等研究者在 Co/Pt 多层膜的 Co-Pt 界面引入了不同厚度 Au 插

---

❶ $1J/m^3 = 10erg/m^3$。

层，以期多层膜的磁性和输运性质能得到改善。

样品均采用直流磁控溅射法在玻璃基片上制备，溅射气体为 $4.0×10^{-3}$ Torr[❶] Ar 气，本底真空优于 $2.0×10^{-7}$ Torr，Co、Pt 和 Au 靶溅射速率分别为 0.033nm/s、0.078nm/s 和 0.032nm/s。首先研究了在 Pt(10nm)/Co(t_{Co})/Pt(2nm) 三明治结构中 Co 的上下界面分别引入 Au 插层后薄膜性能的变化。其后再研究在 Pt(10nm)/[Co(0.5nm)/Pt(0.8nm)]₄/Pt(2nm) 多层膜结构中每个 Co-Pt 界面都插入厚度范围为 0~2nm 的 Au 插层后薄膜性能的变化。利用综合物性测试系统（PPMS）的振动样品磁强计（VSM）插件测试样品的磁性，施加的磁场方向分别与样品表面垂直和平行，从测量得到的磁矩除以样品中 Co 层的总体积得到磁化强度 M，从两条磁滞回线所围面积计算得到样品的有效磁各向异性常数 K_{eff}[14]。利用四探针法测量样品的反常霍尔效应。利用 XRD(Cu Kα) 测量样品的晶体结构。样品的热处理在真空度为 $2.0×10^{-7}$ Torr 的真空退火炉中进行，退火时间均为 30min。

4.1.1 Au 插层对 Pt/Co(t_{Co})/Pt 三明治结构性能的影响

实验者首先制备了一系列 Pt(10nm)/Co(t_{Co})/Pt(2nm) 样品，以观察不同厚度的 Co 对薄膜性能的影响。图 4-1（a）为样品的霍尔曲线随 t_{Co} 的变化，当 t_{Co} = 0.2nm，0.3nm 时，霍尔曲线通过原点，没有磁滞，说明样品垂直磁各向异性很差，是由 Co 和 Pt 间的扩散造成的[7]。而对 0.3nm Co，当 Co/Pt 周期数增加时，相邻 Co 层间的耦合作用可使多层膜恢复垂直磁各向异性。t_{Co} = 0.4nm，0.6nm 时，霍尔曲线有完全的矩形度和 100% 的剩磁比，说明三明治结构有良好的垂直磁各向异性。t_{Co} = 0.8nm 时，由于体积磁各向异性的增加而导致垂直磁各向异性

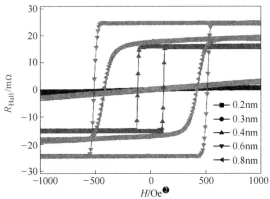

图 4-1　Pt(10nm)/Co(t_{Co})/Pt(2nm) 对应不同 t_{Co} 的霍尔曲线

---

❶　1Torr = 133.322Pa。

❷　1Oe = 79.6A/m。

变差，霍尔曲线产生倾斜。

通过对图 4-1 的分析，t_{Co} = 0.2nm、0.3nm 的两个三明治样品对 Co 与 Pt 间的扩散最敏感，所以选择这两个样品进行 Au 插层实验。对 Pt(10nm)/Co(0.2nm)/Pt(2nm)，无论在 Co 的底层还是顶层引入 Au 插层（Au 插层厚度为 0.5nm、1.0nm、2.0nm），样品的霍尔曲线均没有明显变化，原因可能是 0.2nm Co 不到一个原子层，所以界面粗糙度和扩散使薄膜不连续，从而使 Co 层居里温度降低，处于顺磁状态[6]。

图 4-2 为在 Pt(10nm)/Co(0.3nm)/Pt(2nm) 中 Co 的上界面插入 Au 插层后样品的霍尔曲线，样品结构为 Pt(10nm)/Co(0.3nm)/Au(t_{Au1} = 0, 0.5, 1.0, 2.0nm)/Pt(2nm)。从图中可以看到，没有 Au 插层的纯三明治结构样品没有磁滞和矫顽力，而在 Co-Pt 界面插入 0.5nm Au 插层后，样品的矫顽力为 7Oe，但是霍尔曲线仍然倾斜。进一步增加 Au 插层厚度到 1nm 和 2nm，霍尔曲线不仅矫顽力进一步增大，同时还具有了良好的矩形度和 100% 的剩磁比，说明此时样品已经具有了垂直磁各向异性。把相同厚度的 Au 插在 Co 层下面即 Pt-Co 界面，样品的霍尔曲线相较没有 Au 插层的纯三明治结构没有发生明显变化。

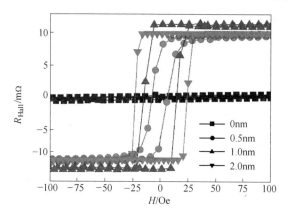

图 4-2　Pt(10nm)/Co(0.3nm)/Au(t_{Au1} = 0, 0.5, 1.0, 2.0nm)/
Pt(2nm) 对应不同 t_{Au1} 的霍尔曲线

通过对上述 Co 单层样品的分析可知，在 Co-Pt 界面处引入与 Co 不互溶的 Au 插层可恢复 Co 的磁性并提高其垂直磁各向异性。在自旋电子学中 Pt/Co/Pt 三明治结构应用范围较小，人们利用更多的是 Co/Pt 多层膜，所以实验把上述原理推广到 Co/Pt 多层膜中以改善其性能。

4.1.2　Au 插层对 Co/Pt 多层膜性能的影响

实验选择了两个系列样品以研究 Au 插层对 Co/Pt 多层膜性能的影响，样品结构分别为：S_{Au}：Pt(10nm)/[Co(0.5nm)/Au(t_{Au})/Pt(0.8nm)]₄/Pt(2nm) 和 S_{Pt}：Pt(10nm)/[Co(0.5nm)/Pt(t_{Pt}+0.8nm)]₄/Pt(2nm)。

其中，S_{Pt} 系列为 S_{Au} 系列的对比样品，且为便于对比，将 S_{Pt} 系列样品结构写为 Pt(10nm)/[Co(0.5nm)/Pt(t_{Pt})/Pt(0.8nm)]₄/Pt(2nm)，并且称 Pt(t_{Pt}) 为 Pt 插层。实验发现在薄膜生长过程中对于 Pt(t_{Pt}+0.8nm)，无论是连续沉积还是先沉积 t_{Pt} 然后停顿 20s 后再沉积其后的 0.8nm Pt（即仿照 S_{Au} 系列样品人为增加非磁界面），薄膜性质均无明显变化，所以 Au 插层导致的 Co/Pt 多层膜性能变化不是由非磁界面的增加引起的。

图 4-3 所示为 S_{Au} 和 S_{Pt} 的 XRD 衍射图谱，图 4-3（a）对应 S_{Au}，图 4-3（b）对应 S_{Pt}。从图中可以看到所有样品都仅有一个衍射峰，这说明多层膜中 Co/Pt(111) 和 Co/Au/Pt(111) 均为一致生长[15~17]，又由于 Co 的晶格常数小于 Pt 和 Au 的晶格常数，所以在 Co 层中存在张应变。对比衍射峰的强度可以看到

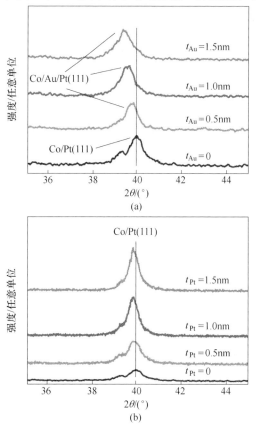

图 4-3　插层样品的 XRD 衍射图谱随插层厚度的变化

（a）S_{Au}：Pt(10nm)/[Co(0.5nm)/Au(t_{Au})/Pt(0.8nm)]₄/Pt(2nm)；

（b）S_{Pt}：Pt(10nm)/[Co(0.5nm)/Pt(t_{Pt}+0.8nm)]₄/Pt(2nm)

Pt 插层越厚衍射峰强度越高，即 Co/Pt(111) 织构越强，而 Au 插层的引入对衍射峰强度几乎没有影响。对比衍射峰的位置可以发现 Pt 插层和 Au 插层厚度的增加都使（111）峰位向小角度方向偏移，但是 Au 插层引起的偏移量远大于 Pt 插层。衍射峰位向小角方向偏移说明多层膜中一致生长的晶格常数变大，又由于 Co 层处于被拉伸的张应变状态，所以和 Pt 插层比，相同厚度的 Au 插层可使 Co 层中产生更大的张应变。

图 4-4（a）、（b）所示分别为 Au 插层厚度为 0nm、0.2nm、0.4nm、0.8nm、1.5nm 时样品 $Pt(10nm)/[Co(0.5nm)/Au(t_{Au})/Pt(0.8nm)]_4/Pt(2nm)$ 的垂直和平行膜面方向的磁滞回线，可以看到垂直方向磁滞回线均保持了良好的矩形度和 100% 的剩磁比，具有典型的易轴特征，而平行方向磁滞回线通过原点，剩磁比为零，饱和场高达 $20\times10^3 Oe$，具有典型的难轴特征，这说明在实验所采用的 Au 插层厚度范围内样品均具有很好的垂直磁各向异性。

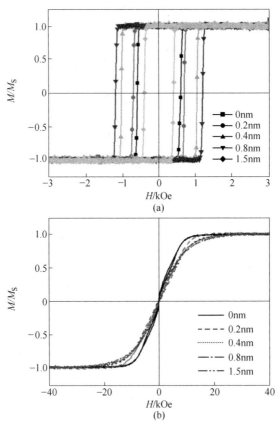

图 4-4 $Pt(10nm)/[Co(0.5nm)/Au(t_{Au})/Pt(0.8nm)]_4/Pt(2nm)$

对应不同 t_{Au} 的磁滞回线

（a）磁场垂直膜面方向；（b）磁场平行膜面方向

对于磁性材料，有效磁各向异性常数 K_{eff} 是表征其磁各向异性的重要指标，K_{eff} 为正值说明材料具有垂直磁各向异性，且 K_{eff} 的值越大材料的垂直磁各向异性越强。图 4-5 所示为 S_{Au} 和 S_{Pt} 系列样品的 K_{eff} 随 Au 和 Pt 插层厚度的变化。从图中可以看到 Pt 插层的引入对 K_{eff} 影响很小，虽然 K_{eff} 也略有提高但变化量不到 10%。从图 4-3（b）中 S_{Pt} 系列样品的 XRD 衍射图谱中已经知道厚的 Pt 插层可增强 Co/Pt(111) 织构，而（111）织构对应多层膜的垂直磁各向异性[18]，所以 K_{eff} 随 Pt 插层厚度的增加而略有增加。而对于 S_{Au} 系列样品，Au 插层的引入对多层膜的垂直磁各向异性可以产生极大地提高，从图 4-5 中可以看到，t_{Au} 小于 0.8nm 时，K_{eff} 随 t_{Au} 的增加而增加，t_{Au} 超过 0.8nm 后 K_{eff} 不再随 t_{Au} 的变化而变化，K_{eff} 的最大提高量高达 92%。

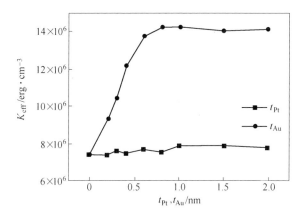

图 4-5　Pt(10nm)/[Co(0.5nm)/Au(t_{Au})/Pt(0.8nm)]$_4$/Pt(2nm) 和
Pt(10nm)/[Co(0.5nm)/Pt(t_{Pt})/Pt(0.8nm)]$_4$/Pt(2nm) 的有效磁
各向异性常数 K_{eff} 随 t_{Au} 和 t_{Pt} 的变化

对比相同厚度的 Au 插层和 Pt 插层所对应的样品，Au 插层样品的 K_{eff} 均大于 Pt 插层，所以多层膜中非磁层厚度的增加不是导致 S_{Au} 系列样品 K_{eff} 有如此大的提高的原因。

对 Co/Pt 多层膜，K_{eff} 可用唯象公式表示为

$$K_{eff} = (K_{S,Pt\text{-}Co} + K_{S,Co\text{-}Pt})/t_{Co} + K_{MC} + K_D + K_{ME} \qquad (4\text{-}1)$$

式中，$K_{S,Pt\text{-}Co}$ 为 Pt-Co 界面的界面磁各向异性能；$K_{S,Co\text{-}Pt}$ 为 Co-Pt 界面的界面磁各向异性能；K_{MC} 为 Co 的磁晶各向异性能；$K_D = -2\pi M_S^2$ 为退磁能；K_{ME} 为磁弹性能。

如果不考虑原子间的扩散，并把 Pt-Co 界面和 Co-Pt 界面当成理想界面等同看待，此时界面磁各向异性能可表示为

$$K_{S,Pt\text{-}Co} + K_{S,Co\text{-}Pt} = 2K_{S,Pt} \qquad (4\text{-}2)$$

式中，$K_{S,Pt}$ 为将 Pt-Co 界面和 Co-Pt 界面等同看待时，Pt-Co 界面或 Co-Pt 界面的界面磁各向异性能常数。

对 S_{Au} 系列样品，Co 层所处的两个界面分别为 Pt-Co 界面和 Co-Au 界面，在把 Pt-Co 界面和 Co-Pt 界面等同看待的前提下，S_{Au} 系列样品的界面磁各向异性能可写为

$$K_{S,Pt-Co} + K_{S,Co-Au} = K_{S,Pt} + K_{S,Co-Au} \tag{4-3}$$

式中，$K_{S,Co-Au}$ 为 Co-Au 界面的界面磁各向异性能常数。从之前报道的实验数据可知，$K_{S,Pt}$ 大于 $K_{S,Co-Au}$[14]，所以 $2K_{S,Pt} > K_{S,Pt} + K_{S,Co-Au}$，因此仅从界面磁各向异性能角度分析，$S_{Au}$ 系列样品的 K_{eff} 应小于 S_{Pt} 系列样品，这也与实验观测值相违背。

综合以上分析可以得出结论：（1）非磁层厚度增加不是导致 S_{Au} 系列样品 K_{eff} 提高的主要原因；（2）单纯认为把理想的 Co-Pt 界面换成理想的 Co-Au 界面也不能导致 K_{eff} 提高。

对于 S_{Au} 系列样品 K_{eff} 提高的原因需要考虑其他因素的影响，其中之一就是磁弹性各向异性常数 K_{ME}。由于多层膜中 Co 层厚度仅为 0.5nm，所以可以认为 Co 和 Pt 为共格一致生长[17]，图 4-3XRD 衍射图谱也验证了这一结论。在一致生长的前提下，K_{ME} 可写为

$$K_{ME} = -\frac{3}{2}\lambda E\varepsilon \tag{4-4}$$

式中，λ 为 Co 的磁致伸缩系数且为负值[19]；E 为 Co 的弹性模量；ε 为 Co 层中的应变。由以上对图 4-3（a）的分析可知，Co 层处于张应变状态，即 ε 为正值，所以 K_{ME} 为正值，即磁弹性能有利于垂直磁各向异性。从图 4-3（a）中还能看到随着 Au 插层厚度的增加，衍射峰位逐渐向小角度方向偏移，即一致生长的晶格常数变大，Co 层中的张应变 ε 也相应变大，进而导致 K_{ME} 变大，多层膜的垂直磁各向异性提高。

除了磁弹性能，Co-Pt 界面化学状态的不同也会导致 K_{eff} 的变化。图 4-6 所示为 S_{Au} 和 S_{Pt} 系列样品的饱和磁化强度 M_S 随 Au 和 Pt 插层厚度的变化。从图中可以看到所有样品的 M_S 均大于纯 Co（1440emu/cm³）❶，这是由于靠近 Co 层的 Pt 原子和 Au 原子都会被 Co 原子磁化而带有磁矩[18~20]。Pt 插层对 M_S 影响较小，M_S 几乎不随 t_{Pt} 的变化而变化；而 Au 插层在厚度小于 0.8nm 时使 M_S 随 t_{Au} 的增大而增加，超过 0.8nm 后 M_S 不再变化。若仅从非磁原子被 Co 原子磁化角度分析，引入 Au 插层后样品的 M_S 应变小，因为 Au 原子被磁化出的磁矩小于 Pt 原子，但实验中却观察到了 M_S 随 Au 插层厚度增加而增大的现象。

---

❶   1emu/cm³ = 1000A/m。

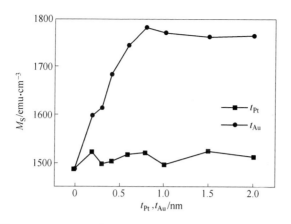

图 4-6　Pt(10nm)/[Co(0.5nm)/Au(t_{Au})/Pt(0.8nm)]$_4$/
Pt(2nm) 和 Pt(10nm)/[Co(0.5nm)/Pt(t_{Pt})/Pt(0.8nm)]$_4$/Pt(2nm) 的
饱和磁化强度 M_S 随 t_{Au} 和 t_{Pt} 的变化

纯 Co/Pt 多层膜中，Co-Pt 界面由于 Co 与 Pt 间的扩散而形成 CoPt 合金，CoPt 合金的形成一方面导致多层膜 M_S 的减小[6]，另一方面还引起多层膜垂直磁各向异性的下降，因为常温下生长的 CoPt 合金具有面内磁各向异性[21]。当在 Co-Pt 界面处引入 Au 插层后，由于常温下 Au 与 Co 不互溶，所以 Au 可作为阻碍层减弱 Co 与 Pt 间的扩散，从而增大 M_S 和 K_{eff}。但是常温下 Au 与 Pt 互溶，所以当 Au 插层厚度小于 Au-Pt 间的互扩散长度时，部分 Pt 原子仍能穿越 Au 插层而与 Co 原子混合。Au 插层越厚，Pt 原子穿越 Au 插层的能量势垒越大，穿越的 Pt 原子数也越少，所以在图 4-5 和图 4-6 的起始阶段，K_{eff} 和 M_S 都随 Au 插层厚度的增加而增加。根据 M_S 和 K_{eff} 的饱和值都出现在 Au 插层厚度为 0.8nm 处，可以推测 Au-Pt 间的互扩散长度约为 0.8nm，与 Cu-Pt 的互扩散长度相接近。

综合以上分析，在 Co-Pt 界面引入 Au 插层可从两方面提高 Co/Pt 多层膜的垂直磁各向异性：（1）增大 Co 层中的张应变从而增加磁弹性能；（2）抑制 Co 与 Pt 间的扩散，恢复 Co 的磁性。

图 4-7 所示为在 Co/Pt 多层膜中分别引入 Au 和 Pt 插层后矫顽力 H_C 随插层厚度的变化。和其他大多数类型的铁磁/反铁磁多层膜中既有铁磁耦合又有反铁磁耦合不一样，在 Co/Pt 多层膜中人们仅发现了铁磁耦合，这是由于临近 Co 原子的 Pt 原子被 Co 原子磁化为铁磁性，铁磁性 Pt 原子使相邻 Co 层产生铁磁耦合，但是 Co 层之间随距离变化的 RKKY 振荡耦合依然存在，所以 Co/Pt 多层膜的耦合类型是在铁磁耦合基础上再叠加一个 RKKY 类型的振荡耦合，最终结果则表现为耦合强度振荡变化的铁磁耦合[22]。RKKY 耦合虽然没有使反铁磁耦合出现，但是却导致矫顽力随 Pt 层厚度的增加而振荡衰减，在实验制备的样品中也观察

到了同样的现象，如图 4-7 所示。

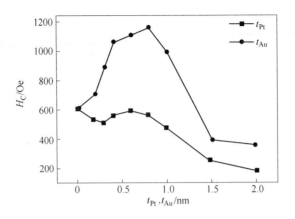

图 4-7   Pt(10nm)/[Co(0.5nm)/Au(t_{Au})/Pt(0.8nm)]$_4$/Pt(2nm) 和
Pt(10nm)/[Co(0.5nm)/Pt(t_{Pt})/Pt(0.8nm)]$_4$/Pt(2nm) 的
矫顽力 H_C 随 t_{Au} 和 t_{Pt} 的变化

从图 4-7 中可以看到 Au 插层对矫顽力的影响与 Pt 插层大不相同，在 t_{Au} 小于 0.8nm 时，矫顽力随 t_{Au} 的增加不仅没有减小反而单调增加，t_{Au} 超过 0.8nm 后矫顽力随 t_{Au} 的增加而减小。通常在 Ar 气中溅射沉积的 Co/Pt 多层膜矫顽力较小，不适于用作磁光记录介质，实验却发现 0.8nm 的 Au 插层可使多层膜在保持良好垂直磁各向异性基础上矫顽力提高 91%。有意思的是，在 Co/Pt 多层膜中的 Co-Pt 界面引入 Cu 插层后虽然多层膜的 K_{eff} 也能提高，但是多层膜的矫顽力却几乎没有变化[23]，这说明 Au 插层和 Cu 插层除了都能阻碍 Co 与 Pt 间的扩散外，对 Co/Pt 多层膜的磁性还有着不同的影响机制。Au 插层对矫顽力有这样大的提高一方面与界面磁化状态有关，另一方面还可能与磁畴的形核受阻有关[16]。

除了磁性，Au 插层和 Pt 插层对多层膜的反常霍尔效应也有不同的影响。图 4-8 所示为样品的霍尔电阻 R_{Hall} 随插层厚度的变化，从图中可以看到 Pt 插层越厚，样品的霍尔电阻越小，这和之前文献中的报道一致，是由 Pt 层的分流作用造成的[24]。而对于 Au 插层，实验中却发现在 t_{Au} 小于 0.3nm 时多层膜的霍尔电阻随插层厚度的增加而增加，直到超过 0.3nm 后才逐渐减小，霍尔电阻的最大提高量为 26%。

若仅从分流角度分析，和 Pt 插层类似，Au 插层越厚分流作用也越大，霍尔电阻应越小，且 Au 的电阻率远小于 Pt，所以相同厚度的 Au 插层比 Pt 插层分流作用更大，相应霍尔电阻应更小，但实验观察到的现象却是在实验所采用的插层厚度范围内 Au 插层样品的霍尔电阻均大于相同厚度的 Pt 插层样品的霍尔电阻。磁性材料的霍尔电阻和材料的磁化强度成正比[25]，从图 4-6 中可以看到，在插层

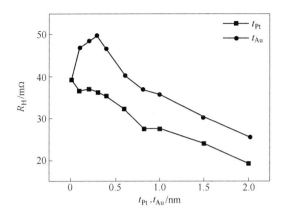

图 4-8   Pt(10nm)/[Co(0.5nm)/Au(t_{Au})/Pt(0.8nm)]$_4$/
Pt(2nm) 和 Pt(10nm)/[Co(0.5nm)/Pt(t_{Pt})/Pt(0.8nm)]$_4$/Pt(2nm) 的
霍尔电阻 R_{Hall} 随 t_{Au} 和 t_{Pt} 的变化

厚度相同的情况下，Au 插层样品的 M_S 均大于 Pt 插层样品的 M_S，这是导致 Au 插层样品的霍尔电阻较大的一个原因。从图 4-6 中还可以看到 Au 插层厚度为 0.3nm 时样品的 M_S 提高量约为 10%，这不足以完全补偿霍尔电阻 26% 的提高，所以可以认为 Au 插层导致霍尔电阻提高还与 Au 的自旋轨道耦合作用以及 Co-Au 之间良好的界面有关。

如前所述，磁性材料的热稳定性包括退火之后保持其磁性的能力，对 Co/Pt 多层膜人们关心最多的是退火之后的垂直磁各向异性。纯 Co/Pt 多层膜的热稳定性很差，随退火温度的升高或退火时间的延长，多层膜的垂直磁各向异性会由于 Co 与 Pt 间的扩散而下降[26~28]。通过以上分析，可以知道 Au 插层可提高制备态 Co/Pt 多层膜的垂直磁各向异性，下面研究退火后 S_{Au} 和 S_{Pt} 系列样品垂直磁各向异性的变化。

图 4-9 所示为没有插层的样品 Pt(10nm)/[Co(0.5nm)/Pt(0.8nm)]$_4$/Pt(2nm),0.8nm Pt 插层样品 Pt(10nm)/[Co(0.5nm)/Pt(0.8nm)/Pt(0.8nm)]$_4$/Pt(2nm) 和 0.8nm Au 插层样品 Pt(10nm)[Co(0.5nm)/Au(0.8nm)/Pt(0.8nm)]$_4$/Pt(2nm)的 K_{eff} 随退火温度 T_A 的变化，退火时间均为 30min。从图中可以看到，没有插层的样品和 0.8nm Pt 插层样品的 K_{eff} 随 T_A 的变化曲线几乎重合。在 200℃以下，三个样品的 K_{eff} 随 T_A 的变化均无明显变化，原因可能是温度较低时，原子间的热扩散作用也较弱。T_A 超过 200℃后，三个样品的 K_{eff} 都随 T_A 的增加而下降，但是对应各个退火温度，0.8nm Au 插层样品的 K_{eff} 都比无插层和 0.8nm Pt 插层样品的 K_{eff} 大。

图 4-10 所示为 S_{Au} 和 S_{Pt} 系列样品在 350℃退火 30min 后多层膜的 K_{eff} 随插层厚

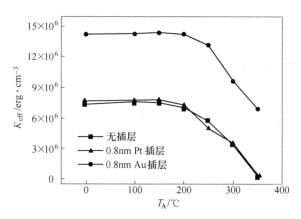

图 4-9   Pt(10nm)/[Co(0.5nm)/Pt(0.8nm)]$_4$/Pt(2nm)，Pt(10nm)/[Co(0.5nm)/
Pt(0.8nm)/Pt(0.8nm)]$_4$/Pt(2nm)，Pt(10nm)[Co(0.5nm)/Au(0.8nm)/Pt(0.8nm)]$_4$/
Pt(2nm) 的有效磁各向异性常数 K_{eff} 随退火温度的变化

度的变化。从图中可以看到，对 S_{Pt} 系列样品，在经历 350℃ 退火后，K_{eff} 值都接近零，即多层膜已失去其垂直磁各向异性，且 K_{eff} 几乎不随 t_{Pt} 的变化而变化，说明 Co/Pt 周期层中，Pt 插层对多层膜的热稳定性影响很小。从图中还能看到，在相同的插层厚度下 S_{Au} 系列样品的 K_{eff} 值都比 S_{Pt} 系列样品高，说明在 Co/Pt 多层膜中引入 Au 插层可使其热稳定性提高。

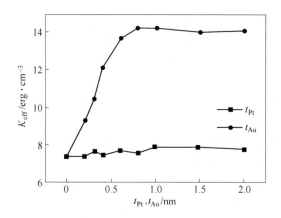

图 4-10   Pt(10nm)/[Co(0.5nm)/Au(t_{Au})/Pt(0.8nm)]$_4$/
Pt(2nm) 和 Pt(10nm)/[Co(0.5nm)/Pt(t_{Pt})/Pt(0.8nm)]$_4$/Pt(2nm)
在 350℃ 退火 30min 后有效磁各向异性常数 K_{eff} 随 t_{Au} 和 t_{Pt} 的变化

对纯 Co/Au 多层膜，在适宜的温度退火后由于 Co 与 Au 的退扩散导致界面更加明晰，所以其垂直磁各向异性不仅没有下降反而有所提高[19]。但是对本次

实验中的 S_{Au} 系列样品却没有发现类似的现象，和没有退火的样品比退火仍导致多层膜的垂直磁各向异性降低。这一方面是由于多层膜中 Co 的下界面即 Pt-Co 界面虽然在薄膜生长过程中扩散没有 Co 的上界面严重，但是退火仍然会导致 Pt-Co 界面处的 Co 与 Pt 原子相互扩散，而且退火会加剧 Pt 与 Au 原子的扩散，从而使 Pt 原子穿越 Au 插层扩散到 Co 层中，这对多层膜的垂直磁各向异性也会产生不利的影响。

总结本节内容：

通过在 Co/Pt 多层膜中的 Co-Pt 界面引入常温下与 Co 不互溶的 Au 插层，可极大改善多层膜的磁性和输运性质。实验发现相较于没有 Au 插层的纯 Co/Pt 多层膜，Au 插层可使多层膜在保持良好垂直磁各向异性的条件下有效磁各向异性常数提高 92%，饱和磁化强度提高 20%，矫顽力提高 91%，霍尔电阻提高 26%。同时引入 Au 插层后，Co/Pt 多层膜的热稳定性也有一定程度的提高。若把上述 Au 插层换成相同厚度的 Pt 插层则没有观察到类似的现象。这些性质的产生一方面与 Au 插层抑制了 Co 与 Pt 间的扩散有关，另一方面还与 Au 插层使 Co 层中的张应变变大有关。

4.2 界面掺杂 Fe 原子对 Co/Pt 多层膜垂直磁各向异性的调控

具有垂直磁各向异性的铁磁性薄膜材料由于在磁光存储、磁性随机存储器以及基于磁畴壁的存储器件中具有诱人的应用前景而受到广泛关注[2,29~31]。垂直磁各向异性的自旋电子器件比面内磁各向异性的具有更明显的优势。比如在垂直磁各向异性的磁性隧道结中，自旋转移矩驱动的磁化翻转的临界电流密度比具有面内磁各向异性的要低得多[32~34]。又如，垂直磁各向异性的铁磁薄膜的畴壁的移动速度比面内磁各向异性的快一个数量级以上[35]。

目前，具有垂直磁各向异性的铁磁薄膜主要有下面几种体系：稀土-过渡金属多层膜或者合金[36]，$L1_0$-(Fe，Co)(Pt，Pd)和 MnGa 合金[37~39]，铁磁/氧化物界面[1]以及 Co/(Pt，Pd，Ni)多层膜[40]，其中 Co/Pt 多层膜由于具有高的磁各向异性以及优良的光电性能而格外受到关注。为了满足不同的应用需求，调控 Co/Pt 多层膜的垂直磁各向异性非常重要。实验表明，Co/Pt 多层膜的垂直磁各向异性对 Co 层和 Pt 层的厚度都非常敏感，调节两者的厚度可以在很大的幅度范围内调节 Co/Pt 多层膜的垂直磁各向异性[18]。Co/Pt 多层膜的垂直磁各向异性还可以通过离子轰击的方法来进行调控[41]。当 Co/Pt 多层膜处于离子束的辐照时，离子的能量会转移到 Co/Pt 多层膜，使 Co/Pt 多层膜的结构（如原子互扩散、结晶度以及晶粒尺寸）发生变化，从而调控垂直磁各向异性。Co/Pt 多层膜的垂直磁各向异性还与覆盖层有关。比如，当 Co/Pt 多层膜的覆盖层是 IrMn 时，垂直磁各向异性可以被增强[42]；然而，当覆盖层是 CoO 时，垂直磁各向异性在 CoO

的奈尔温度附近明显降低[43]。界面扩散也是影响 Co/Pt 多层膜垂直磁各向异性非常重要的因素。比如在 Pt(bottom)/Co/Pt(top) 结构中，由于 Co/Pt(top) 界面的扩散比 Pt(bottom)/Co 的更严重，导致 Co/Pt(top) 界面对垂直磁各向异性的贡献比 Pt(bottom)/Co 界面的要弱得多，也即是说，Co/Pt 多层膜的垂直磁各向异性主要来自 Pt(bottom)/Co 界面[7]。实验表明[7]，在 Co/Pt(top) 界面引入一层 Cu 插层来减小该界面的扩散可以提高 Co/Pt 多层膜垂直磁各向异性，而当 Cu 插层插在 Pt(bottom)/Co 界面则对垂直磁各向异性起到相反作用，这是由于 Cu 的插入削弱了 Pt/Co 界面的界面各向异性所致。

那么，如果 Pt/Co 或者 Co/Pt 界面引入铁磁性插层是否也能调控垂直磁各向异性？它与非磁插层的情况是否有差别？陈喜等实验发现，当非磁的 Cu 换成铁磁的 Fe 后，Fe 层对垂直磁各向异性的影响确实明显不同于 Cu 的情况。当 Fe 掺在 Co/Pt 界面时，Co/Pt 多层膜的垂直磁各向异性随着 Fe 层厚度的增加而单调减少。然而，当 Fe 掺在 Pt/Co 界面时，多层膜的垂直磁各向异性在掺入 Fe 层厚度为 0.1nm 时出现一个最大值。同时，实验还发现当 Fe 层掺在 Pt/Co 界面时，垂直磁各向异性的退火稳定性可以获得一定程度的提高。

实验研究的多层膜结构如下：

Sample 1：Ta(3)/Pt(2)/Co(t_{Co})/Pt(1)/Co(t_{Co})/Pt(1)/Co(t_{Co})/Pt(2)/Ta(4)；

Sample 2：Ta(3)/Pt(2)/Co(0.4)/Fe(t_{Fe})/Pt(1)/Co(0.4)/Fe(t_{Fe})/Pt(1)/Co(0.4)/Fe(t_{Fe})/Pt(2)/Ta(4)；

Sample 3：Ta(3)/Pt(2)/Fe(t_{Fe})/Co(0.4)/Pt(1)/Fe(t_{Fe})/Co(0.4)/Pt(1)/Fe(t_{Fe})/Co(0.4)/Pt(2)/Ta(4)。

括号内的数字是各层的名义厚度，单位是 nm，t_{Co} 的变化范围为 0.45~0.65nm，t_{Fe} 的变化范围为 0.05~0.25nm。Sample 1 是参照样品，Sample 2 的 Fe 层的位置是在 Co/Pt 界面，Sample 3 的 Fe 层的位置是在 Pt/Co 界面。所有样品均利用磁控溅射在玻璃基片上制备。溅射前的真空度优于 3×10^{-7}Torr，工作气体 Ar 气的气压为 4mTorr。退火处理在真空度优于 3×10^{-7}Torr 的退火炉内进行，退火时间 30min，无外加磁场。样品的磁滞回线通过振动样品磁强计测量获得，样品的微结构利用 X 射线衍射（XRD）和高分辨透射电子显微镜（HRTEM）进行表征。

图 4-11 是制备态下，t_{Co} = 0.5nm 的 Sample 1、t_{Fe} = 0.1nm 的 Sample 2 和 Sample 3 磁场垂直膜面和平行膜面测量得到的磁滞回线。注意，这三个样品的铁磁层厚度保持一致，以便磁性能进行比较。可以看到，在这三个样品中，磁场垂直膜面测量得到的磁滞回线都表现出很好的矩形度以及 100% 的剩磁比，而且磁场平行膜面测量得到的磁滞回线都表现出零磁滞的难轴行为，说明这三个样品都

具有很好的垂直磁各向异性。然而，从图 4-11（a）可以看到，它们的矫顽力表现出很大区别，Sample 1 具有最大的矫顽力，当 0.1nm 的 Fe 掺在 Pt/Co 界面时矫顽力最小，当 0.1nm 的 Fe 掺在 Co/Pt 界面时矫顽力居中。另外，从图 4-11（b）可以看出，这三个样品的各向异性场（即磁化饱和时对应的磁场）也有很大区别：Sample 2 的各向异性场比 Sample 1 的稍微有所下降，Sample 3 的各向异性场则比 Sample 1 和 Sample 2 的大许多。

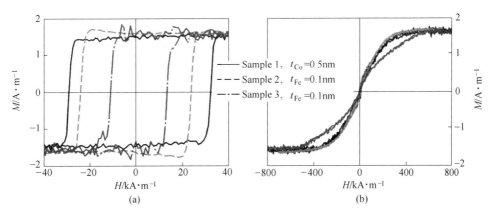

图 4-11   制备态下 t_{Co} = 0.5nm 的 Sample 1、t_{Fe} = 0.1nm 的 Sample 2 和 Sample 3 的磁滞回线
（a）磁场垂直膜面；（b）磁场平行膜面

图 4-12 是 Sample 1、Sample 2 和 Sample 3 这三种结构的有效磁各向异性 K_{eff} 随铁磁层厚度的变化关系。可以看到，Sample 1 和 Sample 2 的 K_{eff} 表现出相同的变化趋势，都随着铁磁层厚度的增大而减小。然而，Sample 3 的 K_{eff} 的变化则与前两者明显不同，它先是随着铁磁层厚度的增加而增加，在 t_{Fe+Co} = 0.5nm（即 t_{Fe} = 0.1nm）处达到最大值，达到了 $4.43 \times 10^6 \text{erg/cm}^3$，比 t_{Co} = 0.5nm 的 Sample 1 的 K_{eff}（$2.83 \times 10^6 \text{erg/cm}^3$）提高了 56%。然后，随着铁磁层厚度继续增加，$K_{eff}$ 开始下降，而且其下降的速度比 Sample 1 和 Sample 2 的快很多，当 t_{Fe+Co} 增加到 0.6nm（即 t_{Fe} = 0.2nm）时，Sample 3 变成了面内磁各向异性，而此时 Sample 1 和 Sample 2 仍然保持着垂直磁各向异性。由于实验的样品是用磁控溅射制备的，制备条件的差异有可能也会导致不同样品间 K_{eff} 的不同。为了确定图 4-12 的实验现象是由 Fe 的引入导致的，实验中制备了多个 Sample 2 和 Sample 3 结构的样品，并进行了多次磁滞回线的测量。实验发现，虽然每次测量的 K_{eff} 之间有差别，但是 K_{eff} 的变化趋势与图 4-12 是一样的，从而证实了图 4-12 的实验现象确实是由 Fe 的引入造成的。

有实验表明，在 Co/Pt 多层膜结构中，Co/Pt 界面（Pt 沉积在 Co 上）和 Pt/Co 界面（Co 沉积在 Pt 上）由于原子扩散程度的不同，它们两者对垂直磁各向异

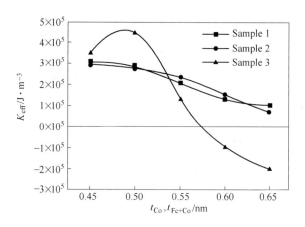

图 4-12   有效磁各向异性 K_{eff} 随铁磁层厚度的变化关系。

性的影响是不同的[7]。由于 Pt 原子比较重，动能比较大，当它沉积到 Co 层上时，它可以很容易地渗透到 Co 层里面，在 Co/Pt 界面形成严重的原子扩散[44]，导致 Co/Pt 界面对垂直磁各向异性的贡献有限甚至起到破坏作用。然而，由于 Co 原子相对 Pt 原子来说比较轻，当 Co 层沉积到 Pt 上时，界面扩散相对较弱，有利于界面处 Pt 5d-Co 3d 的轨道杂化，不会对 Pt/Co 的界面磁各向异性造成严重的破坏。所以，Co/Pt 多层膜的垂直磁各向异性主要来自 Pt/Co 界面。正因为这个原因，当 Fe 原子掺到 Co/Pt 界面时，由于 Fe 与 Co 一样，与 Pt 非常容易混溶[45]，而且 Fe 非常薄，该界面处仍然存在较严重的原子扩散问题，导致 K_{eff} 基本与掺入 Fe 之前的变化趋势相同，即随着铁磁层厚度的增加而减小。然而，由于 Pt/Co 界面对 Co/Pt 多层膜的垂直磁各向异性占主导作用[7]，Fe 层的掺入可能使 Pt/Co 界面的电子结构发生变化，从而对垂直磁各向异性产生影响。第一性原理计算表明，Pt/Fe_xCo_{1-x} 界面的 PMA 与该界面铁磁金属 3d 轨道的电子填充数有密切关系[46]，当 Fe_xCo_{1-x} 合金的成分大约在 $x = 0.5$ 时，铁磁金属 3d 轨道的电子填充数达到最优，增强了 Pt 5d 轨道和 Fe_xCo_{1-x} 3d 轨道的杂化，从而使 Pt/Fe_xCo_{1-x} 界面具有高的界面磁各向异性[47]。由于实验掺入的 Fe 层非常薄，在随后沉积 Co 层的过程中，界面处极可能会形成一层很薄的 Fe_xCo_{1-x} 合金。随着 Fe 层厚度的增加，界面处 Fe_xCo_{1-x} 合金的 Fe 的成分 x 也随之增加，Fe_xCo_{1-x} 合金 3d 轨道的电子填充数随之发生变化；当 $t_{Fe} = 0.1nm$ 时，3d 轨道的电子填充数可能正好达到最优状态，5d-3d 轨道杂化增强，从而使 Co/Pt 多层膜的垂直磁各向异性获得最大值。当 t_{Fe} 大于 0.1nm 时，Sample 3 的 K_{eff} 的下降速度比 Sample 1 和 Sample 2 的快得多，这是因为掺入的 Fe 比较多时，界面 Fe_xCo_{1-x} 合金 Fe 的成分过高以及形成 Fe/Pt 界面造成的。实验表明，无论如何改变 Fe 和 Pt 的厚度，在制备态下，磁控溅射制备的 Fe/Pt 多层膜很难获得垂直磁各向异性。

当 Co/Pt 多层膜应用到磁性隧道结中时，器件必须进行一定温度的退火处理来改善势垒层的结晶质量以提高隧穿磁电阻[48]。因此，有必要研究退火处理对 Co/Pt 多层膜垂直磁各向异性的影响。图 4-13（a）是 Sample 1、Sample 2 和 Sample 3 这三种结构的有效磁各向异性 K_{eff} 与退火温度 T_a 的关系曲线。这里选用的样品结构是：$t_{Co}=0.5nm$ 的 Sample 1 以及 $t_{Fe}=0.1nm$ 的 Sample 2 和 Sample 3，这三个样品的铁磁层总厚度保持一致。可以看到，当退火温度小于 150℃ 时，退火处理对多层膜的 K_{eff} 没有明显影响。然而，当退火温度高于 200℃ 时，这三种结构的 K_{eff} 都随着退火温度的升高而急剧下降，当退火温度升到 300℃ 时，三者的 K_{eff} 都变成了负值，即变成了面内磁各向异性。值得注意的是，虽然这三个样品的 K_{eff} 都随 T_a 的升高而降低，但是，Sample 3 的 K_{eff} 在 $T_a<300℃$ 的范围内明显比其他两个样品的高。比如在 $T_a=200℃$ 时，虽然 Sample 3 的 K_{eff}（3.07×10^6 erg/cm^3）与制备时的相比有所下降，但是它仍然比制备态的 Sample 1 的 K_{eff}（2.83×10^6 erg/cm^3）要大，说明 Fe 原子引入到 Pt/Co 界面时可以显著提高多层膜垂直磁各向异性的退火稳定性。K_{eff} 的下降可能是由退火引起的原子扩散造成的，这可以从图 4-13（b）的饱和磁化强度 M_s 随退火温度的升高而下降来得到初步佐证。

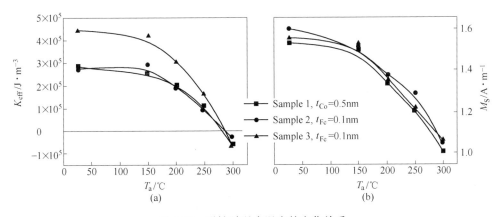

图 4-13　磁性随退火温度的变化关系
（a）有效磁各向异性常数 K_{eff}；（b）饱和磁化强度 M_s

为了进一步证实 K_{eff} 的下降是由退火引起的原子扩散造成的，实验还利用 HRTEM 对样品的微结构进行了表征。这里使用的样品结构是 Ta（3）Pt（2）/Fe（0.1）/Co（0.6）/Pt（1）/Fe（0.1）/Co（0.6）/Pt（1）/Fe（0.1）/Co（0.6）/Pt（2）/Ta（4）（单位:nm）。这个样品的 Co 层厚度比前面磁性研究使用的 Co 层厚度要厚一些，这是为了能更清楚地探测和观察样品的微结构。图 4-14（a）是样品的 XRD 谱图，可以看到，300℃ 退火前后的样品在 40.5° 附近出现了明显的衍射峰，说明多层膜在退火前后都具有（111）织构。图 4-14（b）和图 4-14（c）分别是样品 300℃退火前后的 HRTEM 横截面照片。照片中的 TaO$_x$ 是由顶层的 Ta 在空气中自然氧化而得。退火前，薄膜呈现出很好的层状结构，Fe/Co 层和 Pt 层都可以很清楚地分辨出来。而且，Fe/Co 层和 Pt 层都表现出良好的结晶态，根据它们的条纹间距，可以判断出 Fe/Co 层和 Pt 层都具有（111）取向，与 XRD 结果一致。然而，300℃退火后，多层膜的层状结构消失，说明退火后发生了严重的原子扩散。通过测量，图中所示的晶格条纹间距为 0.221nm，说明原子扩散后形成了具有（111）取向的 CoFePt 合金，而且 CoFePt 合金的（111）取向在照片所示的所有区域内都相当均匀一致。前面已经介绍，Co/Pt 多层膜的垂直磁各向异性是一种界面效应，来自界面处由 Pt 5d 轨道和铁磁 3d 轨道杂化增强的界面各向异性[40]。所以，当层与层之间发生严重扩散后，界面各向异性将会被明显削弱，从而导致了退火后薄膜 K_{eff} 急剧下降。

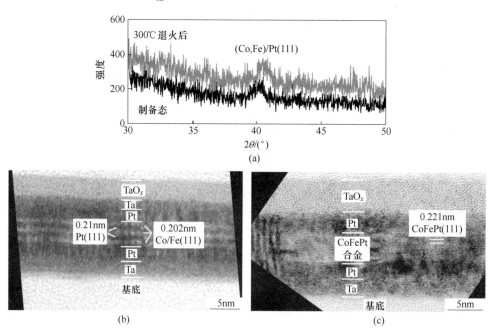

图 4-14　Ta(3)Pt(2)/Fe(0.1)/Co(0.6)/Pt(1)/Fe(0.1)/Co(0.6)/Pt(1)/
Fe(0.1)/Co(0.6)/Pt(2)/Ta(4)(in nm) 薄膜退火前后的结构和形貌图
a—XRD 图谱；b—退火前 HRTEM 横截面照片；c—退火后 HRTEM 横截面照片

总结本节内容：

界面掺杂 Fe 原子对 Co/Pt 多层膜磁各向异性有很大影响。研究发现，在制备态下，当 Fe 原子掺在 Co/Pt 界面时，多层膜的 K_{eff} 随 Fe 原子层名义厚度 t_{Fe} 的增加而下降。然而，当 Fe 原子掺在 Pt/Co 界面时，多层膜的 K_{eff} 在 $t_{Fe}=0.1nm$ 时出现一个最大值。K_{eff} 的增强可能是由于引入 Fe 后 Pt/Co 界面 3d 轨道电子填充数变化引起界面处电子轨道杂化改善所致。另外，实验还发现，Pt/Co 界面 Fe 原子的引入可以在一定的退火温度范围内提高垂直磁各向异性的退火稳定性。然而，当退火温度过高时，多层膜均从垂直磁各向异性向面内磁各向异性转变，微结构表征表明这是由退火引起的原子扩散所致。

4.3 MgO 底层对 Co/Pt 多层膜垂直磁各向异性的调控

自旋转移力矩及自旋轨道矩效应在研究磁随机存储器、自旋极化电流激发的静态和动态磁性状态等方面有着重要应用，具有垂直磁各向异性的磁纳米多层膜是 STT-MRAM 至关重要的组成部分[49~52]，该类材料需要具备良好的热稳定性和较低饱和场，以便降低垂直磁纳米结构电流诱导磁化翻转的电流密度，从而降低器件功耗[33]。Co/Pt 多层膜很有前景成为制备下一代高速、低能耗垂直磁各向异性 STT-MRAM 的材料。

通常可以通过调整 Co/Pt 多层膜的结构来提高界面散射，从而改善它们的垂直磁各向异性。滕蛟等研究了 Co/Pt 薄膜的界面状态对垂直磁各向异性的影响[53]。对 Co/Pt 薄膜垂直磁各向异性的研究主要集中在对金属周期层的界面调制上。Gweon 等通过在 Co/Pt 薄膜的顶层中加入 MgO 来提高其垂直磁各向异性[54]。在薄膜生长过程中可以通过改善底层平整度、形成良好的底层织构从而改善多层膜周期层的织构来增强其垂直磁各向异性。俱海浪课题组在前期对 Co/Pt 多层膜垂直磁各向异性研究的基础上，保持 Pt 底层及磁性周期层厚度及周期数不变，通过在底层中引入 MgO，以改善生长时界面质量，从而达到了增强多层膜的垂直磁各向异性的目的。同时，他们还通过 XRD、TEM 等测试手段对样品微结构的变化进行了表征。

实验样品均采用磁控溅射法制备，具体结构分别为 Pt(1.0)/[Co(0.4)/Pt(0.8)]₃ 和 MgO(t_{MgO})/Pt(1.0)/[Co(0.4)/Pt(0.8)]₃，分别对 Pt 底层的最佳样品和 MgO 底层的最佳样品进行退火处理，所有样品厚度均用 nm 表示，其中 MgO 厚度 t_{MgO} 的变化范围为 1~4nm。磁控溅射仪样品台可自行旋转，设备工作时样品台以 1.7r/s 的速度自转，以便获得生长均匀的样品。溅射系统本底真空度优于 2.0×10^{-5} Pa，工作气体为 Ar 气（纯度 99.999%），溅射时的工作气压为 0.5Pa。靶材的溅射速率由布鲁克 DektakXT 型台阶仪测定，分别为 MgO：0.035nm/s，Pt：0.075nm/s，Co：0.047nm/s。对制备好的样品在实验室自制的退火炉中进行退火，腔体的真空度优于 2.0×10^{-5} Pa。用四探针法对样品的霍尔效应进行测试，可以获得样品霍尔电阻（Hall resistance，R_{Hall}）和矫顽力（coercivity，H_C）等信息。用 VersaLab 的 VSM 选件对样品的磁滞回线进行测试，测试时磁场方向分别垂直和平行于膜面方向。

4.3.1   MgO 底层对 Co/Pt 多层膜的影响

在对 Co/Pt 多层膜的研究中，通过调制周期层中 Co、Pt 层厚，底层 Pt 的厚度以及周期层的周期数，获得了以 Pt 为底层的最佳样品 Pt(1.0)/[Co(0.4)/Pt(0.8)]$_3$[55]，该样品的霍尔回线矩形度为 100%，霍尔电阻也较大，具有良好 PMA 性能。对该样品的磁滞回线进行了测量，磁场平行于膜面，图 4-15 为测试结果。该样品的磁各向异性能常数 K_{eff} 为 $2.5 \times 10^6 \mathrm{erg/cm^3}$，反映出样品具备良好的 PMA 性能。

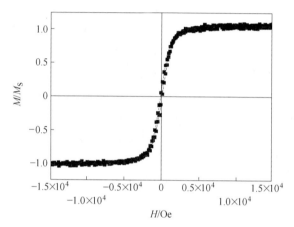

图 4-15   Pt(1.0)/[Co(0.4)/Pt(0.8)]$_3$ 归一化磁滞回线，磁场平行膜面

有研究通过在 Co/Pt 多层膜中插入 Au 层调控并增强多层膜的 PMA，但由于插入金属层会有一定的分流作用，会降低多层膜的霍尔电阻，而霍尔电阻的降低不利于多层膜的实际应用。所以如何在对多层膜的结构进行调控，增强其 PMA 的同时，保持住甚至增强其反常霍尔效应是十分重要的。

图 4-16（a）为样品 MgO(t_{MgO})/Pt(1.0)/[Co(0.4)/Pt(0.8)]$_3$ 的 MgO 底层厚度 t_{MgO} 变化时对应的霍尔回线，图 4-16（b）为其霍尔电阻及矫顽力随 t_{MgO} 的变化曲线，可以看到，在 MgO 底层逐渐变厚的过程中，所有样品的磁矩翻转过程均很迅速，矩形度保持地非常好，且样品的剩磁比均达到了 100%，说明样品具有良好的 PMA。多层膜的霍尔电阻随着 MgO 的厚度的增加先有一个缓慢降低的过程但不大，随后霍尔电阻增加，当 MgO 的厚度为 4nm 时，样品的霍尔电阻增加到 2.1Ω，比不加 MgO 底层时的 1.8Ω 增加了将近 17%，随后，多层膜的反常霍尔效应随着 MgO 厚度的继续增加而减弱。可见，相较于金属底层的分流作用强导致多层膜霍尔电阻的降低，MgO 作为氧化层分流作用很弱，在某些合适厚度时，反而会增强多层膜的反常霍尔效应。多层膜的矫顽力随着 MgO 底层厚度的

增加出现了大幅度的上升。当 MgO 厚度为 6nm 时，多层膜的矫顽力达到了 243Oe，比不加 MgO 底层时的 75Oe 增加了 324%，当 MgO 厚度为 4nm 时，多层膜的霍尔电阻具有最大值 2.1Ω，说明此时多层膜的反常霍尔效应最强，与此同时其矫顽力为 172Oe，比不加 MgO 底层时增加到了 230%，变化也是非常显著。

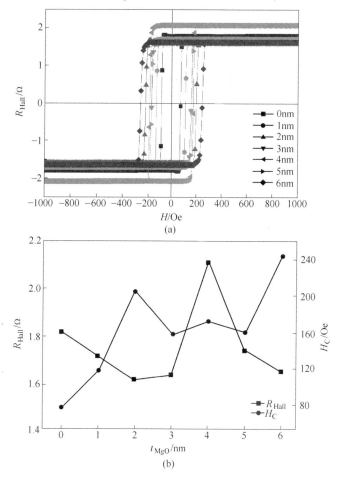

图 4-16　MgO(t_{MgO})/Pt(1.0)/[Co(0.4)/Pt(0.8)]$_3$ 的磁性随 MgO 厚度的变化

（a）霍尔回线；（b）霍尔电阻及矫顽力

样品 MgO(4)/Pt(1.0)/[Co(0.4)/Pt(0.8)]$_3$ 磁滞回线测的试结果如图 4-17 所示，磁场方向分别垂直和平行膜面。从图 4-17（a）可以看到，样品的矩形度较好，磁矩翻转过程迅速，反映出样品具有良好的 PMA；从图 4-17（b）中可以看到，饱和磁场达到了 1T，磁滞回线穿过坐标原点，该方向为难轴。经计算样品的有效磁各向异性常数 K_{eff} 为 $6.1×10^6$erg/cm^3，较 Pt 底层的多层膜增加显著。

由此可见，MgO 底层的引入对增强多层膜的 PMA 效果非常明显，这和 MgO

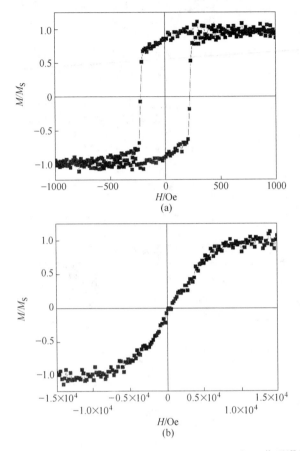

图 4-17　MgO(4)/Pt(1.0)/[Co(0.4)/Pt(0.8)]₃ 归一化磁滞回线

(a) 磁场垂直膜面；(b) 磁场平行膜面

的引入使得底层 (111) 织构增强，进而诱导周期层的织构有关，另一方面 MgO
的引入，使得 Co/Pt 多层膜底层增加了非晶态氧化物与金属界面，该界面有较强
的电子附加散射，所以样品 PMA 性能比单纯 Pt 底层时更为优异。

4.3.2　退火对 Co/Pt 多层膜的影响

4.3.2.1　退火对 Pt 底层 Co/Pt 多层膜性能的影响

首先对多层膜 Pt(1.0)/[Co(0.4)/Pt(0.8)]₃ 退火后的性能进行研究，退火
温度分别为100℃、200℃、300℃与400℃，退火时间为30min，退火完成后在真
空环境中进行冷却防止样品氧化。

图 4-18 (a) 为样品 Pt(1.0)/[Co(0.4)/Pt(0.8)]₃ 在不同温度下退火后的

霍尔回线，图 4-18（b）为样品霍尔电阻及矫顽力随退火温度的变化。从图 4-18（a）可以看到，样品经过不同温度退火后的霍尔回线矩形度保持地很好，剩磁比均达到 100%，样品显示出良好的热稳定性；从图 4-18（b）可以看到，退火后的霍尔电阻和制备态的相比，首先明显的降低，但随后在各个温度退火过程中，霍尔电阻虽有降低的趋势，但变化范围不大；样品的矫顽力随着退火温度的升高在一个小范围内波动，并没有明显的变化，这说明退火并未对 Pt(1.0)/[Co(0.4)/Pt(0.8)]₃ 样品的垂直磁各向异性产生显著的影响。退火使得样品的反常霍尔效应信号有所降低。

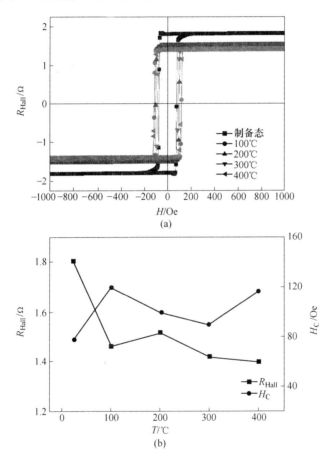

图 4-18　退火后 Pt(1.0)/[Co(0.4)/Pt(0.8)]₃ 的磁性随退火温度的变化
（a）霍尔回线；（b）霍尔电阻及矫顽力

4.3.2.2　退火对 MgO/Pt 底层 Co/Pt 多层膜性能的影响

多层膜 MgO(4)/Pt(1.0)/[Co(0.4)/Pt(0.8)]₃ 进行不同温度下退火后的霍

尔回线及霍尔电阻与矫顽力的变化如图 4-19（a）所示。

由图 4-19（a）可以看到，当退火温度≤300℃时，样品的霍尔回线具有良好的矩形度，剩磁比也保持在 100%，说明此温度范围内，样品保持了良好的 PMA 特性。当退火温度为 400℃时，霍尔回线变得倾斜，矩形度迅速降低，剩磁比只有大约 50%，说明此时样品失去了 PMA 性质，这和过高的退火温度造成多层膜 Co/Pt 界面的合金化有关，多层膜的界面变得模糊，失去了层间耦合效应，导致 PMA 的消失。从图 4-19（b）可以看到，退火温度小于 300℃时，样品的矫顽力也随着退火温度的升高有着明显的增大，当退火温度为 300℃，样品的矫顽力达到最大值 438Oe，是未退火时的 2.5 倍多，比没有 MgO 底层的样品更是增大了 5.8 倍多，这是因为合适的退火使得多层膜的界面变得更为明晰，使得界面处的元素进行重组进而从生长时的无序变为有序[56]，合适的退火温度有利样品（111）织构的增强。

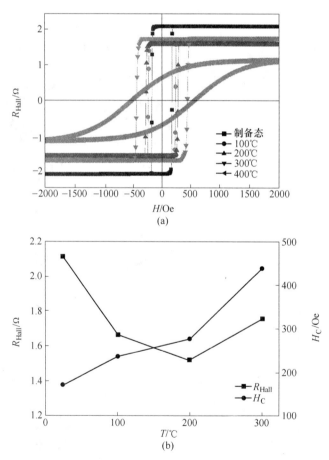

图 4-19   退火后 MgO(4)/Pt(1.0)/[Co(0.4)/Pt(0.8)]₃ 的磁性随退火温度的变化

（a）霍尔回线；（b）霍尔电阻及矫顽力

如图 4-20 为 300℃退火后样品 MgO(4)/Pt(1.0)/[Co(0.4)/Pt(0.8)]₃ 的磁滞回线，磁场方向分别垂直和平行膜面。可以看到，磁场垂直膜面时，磁滞回线的矩形度良好，PMA 特征明显；磁场平行膜面时，磁滞回线通过原点，饱和磁场比较大，接近 1T，具备典型的难轴特征。经过计算，样品的 K_{eff} 为 $8.9 \times 10^6 \, erg/cm^3$，通过对样品 Pt(1.0)/[Co(0.4)/Pt(0.8)]₃ 增加 MgO 底层及进行退火处理，Co/Pt 多层膜的 K_{eff} 与最开始相比增加到了 3.5 倍之多。在 Co/Pt 多层膜中加入 MgO 底层，并未改变样品磁性层的结构，而样品的 PMA 却有极大的改善，可见 MgO/Pt 界面的加入使得磁性周期层 Co/Pt 的界面织构增强，从而增加了磁性界面的各向异性能；而经过合适温度的退火，使 MgO/Pt 界面的作用更加明显，PMA 性能的提升主要来自 MgO/Pt 界面的加入使得多层膜的（111）织构增强。

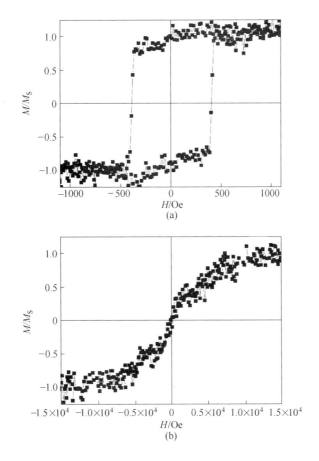

图 4-20　300℃退火后 MgO(4)/Pt(1.0)/[Co(0.4)/Pt(0.8)]₃ 归一化磁滞回线

（a）磁场垂直膜面；（b）磁场平行膜面

4.3.3　Co/Pt 多层膜微结构对薄膜 PMA 的影响机理

以 Pt 为底层的 Co/Pt 多层膜经过加入 MgO 底层、退火处理后，其磁性能有着非常明显的变化，而 Pt 底层和 Co/Pt 周期层的厚度及周期数并未改变，即多层膜性能的变化并不是通过金属层的变化导致的。样品性能的变化离不开样品微观结构的改变，可见 MgO 底层的加入及对样品进行退火，使得多层膜样品的微结构发生了变化，从而影响到了样品的性能。前面的分析到，Co/Pt 多层膜垂直磁各向异性主要来源于 Co/Pt 界面，可见 MgO 底层的加入及退火处理改善了 Co/Pt 多层膜的界面，从而改变了磁性能。下面对样品的结构进行表征，分析样品性能变化的结构原因。

4.3.3.1　Co/Pt 多层膜 XRD 测试

对 Co/Pt 多层膜样品 Pt(1.0)/[Co(0.4)/Pt(0.8)]$_3$、MgO(4)/Pt(1.0)/[Co(0.4)/Pt(0.8)]$_3$ 和 300℃ 退火后的 MgO(4)/Pt(1.0)/[Co(0.4)/Pt(0.8)]$_3$ 进行了 XRD 测试，结果如图 4-21 所示。

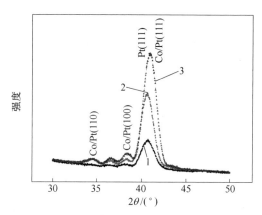

图 4-21　Co/Pt 多层膜的 X 射线衍射图谱
1—样品 Pt(1.0)/[Co(0.4)/Pt(0.8)]$_3$；　2—样品 MgO(4)/Pt(1.0)/[Co(0.4)/Pt(0.8)]$_3$；
3—300℃ 退火后的样品 MgO(4)/Pt(1.0)/[Co(0.4)/Pt(0.8)]$_3$

文献报道，Pt 底层的 Co/Pt 多层膜中，Pt 底层的 (111) 衍射峰位于 39.8°，而 Co/Pt 周期层的 (111) 衍射峰位于 41°[57]。从图 4-21 可以看到，三个样品均有比较明显的衍射峰，但是由于样品的厚度非常薄，底层 Pt 与 Co/Pt 周期层的 (111) 衍射峰没有分开而是在合并在一起的。三个样品的 (111) 衍射峰逐次明显增强，说明随着加入 MgO 底层和对样品进行退火，使得多层膜的 (111) 织构增强明显，样品的 PMA 随之越来越优异。

三个样品的（111）峰位分别为 1 位于 40.71°，2 位于 40.62°，3 位于 40.93°。可以发现，加入 MgO 后样品的（111）峰位向左偏移，更靠近 Pt 的（111）峰位。这是因为单纯 Pt 做底层时，由于基片的不平整，薄膜沉积过程中，首先要克服基片表面带来的影响，这样使得 Pt 底层中能形成良好织构的有效厚度减少，导致 Pt 底层的衍射峰不明显；底层加入 MgO 后，首先由 MgO 去克服基片表面不平整带来的影响，合适厚度的 MgO 沉积在基片上形成一个比较平整的界面，然后将 Pt 沉积在 MgO 上，能形成良好织构的 Pt 厚度较之前增加，衍射峰强度也随之增加，所以（111）衍射峰位向低角度移动。对 MgO/Pt 底层的样品进行退火处理后，其（111）衍射峰较制备态向高角度移动，这是因为合适的退火温度可以消除多层膜生长过程当中在界面间产生的应力及少数缺陷，使界面变得更为平整，从而增强界面间的耦合，所以 Co/Pt 周期层的（111）衍射峰强增加，使得多层膜的（111）峰位较退火前向高角度移动，且比单纯 Pt 的峰位高。

4.3.3.2 Co/Pt 多层膜 TEM 测试

为了研究在 Co/Pt 多层膜底层中加入 MgO 后样品的形貌变化情况，利用 TEM 对样品 MgO(4)/Pt(1.0)/[Co(0.4)/Pt(0.8)]$_3$ 进行了测试，结果如图 4-22 所示，图 4-22（a）标尺为 20nm，可以看到，MgO 与 Co/Pt 周期层的界限比较清晰，界面比较平整，这有利于在其上沉积的 Pt 形成良好的织构。图 4-22（b）标尺为 2nm，可以看到多层膜样品具有非常明显的晶格条纹，说明成膜质量较好。在图示三个位置分别对样品进行了标定，发现其晶格间距分别为 0.2117nm、0.2171nm 和 0.2177nm，对应于 Co/Pt 多层膜的（111）取向。从图中可以看到，

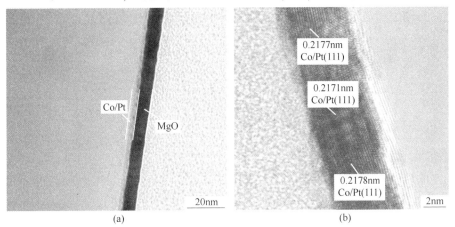

图 4-22 MgO(4)/Pt(1.0)/[Co(0.4)/Pt(0.8)]$_3$ 的截面透射电镜图片

（a）标尺为 20nm；（b）标尺为 2nm

样品大部分位置的晶格取向一致，具有良好的织构，这和 XRD 测试结果是一致的。由此可见，样品性能的变化源于微结构的改变，通过加入 MgO 底层及退火，样品的（111）织构显著增强，所以整体上多层膜样品表现出较强的垂直磁各向异性。

总结本节内容：

通过在 Co/Pt 多层膜中加入 MgO 底层并对多层膜进行退火处理，发现多层膜垂直磁各向异性明显提高。一方面，在底层中加入合适厚度的 MgO 可以形成一个较为平整的界面，使得沉积在其上的 Pt 层可以形成更好的（111）织构，进而使得上面的 Co/Pt 周期层（111）织构增强，通过 XRD 测试可以看到，加 MgO 后，多层膜的衍射峰明显增强，而矫顽力和霍尔电阻分别较之前最多提高了324%和17%；另一方面，对加入 MgO 后多层膜样品进行退火处理后的研究发现，矫顽力较退火前提高了256%，比纯 Pt 底层的样品提高了5.8倍。与之对应的是，多层膜的垂直磁各向异性大幅度的增强，有效磁各向异性常数较最初增加了3.5倍。

对多层膜样品的结构进行了表征，发现 MgO 底层加入后，多层膜的（111）方向 XRD 衍射峰明显增强，说明此时多层膜的（111）织构得到了加强；经过退火后多层膜（111）方向 XRD 衍射峰进一步增强，这说明合适温度的退火，消除了薄膜生长时在界面处产生的应力、缺陷等，增强了界面处的耦合强度；通过对多层膜截面样品透射电镜图片的分析发现，样品的 MgO/Pt 界面比较清晰，这有利于提高薄膜的沉积质量，Co/Pt 周期层的（111）取向比较一致，说明 MgO 的加入确实起到了增强多层膜 Co/Pt 周期层（111）织构的作用，这也促使了样品垂直磁各向异性的提高。

4.4　反铁磁 NiO 和 Co/Pt 多层膜的交换耦合作用及对其矫顽力的调控

如前所述，Co/Pt 多层膜是自旋电子学中有着极大应用前景的材料体系。在 Co/Pt 多层膜的实际应用过程中，都要求其有适当的矫顽力[58]，某些情况下还要求它和反铁磁材料耦合作用以产生适当的交换偏置场[59]。常见和 Co/Pt 多层膜产生交换偶合作用的反铁磁材料有 FeMn[60]、IrMn[61]，但由于它们都是金属，所以在磁输运的测量过程中会产生分流作用而影响磁电阻的大小[62]，而大的磁电阻对于提高自旋器件的输出信号有重要作用[2]。同 FeMn 和 IrMn 相比，绝缘体反铁磁材料 NiO 不仅不会在测量过程中导致分流，同时还能通过对电子进行镜面反射从而改善元件的相关输出特性[63]。所以研究 NiO 和具有垂直磁各向异性材料体系 Co/Pt 多层膜的交换耦合作用在自旋电子学中有着重要意义。以往报道 NiO 和 Co/Pt 多层膜的交换耦合作用多在低温范围[64~68]，但磁性元件在实际应用过程中的温度多为室温，所以刘帅等人研究了 NiO 和 Co/Pt 多层膜之间在室温下的交换耦合相互作用，同时还研究了通过 NiO 对 Co/Pt 多层膜矫顽力的调控。

该部分样品均采用磁控溅射法制备，溅射气体为 $4.0×10^{-3}$ Torr Ar 气，本底真空优于 $2.0×10^{-7}$ Torr，其中 Co 和 Pt 为直流溅射，溅射速率分别为 0.083nm/s 和 0.130nm/s，NiO 为射频溅射，溅射速率为 0.036nm/s。首先在玻璃基片上沉积 20nm Pt 种子层，其后再沉积所需的铁磁层和反铁磁层，最上面再覆盖 2nm Pt 保护层，样品制备过程中在垂直膜面方向施加 2000e 诱导磁场以利于 Co/Pt 多层膜产生垂直磁各向异性。利用交变梯度力磁强计（AGFM）测试样品的磁滞回线（M-H 回线）且所加磁场方向也垂直于膜面，从磁滞回线可以得到样品的矫顽力 H_C 和交换偏置场 H_E，$H_C = (H_R - H_L)/2$，$H_E = (H_R + H_L)/2$（H_R 和 H_L 分别为右和左反转磁场）。利用 XRD（Cu Kα）分析样品的晶体结构。样品的制备和测试均在室温下进行。

相比于在交换耦合体系中常见的金属反铁磁材料，如 FeMn 和 IrMn，相同厚度的绝缘体反铁磁材料 NiO 的截止温度即交换偏置消失的温度 T_B 比较低，Liu 以 1.1nm NiO 为反铁磁材料和 Co/Pt 多层膜相互作用，发现其截止温度为 T_B = 220K[64]。如果想在室温下利用 NiO 的反铁磁性产生交换偏置，就必须提高其截止温度，这其中一个简单的办法就是增加 NiO 的厚度，因为随着厚度的增加，反铁磁的截止温度也单调升高[64]。图 4-23 所示为 NiO 厚度分别为 25nm、50nm、80nm 和 120nm 时，两个系列样品 S_{top}：Pt(20nm)/[Pt(2nm)/Co(0.3nm)]$_4$/NiO(t_{NiO1})/Pt(2nm) 和 S_{sub}:Pt(20nm)/NiO(t_{NiO1})/[Co(0.3nm)/Pt(2nm)]$_4$/Pt(2nm) 的磁滞回线。从图 4-23 中可以看到，当 NiO 在 Co/Pt 多层膜上面时，磁滞回线均向右偏移，可以观察到明显的室温交换偏置现象。

图 4-24 所示为 S_{top} 系列样品的矫顽力 H_C 和交换偏置场 H_E 随 t_{NiO1} 的变化，可以看到随着 t_{NiO1} 的增加，交换偏置场也逐渐增加，同时矫顽力也有明显的提升。本实验中在 t_{NiO1} = 25nm 时，观察到了极小的，仅为 90e 的交换偏置场，这说明 25nm 刚刚超过室温下 NiO 产生交换偏置的临界厚度值，这与之前文献报道 NiO 厚度约为 20nm 时其截止温度 T_B 为 300K 的实验结果相一致[64]。在温度低于 T_B 时交换偏置场随反铁磁材料厚度的增加先呈单调递增的趋势，而后趋于一稳定值[69]，从图 4-24 中可以看到，用 NiO 钉扎 [Pt(2nm)/Co(0.3nm)]$_4$ 周期层时，对应 NiO 厚度为 120nm 时，偏置场 H_E 上升到 470e，且从 H_E 随 t_{NiO1} 上升的趋势看已接近饱和值，由此可以估计此体系的极限交换偏置场应在 500e 左右。

从图 4-23 中还可以发现，当 NiO 在 Co/Pt 多层膜上面时，观察到交换偏置的同时 Co/Pt 多层膜也保持了良好的垂直磁各向异性，然而当 NiO 在 Co/Pt 多层膜下面时不仅没有观察到交换偏置反而 Co/Pt 多层膜的磁各向异性也发生了明显

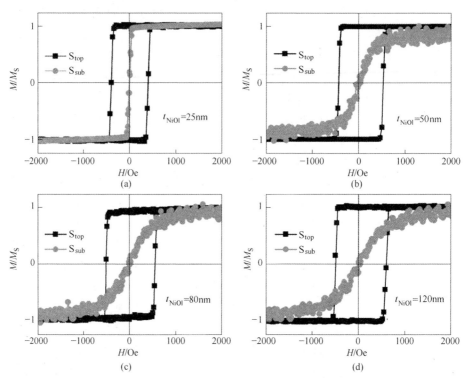

图 4-23 S_{top}：$Pt(20nm)/[Pt(2nm)/Co(0.3nm)]_4/NiO(t_{NiO1})/Pt(2nm)$ 和

S_{sub}：$Pt(20nm)/NiO(t_{NiO1})/[Co(0.3nm)/Pt(2nm)]_4/Pt(2nm)$ 系列

样品对应不同 t_{NiO1} 的磁滞回线

(a)$t_{NiO1}=25nm$；(b)$t_{NiO1}=50nm$；(c)$t_{NiO1}=80nm$；(d)$t_{NiO1}=120nm$

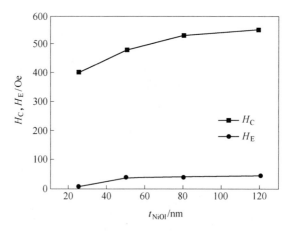

图 4-24 S_{top}：$Pt(20nm)/[Pt(2nm)/Co(0.3nm)]_4/NiO(t_{NiO1})/Pt(2nm)$

的矫顽力 H_C 和交换偏置场 H_E 随 t_{NiO1} 的变化

的改变。如图 4-23 所示，当 $t_{NiO1} = 25$nm 时，Co/Pt 多层膜虽然仍具有垂直磁各向异性但矫顽力已减小到 100e，而当 $t_{NiO1} = 50$nm、80nm 和 120nm 时，Co/Pt 多层膜的磁滞回线为通过原点的几乎没有磁滞的闭合曲线，这表明此时垂直方向已变为多层膜的难轴，这使人们想到利用合适的 NiO 厚度可以调控 Co/Pt 多层膜的磁各向异性和矫顽力。

为了进一步细致研究 NiO 在 Co/Pt 多层膜下面的情况，研究者制备了以下一系列样品 Pt(20nm)/NiO(t_{NiO2})/[Co(0.3nm)/Pt(2nm)]$_4$/Pt(2nm)，$t_{NiO2} = 0$nm、0.5nm、1nm、2nm、4nm、8nm、16nm。图 4-25（a）所示为该系列样品的磁滞回线，从图中可以看到对应底层 NiO 厚度为 0～16nm 时，Co/Pt 多层膜均保持了垂直磁各向异性，但是所有样品都未发现交换偏置。图 4-25（b）为样品的矫顽力 H_C 随 t_{NiO2} 的变化，可以看到随着 t_{NiO2} 的增加，Co/Pt 多层膜的矫顽力 H_C 呈现非单调的衰减趋势。当 NiO 层很薄时，H_C 随 t_{NiO2} 的增加快速下降，在 1nm 左右达到极小值，当 t_{NiO2} 再增加时 H_C 又逐渐上升，在 3nm 左右达到极大值，超过 3nm 后，H_C 随 t_{NiO2} 的增加单调递减。

对 Pt(20nm)/NiO(t_{NiO2})/[Co(0.3nm)/Pt(2nm)]$_4$/Pt(2nm) 系列样品进行 XRD 分析，结果如图 4-26（a）所示，从图中可以看到所有样品都仅有一个衍射峰，在 Pt(111) 39.8°处附近，这说明多层膜中 Co/Pt(111) 为一致生长[16,17]。而在 37.3°和 43.3°处没有观察到 γ-NiO 相常见的 (111) 和 (200) 衍射峰，这说明样品中的 NiO 晶化程度很差。弱晶化的 NiO 不利于上面 Co/Pt 多层膜 (111) 织构的形成，所以导致 Co/Pt(111) 衍射峰强度随 t_{NiO2} 的增加单调下降，如图 4-26（b）所示。而 Co/Pt 多层膜的 (111) 织构对应大的垂直磁各向异性和矫顽力[70]，因此可以说从晶体学上讲底层 NiO 的加入导致上面 Co/Pt 多层膜的垂直磁各向异性变差，矫顽力减小，且 NiO 层越厚，这种作用越明显，直至后来垂直方向变为难轴。

由于不连续成膜和界面扩散，室温下厚度小于 1nm 的 NiO 几乎没有反铁磁性[71]，所以此时 NiO 和 Co/Pt 多层膜之间的交换耦合作用对矫顽力的影响很小。从图 4-25 可以看到在 t_{NiO2} 小于 1nm 时，随 t_{NiO2} 的增加 Co/Pt 多层膜的矫顽力剧烈下降，这一方面与 Co/Pt 多层膜 (111) 织构变差有关，另一方面还与 Co/Pt 多层膜和 NiO 之间可能存在的邻近效应有关。Kuch 等人报道超薄 FeMn 层受铁磁层 Co 邻近效应的影响产生净磁矩从而可导致铁磁层 Co 矫顽力下降[72~74]。据此可以推断在 Co/Pt 多层膜和 NiO 体系中也可能存在类似的邻近效应导致矫顽力减小的现象。当 t_{NiO2} 超过 1nm 后，NiO 作为反铁磁开始和 Co/Pt 多层膜产生交换耦合相互作用，虽然没有交换偏置的出现，但耦合作用仍可导致矫顽力增大[64]，这就使得 t_{NiO2} 在 1～3nm 时，Co/Pt 多层膜的矫顽力又有所上升。但是随反铁磁层厚度的增加，交换耦合对矫顽力的提高作用会逐渐变缓[69]，而同时 NiO 对 Co/Pt

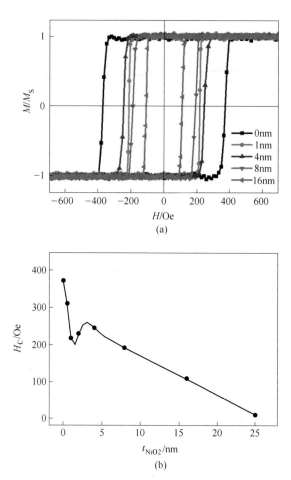

图 4-25   Pt(20nm)/NiO(t_{NiO2})/[Co(0.3nm)/Pt(2nm)]$_4$/Pt(2nm)系列样品的磁性随 t_{NiO2}的变化

（a）对应不同 t_{NiO2}的磁滞回线；（b）矫顽力 H_C 随 t_{NiO2}的变化

多层膜（111）织构的影响依然存在，变差的织构使矫顽力继续降低，两个因素综合在一起使得矫顽力出现一个极大值，之后又随 t_{NiO2}的增加单调减小。

总结本节内容：

室温下，反铁磁材料 NiO 和 Co/Pt 多层膜相互作用过程中，当 NiO 在 Co/Pt 多层膜上面时可产生交换偏置，但是偏置场很小，对应 NiO 厚度 120nm 时偏置场不到 50Oe；当 NiO 在 Co/Pt 多层膜下面时没有观察到交换偏置，但是 NiO 的弱晶化结构破坏 Co/Pt 多层膜（111）织构，导致多层膜垂直磁各向异性变差，矫顽力减小，但同时 NiO 与 Co/Pt 多层膜的交换耦合作用以及可能存在的邻近效应也可对矫顽力进行调制，三种作用共同导致 Co/Pt 多层膜的矫顽力随 NiO 厚度的变化而出现非单调变化，这为调控 Co/Pt 多层膜的矫顽力提供了新的思路。

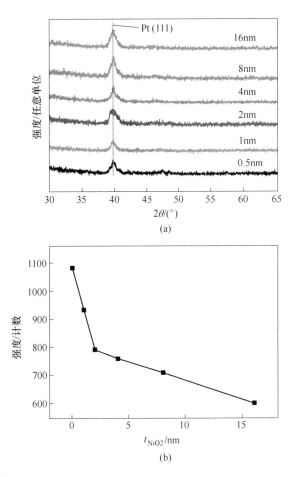

图 4-26　Pt(20nm)/NiO(t_{NiO2})/[Co(0.3nm)/Pt(2nm)]$_4$/Pt(2nm)系列样品的 XRD 分析结果

(a) XRD 衍射图谱；(b) 衍射峰强度随 t_{NiO2} 的变化

参 考 文 献

[1] Ikeda S, Miura K, Yamamoto H, et al. A perpendicular-anisotropy CoFeB-MgO magnetic tunnel junction [J]. Nature Materials, 2010, 9: 721.

[2] Sbiaa R, Meng H, Piramanayagam S N. Materials with perpendicular magnetic anisotropy for magnetic random access memory [J]. Physics Status Solidi RRL, 2011, 5: 413.

[3] Yakushiji K, Saruya T, Kubota H, et al. Ultrathin Co/Pt and Co/Pd superlattice films for MgO-based perpendicular magnetic tunnel junctions [J]. Applied Physics Letters, 2010, 97: 232508.

[4] Lee T Y, Son D S, Lim S H, et al. High post-annealing stability in [Pt/Co] multilayers [J]. Journal of Applied Physics, 2013, 113: 216102.

[5] Lee T Y, Won Y C, Son D S, et al. Effects of Co layer thickness and annealing temperature on the magnetic properties of inverted [Pt/Co] multilayers [J]. Journal of Applied Physics, 2013, 114: 173909.

[6] Bandiera S, Sousa R C, Rodmacq B, et al. Asymmetric interfacial perpendicular magnetic anisotropy in Pt/Co/Pt trilayers [J]. IEEE Magnetics Letters, 2011, 2: 3000504.

[7] Bandiera S, Sousa R C, Rodmacq B, et al. Enhancement of perpendicular magnetic anisotropy through reduction of Co-Pt interdiffusion in (Co/Pt) multilayers [J]. Applied Physics Letters, 2012, 100: 142410.

[8] Sumi S, Kusumoto Y, Teragaki Y, et al. Thermal stability of Pt/Co multilayered films [J]. Journal of Applied Physics, 1993, 73: 6835.

[9] Mclntyre P C, Wu D T, Nastasi M. Interdiffusion in epitaxial Co/Pt multilayers [J]. Journal of Applied Physics, 1997, 81: 637.

[10] Okamoto H, Massalski T B, Hasebe M, et al. The Au-Co(Gold-Cobalt) system [J]. Bulletin of Alloy Phase Diagrams, 1985, 6: 449.

[11] Lee C H, He H, Lamelas F J, et al. Magnetic anisotropy in epitaxial Co superlattices [J]. Physical Review B, 1990, 42: 1066.

[12] Vavra W, Lee C H, Lamelas F J, et al. Magnetoresistance and hall effect in epitaxial Co-Au superlattices [J]. Physical Review B, 1990, 42: 4889.

[13] Tsui F, Chen B X, Barlett D, et al. Scaling behavior of giant magnetotransport effects in Co/Cu superlattices [J]. Physical Review Letters, 1994, 72: 740.

[14] Johnson M T, Bloemen P J H, den Broeder F J A, et al. Magnetic anisotropy in metallic multilayers [J]. Reports on Progress in Physics, 1996, 59: 1409.

[15] Park J H, Park C, Jeong T, et al. Co/Pt multilayer based magnetic tunnel junctions using perpendicular magnetic anisotropy [J]. Journal of Applied Physics, 2008, 103: 07A917.

[16] Emori S, Beach G S D. Optimization of out-of-plane magnetized Co/Pt multilayers with resistive buffer layers [J]. Journal of Applied Physics, 2011, 110: 033919.

[17] Chowdhury P, Kulkkarni P D, Krishnan M, et al. Effect of coherent to incoherent structural transition on magnetic anisotropy in Co/Pt multilayers [J]. Journal of Applied Physics, 2012, 112: 023912.

[18] Lin C J, Gorman G L, Lee C H, et al. Magnetic and structural properties of Co/Pt multilayers [J]. Journal of Magnetism and Magnetic Materials, 1991, 93: 194.

[19] den Broeder F J A, Kuiper D, van de Mosselaer A P, et al. Perpendicular magnetic anisotropy of Co-Au multilayers induced by interface sharpening [J]. Physical Review Letters, 1998, 60: 2769.

[20] Emoto T, Hosoito N, Shinjo T. Magnetic polarization in Au layers of Au/M (M=Fe, Co, and Ni) multilayers with [119]Sn probes studied by mössbauer spectroscopy [J]. Journal of Magnetism and Magnetic Materials, 1998, 189: 136.

[21] Makarov D, Klimenta F, Fischer S, et al. Nonepitaxially grown nanopatterned Co-Pt alloys with

out-of-plane magnetic anisotropy [J]. Journal of Applied Physics, 2009, 106: 114322.

[22] Knepper J W, Yang F Y. Oscillatory interlayer coupling in Co/Pt multilayers with perpendicular anisotropy [J]. Physical Review B, 2005, 71: 224403.

[23] Bandiera S, Sousa R C, Rodmacq B, et al. Effect of a Cu spacer between Co and Pt layers on the structural and magnetic properties in (Co/Cu/Pt)₅/Pt type multilayers [J]. Journal of Physics D: Applied Physics, 2013, 46: 485003.

[24] Moritz J, Rodmacq B, Auffret S, et al. Extraordinary hall effect in thin magnetic films and its potential for sensors, memories and magnetic logic applications [J]. Journal of Physics D: Applied Physics, 2008, 41: 135001.

[25] Nagaosa N, Sinova J, Onoda S, et al. Anomalous hall effect [J]. Reviews of Modern Physics, 2010, 82: 1539.

[26] Yu C C, Liou Y, Chu Y C, et al. Annealing effect on the structure and magnetism of Co/Pt single- and bi-crystal multilayers [J]. IEEE Transactions on Magnetics, 2005, 41: 924.

[27] Morita N, Nawate M, Honda S. Annealing effects on magnetic properties of Co/Pt multilayrs [J]. IEEE Translation Journal on Magnetics in Japan, 1993, 8: 517.

[28] Kavita S, Gupta A. Study on Co/Pt multilayer with isothermal annealing [J]. AIP Conference Proceedings, 2011, 1349: 753.

[29] Hashimoto S, Maesaka A, Fujimoto K, et al. Magneto-optical applications of Co/Pt multilayers [J]. Journal of Magnetism and Magnetic Materials, 1993, 121: 471.

[30] Lambert C H, Mangin S, Varaprasad B S D Ch S, et al. All-optical control of ferromagnetic thin films and nanostructures [J]. Science, 2014, 345: 1337.

[31] Franken J H, Swagten H J M, Koopmans B. Shift registers based on magnetic domain wall ratchets with perpendicular anisotropy [J]. Nature Nanotechnology, 2012, 7: 499.

[32] Liu L, Moriyama T, Ralph D C, et al. Reduction of the spin-torque critical current by partially canceling the free layer demagnetization field [J]. Applied Physical Letters, 2009, 94: 122508.

[33] Mangin S, Henry Y, Ravelosona D, et al. Reducing the critical current for spin-transfer switching of perpendicularly magnetized nanomagnets [J]. Applied Physics Letters, 2009, 94: 012502.

[34] Amiri P K, Zeng Z M, Langer J, et al. Switching current reduction using perpendicular anisotropy in CoFeB-MgO magnetic tunnel junctions [J]. Applied Physics Letetrs, 2011, 98: 112507.

[35] Yang S H, Ryu K S, Parkin S. Domain-wall velocities of up to 750m · s⁻¹ driven by exchange-coupling torque in synthetic antiferromagnets [J]. Nature Nanotechnology, 2015, 10: 221.

[36] Radu F, Abrudan R, Radu I, et al. Perpendicular exchange bias in ferrimagnetic spin valves [J]. Nature Communications, 2011, 3: 715.

[37] Gomonay E V, Loktev V M. Spintronics of antiferromagnetic systems (Review Article) [J]. Low Temperature Physics, 2014, 40: 17.

[38] Hu X. Half-metallic antiferromagnet as a prospective material for spintronics [J]. Advanced Materials, 2012, 24: 294.

[39] Zhu L, Nie S, Meng K, et al. Multifunctional $L1_0$-$Mn_{1.5}$Ga films with ultrahigh coercivity, giant perpendicular magnetocrystalline anisotropy and large magnetic energy product [J]. Advanced Materials, 2012, 24: 4547.

[40] Nakajima N, Koide T, Shidara T, et al. Perpencicular magnetic anisotropy caused by interfacial hybridization via enhanced orbital moment in Co/Pt multilayers: Magnetic Circular X-Ray Dichroism Study [J]. Physical Review Letters, 1998, 81: 5229.

[41] Fassbender J, Ravelosona D, Samson Y. Tailoring magnetism by light-ion irradiation [J]. Journal of Physics D: Applied Physics, 2004, 37: R179.

[42] van Dijken S, Moritz J, Coey J M D. Correlation between perpendicular exchange bias and magnetic anisotropy in IrMn/(Co/Pt)$_n$ and (Pt/Co)$_n$/IrMn multilayers [J]. Journal of Applied Physics, 2005, 97: 063907.

[43] Shipton E, Chan K, Hauet T, et al. Suppression of the perpendicular anisotropy at the CoO Néel temperature in exchange-biased CoO/[Co/Pt] multilayers [J]. Applied Physics Letters, 2009, 95: 132509.

[44] Zarefy A, Lechevallier L, Lardé R, et al. Influence of Co layer thickness on the structural and magnetic properties of (Pt/Co)$_3$/Pt/IrMn multilayers [J]. Journal of Physics D: Applied Physics, 2010, 43: 215004.

[45] Nosé Y, Kushida A, Ikeda T, et al. Re-examination of phase diagram of Fe-Pt system [J]. Materials Transactions, 2003, 44: 2723.

[46] Krishna K, Bueno-López A, Makkee M, et al. Potential rare earth modified CeO_2 catalysts for soot oxidation: I. Characterisation and catalytic activity with O_2 [J]. Applied Catalysis B: Environmental, 2007, 75: 189.

[47] Moulas G, Lehnert A, Rusponi S, et al. High magnetic moments and anisotropies for Fe_xCo_{1-x} monolayers on Pt(111) [J]. Physical Review B, 2008, 78: 214424.

[48] Park C, Zhu J G, Moneck M T, et al. Annealing effects on structural and transport properties of rf-sputtered CoFeB/MgO/CoFeB magnetic tunnel junctions [J]. Journal of Applied Physics, 2006, 99: 08A901.

[49] Kang W, Zhang L, Klein J O, et al. Reconfigurable codesign of STT-MRAM under process variations in deeply scaled technology [J]. IEEE Transactions on Electron Devices, 2015, 62: 1769.

[50] Kim D, Jung K Y, Joo S, et al. Perpendicular magnetization of CoFeB on top of an amorphous buffer layer [J]. Journal of Magnetism and Magnetic Materials, 2015, 374: 350.

[51] Couet S, Swerts J, Mertens S, et al. The role of a Ta-based insertion layer in double MgO free layer for p-MTJ STT-MRAM design [J]. IEEE Magnetics Letters, 2016, 7: 1.

[52] Cui B, Chen S, Li D et al. Current-induced magnetization switching in Pt/Co/Ta with interfacial decoration by insertion of Cr to enhance perpendicular magnetic anisotropy and spin-

orbit torques [J]. Applied Physics Express, 2018, 11: 013001.

[53] Liu Q, Jiang S S, Teng J. Anomalous Hall effect assisted by interfacial chemical reaction in perpendicular Co/Pt multilayers [J]. Journal of Magnetism and Magnetic Materials, 2018, 454: 264.

[54] Gweon H K, Yun S J, Sang H L. A very large perpendicular magnetic anisotropy in Pt/Co/MgO trilayers fabricated by controlling the MgO sputtering power and its thickness [J]. Scientific Reports, 2018, 8: 19656.

[55] 刘帅, 俱海浪, 于广华, 等. Co/Pt 多层膜反常霍尔效应的研究 [J]. 稀有金属, 2014, 38: 762.

[56] Manchon A, Ducruet C, Lombard L, et al. Analysis of oxygen induced anisotropy crossover in Pt/Co/MO$_x$ trilayers [J]. Journal of Applied Physics, 2008, 104: 3118.

[57] Honda N, Tsuchiya T, Saito S, et al. Low-temperature deposition of Co/Pt film with high-perpendicular magnetic anisotropy by layer stacking sputtering [J]. IEEE Transactions on Magnetics Mag, 2014, 50: 1.

[58] Wang K, Wu M C, Lepadatu S, et al. Optimization of Co/Pt multilayers for applications of current-driven domain wall propagation [J]. Journal of Applied Physics, 2011, 110: 083913.

[59] Vinai G, Moritz J, Bandiera S, et al. Large exchange bias enhancement in (Pt(or Pd)Co)/IrMn/Co trilayers with ultrathin IrMn thanks to interfacial Cu dusting [J]. Applied Physics Letters, 2014, 104: 162401.

[60] 翟中海. 具有垂直各向异性 (Pt/Co)$_n$/FeMn 多层膜交换偏置的研究 [D]. 北京: 北京科技大学材料科学与工程学院, 2006: 50.

[61] Vinai G, Moritz J, Bandiera S, et al. Enhanced blocking temperature in (Pt/Co)$_3$/IrMn/Co and (Pd/Co)$_3$/IrMn/Co trilayers with ultrathin IrMn layer [J]. Journal of Physics D: Applied Physics, 2013, 46: 322001.

[62] Garcia F, Fettar F, Auffret S, et al. Exchange-biased spin valves with perpendicular magnetic anisotropy based on (Co/Pt) multilayers [J]. Journal of Applied Physics, 2003, 93: 8397-8399.

[63] Swagten H J M, Strijkers G J, Bitter R H J N, et al. Specular reflection in spin valves bounded by NiO layers [J]. IEEE Transactions on Magnetics, 1998, 34: 948.

[64] Liu Z Y, Adenwalla S. Closely linear temperature dependence of exchange bias and coercivityin out-of-plane exchange-biased [Pt/Co]$_3$/NiO(11Å) multilayer [J]. Journal of Applied Physics, 2003, 94: 1105.

[65] Liu Z Y. Effect of varying ferromagnetic anisotropy on exchange-biasin [Pt/Co]$_3$/NiO(11Å) multilayers [J]. Journal of Magnetism and Magnetic Materials, 2004, 281: 247.

[66] Liu Z Y. Exchange bias and vertical loop shifts in a Co(32Å)/NiO(10Å)/[Co(4Å)/Pt(6Å)]$_4$ multilayer [J]. Applied Physics Letters, 2004, 85: 4971.

[67] Lin K W, Volobuev V V, Guo J Y, et al. [Pt/Co]$_4$/NiO thin film perpendicular magnetic anisotropy dependence on Co layer thickness [J]. Journal of Applied Physics, 2010,

107: 09D712.

[68] Zhang F, Wen F S, Li L, et al. Effect of NiO capping layer on the temperature dependence of the interlayer coupling in Co/Pt multilayer with perpendicular anisotropy [J]. Thin Solid Films, 2011, 519: 5596-5599.

[69] 周仕明, 李合印, 袁淑娟, 等. 铁磁/反铁磁双层膜中交换偏置 [J]. 物理学报, 2003, 23: 62.

[70] Tsunashima S, Hasegawa M, Nakamura K, et al. Perpendicular magnetic anisotropy and coercivity of Pd/Co and Pt/Co multilayers with buffer layers [J]. Journal of Magnetism and Magnetic Materials, 1991, 93: 465.

[71] Zhao T, Fujiwara H, Zhang K, et al. Enhanced uniaxial anisotropy and two-step magnetization process along the hard axisof polycrystalline NiFe/NiO bilayers [J]. Physical Review B, 2001, 65: 014431.

[72] Offi F, Kuch W, Chelaru L I, et al. Induced Fe and Mn magnetic moments in Co-FeMn bilayers on Cu(001) [J]. Physical Review B, 2003, 67: 094419.

[73] Wang J, Kuch W, Chelaru L I, et al. Influence of exchange bias coupling on the single-crystalline Fe Mn ultrathin film [J]. Applied Physics Letters, 2005, 86: 122504.

[74] Lenz K, Zander S, Kuch W. Magnetic proximity effectsin antiferromagnet/ferromagnet bilayers: the impact on the Néel temperature [J]. Physical Review Letters, 2007, 98: 237201.

5 Co/Pt 基垂直磁各向异性多层膜在垂直自旋阀中的应用

5.1 纯 Co/Pt 基垂直磁各向异性赝自旋阀的制备和性能测试

最近几年，具有垂直磁各向异性的自旋阀（简称垂直自旋阀）和磁隧道结（简称垂直磁隧道结）由于在高密度硬盘读头和非挥发性磁随机存储器中的广泛应用而引起了人们极大的兴趣[1,2]。和具有面内磁各向异性的自旋阀与磁隧道结相比，垂直自旋阀与磁隧道结有如下优点：

（1）由于具有很高的磁各向异性因此在单元尺寸很小时仍具有良好的热和磁稳定性[3]，所以可以用来制备更小的自旋电子学元器件，从而提高密度，同时降低能耗。

（2）对单元形状没有纵横比限制[4]。

（3）利用自旋转移矩翻转磁化强度时的电流密度比较低[5]。

磁隧道结的磁电阻值通常高于自旋阀，但是当存储密度达到 Tb/in²❶ 量级时，磁隧道结内禀的高阻抗会导致其应用受到极大的限制[6]。而对于自旋阀，由于其全金属结构，阻抗值较低，所以能在单元尺寸很小时仍具有良好的电路阻抗匹配和信噪比[7,8]。

如前所述，Co/Pt 多层膜具有优良的垂直磁各向异性和抗腐蚀性[9,10]，并且可以通过改变多层膜中 Co 层厚度、Pt 层厚度以及周期数等因素调控多层膜的磁学性质[11]，因此 Co/Pt 多层膜是制备垂直磁各向异性自旋阀和磁隧道结极好的材料体系。利用 Co/Pt 多层膜为电极材料，人们制备了以 AlO$_x$ 和 MgO 为隔离层的垂直磁隧道结，分别得到了 15% 和 18.6% 的隧道磁电阻值[9,12]。而之前利用 Co/Pt 多层膜为电极材料制备的垂直自旋阀结构中，为了获得两个铁磁层的平行与反平行排列状态，人们都引入了较厚的金属反铁磁层（典型的为 15nm）以产生交换偏置。但是反铁磁层的引入一方面使自旋阀的制备工艺更加复杂，同时其严重的分流作用也影响了自旋阀的磁电阻值[13,14]。在自旋阀中反铁磁的引入并不是必需的，通过引入两个具有不同矫顽力的铁磁层也可实现在磁场中两个铁磁层磁矩的平行与反平行排列状态，此种自旋阀被称为赝自旋

---

❶ 1in = 25.4mm。

阀[15]。相比于交换偏置自旋阀，赝自旋阀由于没有反铁磁层因而制备工艺简单，同时分流作用也较小。刘帅等即以具有不同矫顽力的 Co/Pt 多层膜为自旋阀的参考层和自由层，分别以 Cu 和 Au 为隔离层制备了具有垂直磁各向异性的赝自旋阀结构，同时还研究了 Pt 种子层厚度以及中间 Cu 隔离层厚度对 Cu 隔离层自旋阀性能的影响。

实验样品均采用直流磁控溅射法在玻璃基片上制备，溅射气体为 4.0×10^{-3}Torr❶ Ar 气，本底真空优于 2.0×10^{-7}Torr，Co、Pt、Cu 和 Au 靶溅射速率分别为 0.033nm/s、0.078nm/s、0.030nm/s 和 0.074nm/s。研究者首先制备了一系列 Co/Pt 多层膜并对其磁学性能进行了测量以选择自旋阀的参考层和自由层。利用选择的 Co/Pt 多层膜制备的垂直自旋阀结构为 Pt（5nm）/[Co（0.4nm）/Pt（0.6nm）]₃/Co（0.4nm）/Cu（3nm）/[Co（0.4nm）/Pt（1.5nm）]₄ 和 Pt（5nm）/[Co（0.4nm）/Pt（0.6nm）]₃/Co（0.4nm）/Au（3nm）/[Co（0.4nm）/Pt（2.0nm）]₄。图 5-1 为自旋阀的结构示意图。利用综合物性测试系统（PPMS）的振动样品磁强计（VSM）插件测试样品的磁性；利用标准四探针法测量样品的输运性质，测量过程中电流平行膜面流动而磁场垂直于膜面施加。样品的制备和测试过程均在室温下进行。

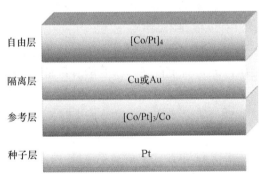

自由层	[Co/Pt]₄
隔离层	Cu或Au
参考层	[Co/Pt]₃/Co
种子层	Pt

图 5-1 Co/Pt 多层膜垂直磁各向异性赝自旋阀结构示意图

5.1.1 纯 Co/Pt 基 Cu 隔离层赝自旋阀

首先，实验研究了 Co/Pt 多层膜的磁学性质以选择自旋阀的参考层和自由层，在研究过程中固定自旋阀的种子层为 5nm Pt，中间 Cu 隔离层厚度为 3nm，Co/Pt 周期层中 Co 层厚度为 0.4nm。在赝自旋阀中，参考层和自由层应在保持良好垂直磁各向异性的前提下有比较大的矫顽力差值以便在磁场中得到明晰的不同的磁化状态[16]，同时自由层矫顽力应较小以利于通过磁场或电流对磁矩进行翻转[17]，而且 Co/Pt 周期层中 Pt 层应尽量薄以减小分流作用对巨磁电阻的影响。

---

❶ 1Torr = 133.322Pa。

研究者即根据以上几条标准确定参考层和自由层的具体结构。

图 5-2（a）所示为参考层 Pt（5nm）/［Co（0.4nm）/Pt（t_{Pt1} = 0.4nm,0.6nm, 0.8nm,1.0nm,1.2nm）］$_3$/Co（0.4nm）/Cu（3nm）的磁滞回线，从图中可以看到只有当周期层中 Pt 厚度超过 0.6nm 后磁滞回线才有完全的矩形度和 100% 的剩磁比，这样的样品结构才适合做自旋阀的参考层。图 5-2（b）为样品的矫顽力随 t_{Pt1} 的变化，当 t_{Pt1} 变大时，样品的矫顽力单调下降，t_{Pt1} 在 0.4~1.2nm 的厚度范围内没有看到 Co/Pt 多层膜常见的矫顽力随周期层中 Pt 厚度的振荡变化[11]，这说明对此系列样品而言，实验选择的 Pt 厚度范围还没有到达振荡变化的峰值位置。综合图 5-2（a）和（b），Pt 厚度为 0.6nm 时，磁滞回线有完全的矩形度、100%

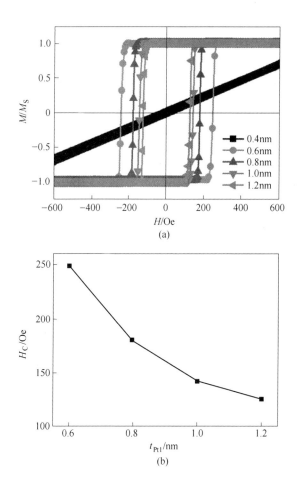

图 5-2　自旋阀参考层 Pt(5nm)/［Co(0.4nm)/Pt(t_{Pt1} = 0.4nm,0.6nm,0.8nm,1.0nm,1.2nm)］$_3$/
Co(0.4nm)/Cu(3nm) 系列样品的磁性随 t_{Pt1} 的变化
（a）对应不同 t_{Pt1} 的磁滞回线；（b）矫顽力随 t_{Pt1} 的变化

的剩磁比和最大的矫顽力，同时 Pt 层的厚度也最薄，在自旋阀中分流作用最小，所以实验选择自旋阀参考层结构为 Pt（5nm）/［Co（0.4nm）/Pt（0.6nm）］$_3$/Co（0.4nm）/Cu（3nm），其矫顽力为 249Oe[❶]。

　　研究者在确定了参考层后再选择自旋阀的自由层，首先制备了以下一系列样品：Cu（3nm）/［Co（0.4nm）/Pt（t_{Pt2} = 0.5nm，1.0nm，1.5nm，2.0nm，2.5nm）］$_4$，以确定 Co/Pt 周期层中 Pt 的厚度。图 5-3（a）所示为该系列样品的磁滞回线，从图中可以看到以 3nm Cu 为 Co/Pt 周期层的种子层时，只有当 Pt 厚度超过 1.5nm后多层膜才具有完全的矩形度和 100% 的剩磁比。对比图 5-2（a）中 Pt 的临界厚度 0.6nm，可以发现 Pt 底层比 Cu 底层更利于 Co/Pt 周期层的垂直磁各向

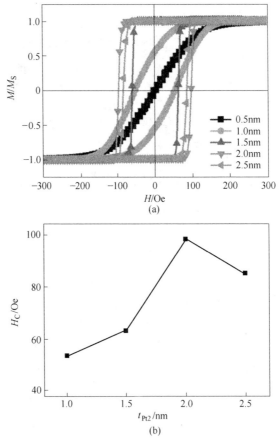

图 5-3　自旋阀自由层 Cu（3nm）/［Co（0.4nm）/Pt（t_{Pt2} = 0.5nm，1.0nm，

1.5nm，2.0nm，2.5nm）］$_4$ 系列样品的磁性随 t_{Pt2} 的变化

（a）对应不同 t_{Pt2} 的磁滞回线；（b）矫顽力随 t_{Pt2} 的变化

---

❶　1Oe = 79.6A/m。

异性，这是由于 Pt 底层更有利于 Co/Pt 多层膜的（111）织构。图 5-3（b）所示为该系列样品的矫顽力随 t_{Pt2} 的变化，在 t_{Pt2} 小于 2nm 时，矫顽力随 t_{Pt2} 的增加单调递增，t_{Pt2} 超过 2nm 后矫顽力又有所下降。综合图 5-3（a）和（b），周期层中 t_{Pt2} 为 1.5nm 时，样品既具有完全的矩形度和 100% 的剩磁比，同时矫顽力也较小而且 Pt 层也最薄，因此选择自由层中 Pt 的厚度为 1.5nm。

研究了自由层中 Pt 厚度对其磁性的影响后，再来研究自由层中 Co/Pt 双层膜周期数对磁性的影响。图 5-4（a）为固定自由层中 Pt 厚度为 1.5nm 而改变 Co/Pt 双层膜周期数 N 时多层膜的磁滞回线，样品结构为 Cu（3nm）/[Co（0.4nm）/Pt（1.5nm）]$_N$（$N=2,3,4,5$）。从图中可以看到周期数为 2 时，样品的磁滞回线通过原点，没有磁滞，这表明此时垂直方向为难轴，周期数为 3 的样品磁滞回线虽然有磁滞但矩形度较差，而只有当周期数为 4 和 5 时样品才具有完全的矩形度和 100% 的剩磁比。图 5-4（b）所示为样品的矫顽力随周期数的变化，去掉周期数为 2 的点，可以看到，周期数从 3 到 5，矫顽力随周期数的增加线性增加。综合分析图 5-3 和图 5-4，周期层中 Pt 为 1.5nm 且周期数为 4 的样品既具有矩形度非常好的磁滞回线，同时矫顽力和分流作用都较小，因此实验最终选择自旋阀的自由层为 Cu（3nm）/[Co（0.4nm）/Pt（1.5nm）]$_4$，其矫顽力为 63Oe。

分别以上面选择的 Co/Pt 多层膜为参考层和自由层，制备出了垂直赝自旋阀结构 Pt（5nm）/[Co（0.4nm）/Pt（0.6nm）]$_3$/Co（0.4nm）/Cu（3nm）/[Co（0.4nm）/Pt（1.5nm）]$_4$。图 5-5（a）所示为磁场沿垂直膜面方向施加时自旋阀的磁滞回线，黑色回线为整个自旋阀结构的大回线，灰色回线为自由层的小回线。从大回线中可以看到明显且剧烈的磁矩翻转过程，说明自旋阀结构中两个铁磁层都保持了很好的垂直磁各向异性。由于制备自旋阀时选择了矫顽力相差较大的两个 Co/Pt 多层膜作自由层和参考层，所以可以在参考层磁矩固定在某一方向（本次测量为向上方向）的前提下测量得到自由层的小回线。定义小回线偏移 H_{mls} 为小回线的中心沿磁场方向对 y 轴的偏移，通过测量得到对该自旋阀样品 $H_{mls}=-17Oe$，H_{mls} 为负值说明该自旋阀结构中参考层和自由层之间为铁磁耦合[18]。耦合强度 J 可用如下公式计算：

$$J = H_{mls}M_S t_{Co} \tag{5-1}$$

式中，$M_S=1440emu/cm^3$❶ 为 Co 的饱和磁化强度，$t_{Co}=1.6nm$ 为自由层 Co 的总厚度，计算得到 $J=-3.9\times10^{-3}erg/cm^2$❷。从图 5-5（a）中还可得到自旋阀参考层的矫顽力为 370Oe，自由层的矫顽力为 113Oe，分别大于图 5-2 和图 5-3 中相应纯 Co/Pt 多层膜的矫顽力 249Oe 和 63Oe，这也是由参考层和自由层之间的铁磁耦合

---

❶ $1emu/cm^3 = 1000A/m$。

❷ $1J/m^2 = 1000erg/cm^2$。

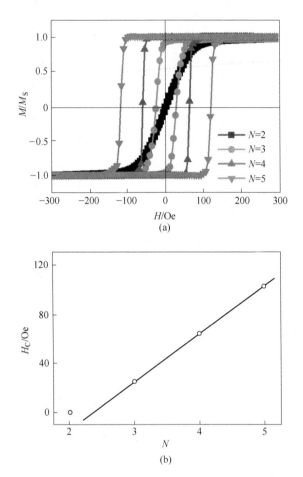

图 5-4　自由层 Cu(3nm)/[Co(0.4nm)/Pt(1.5nm)]_N 系列样品的磁性随周期数 N 的变化

（a）对应不同周期数 N 的磁滞回线；（b）矫顽力随周期数 N 的变化

造成的。图 5-5（b）为自旋阀的巨磁电阻曲线，巨磁电阻定义为

$$GMR = \frac{R_{ap} - R_p}{R_p} \times 100\% \qquad (5-2)$$

式中，R_{ap} 和 R_p 分别为参考层与自由层磁矩反平行和平行排列时体系的电阻值，从曲线中可以得到巨磁电阻值为 2.7%。

自旋阀的种子层和中间隔离层厚度对其性能有重要影响[19,20]，图 5-6 所示为参考层与自由层磁矩反平行和平行排列时电阻的差值 $R_{ap}-R_p$、磁矩平行排列时的电阻值 R_p 和巨磁电阻值随 Pt 种子层厚度以及中间 Cu 隔离层厚度的变化。图 5-6（a）~（c）对应的样品结构为 Pt(t_{Pt3} = 2nm，3nm，4nm，5nm，6nm，7nm，8nm，9nm，10nm)/[Co（0.4nm）/Pt（0.6nm）]_3/Co（0.4nm）/Cu（3nm）/[Co（0.4nm）/

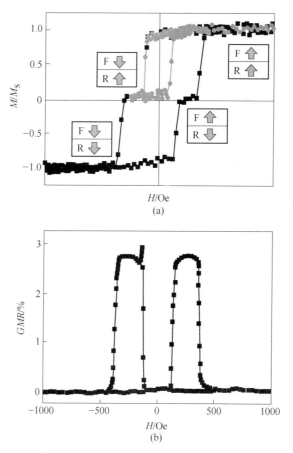

图 5-5 沿垂直膜面方向施加磁场，垂直赝自旋阀结构 Pt(5nm)/[Co(0.4nm)/Pt(0.6nm)]$_3$/
Co(0.4nm)/Cu(3nm)/[Co(0.4nm)/Pt(1.5nm)]$_4$ 的磁性和输运性质曲线

(a)磁滞回线,灰色曲线为自由层的小回线,箭头示意出了参考层(R)和自由层(F)
在不同磁场下的磁矩方向;(b)巨磁电阻曲线

Pt(1.5nm)]$_4$,从图中可以看到 t_{Pt3} 增加时电阻变化量 $R_{ap}-R_p$ 也单调减小，这是由 Pt 层的分流作用造成的；同时 R_p 也随 t_{Pt3} 的增加而减小，因为根据薄膜电阻率的 Fuchs-Sondheimer 理论，膜厚与电子平均自由程的比值越大，边界对电子的束缚作用越小，相应电阻值也会越低[21]；有意思的是虽然 $R_{ap}-R_p$ 和 R_p 都随 t_{Pt3} 的增加而减小，但是它们的比值 GMR = $(R_{ap}-R_p)/R_p$ 随 t_{Pt3} 的变化则是先增大，然后单调减小，峰值出现在 t_{Pt3} 为 4nm 时，相应 GMR 值为 3.0%。

图 5-6（d）~（f）对应的样品结构为 Pt(5nm)/[Co(0.4nm)/Pt(0.6nm)]$_3$/ Co(0.4nm)/Cu(t_{Cu}=2nm,3nm,4nm,5nm,6nm)/[Co(0.4nm)/Pt(1.5nm)]$_4$，可以看到和 Pt 种子层一样，Cu 隔离层变厚也导致 $R_{ap}-R_p$ 和 R_p 减小，不同的是 GMR

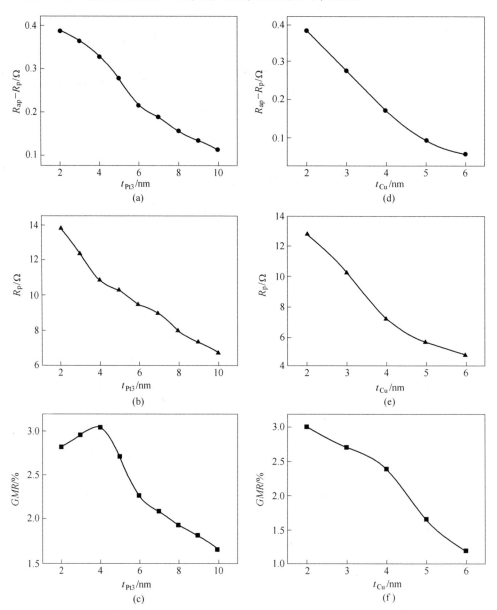

图 5-6 高低态电阻差值 $R_{ap}-R_p$，磁矩平行排列时电阻值 R_p 和巨磁电阻值

$GMR = (R_{ap} - R_p)/R_p \times 100\%$ 随自旋阀中金属层厚度的变化

（a）～（c）Pt 种子层；（d）～（f）Cu 隔离层

值也随 Cu 厚度的增加而单调减小，没有出现如 Pt 隔离层那样的峰值。这是因为厚的 Cu 隔离层不仅增加了分流作用，同时还增加了传导电子穿越 Cu 隔离层时所受的散射，从而使从一个铁磁层穿越 Cu 隔离层到达另一铁磁层的电子数减少，

进而导致自旋阀的效率降低[22]。Cu 厚度为 2nm 时 *GMR* 有最大值，也为 3.0%。太薄的 Cu 可能中间存在针孔，从而阻碍自由层和参考层磁矩反平行排列的实现，使自由层不能自由翻转[20,22]。

5.1.2 纯 Co/Pt 基 Au 隔离层赝自旋阀

除了 Cu，Au 也是自旋阀结构中常用的隔离层。和制备 Cu 隔离层自旋阀类似，研究者也首先根据上面提到的分流和矫顽力等标准选择 Au 隔离层自旋阀的参考层和自由层。由于 Au 和 Cu 在自旋阀中的作用相似，所以可把部分 Cu 隔离层自旋阀的实验结果用到 Au 隔离层自旋阀中来。对于参考层，可以直接利用 Cu 隔离层自旋阀的实验结果，选择的结构是 Pt(5nm)/[Co(0.4nm)/Pt(0.6nm)]$_3$/Co(0.4nm)/Au(3nm)。对于自由层却不能直接利用 Cu 隔离层自旋阀的实验结果，因为根据之前实验结果可以知道，Cu(3nm)/[Co(0.4nm)/Pt(1.5nm)]$_4$ 具有矩形磁滞回线，而 Au(3nm)/[Co(0.4nm)/Pt(1.5nm)]$_4$ 的磁滞回线严重倾斜，不适合用作自旋阀的参考层，所以要重新选择 Co/Pt 周期层中 Pt 层的厚度。

选择自由层时，研究者固定 Co 层厚度为 0.4nm，Co/Pt 周期数为 4，然后改变周期层中 Pt 层的厚度，样品结构为 Au(3nm)/[Co(0.4nm)/Pt(t_{Pt4} = 0.5nm, 1.0nm, 1.5nm, 2.0nm, 2.5nm)]$_4$。图 5-7（a）为该系列样品的磁滞回线，从图中可以看到以 Au 为底层时，周期层中 Pt 厚度需要达到 2.0nm 时多层膜才具有矩形磁滞回线，高于以 Pt 或 Cu 为底层时 Pt 的临界厚度值。从图 5-7（b）矫顽力随 t_{Pt4} 的变化可以看到，t_{Pt4} 增加时矫顽力也单调增加。综合分析图 5-7，只有 t_{Pt4} 为 2.0nm 或 2.5nm，多层膜才具有矩形度非常好的磁滞回线，但是 t_{Pt4} 为 2.5nm 时矫顽力和分流作用都较大，所以实验选择 Au 隔离层自旋阀自由层结构为 Au(3nm)/[Co(0.4nm)/Pt(2.0nm)]$_4$。

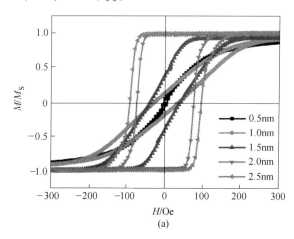

(a)

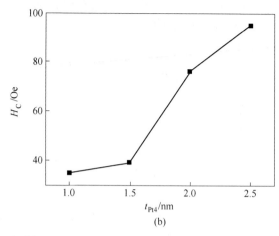

图 5-7 自旋阀自由层 Au(3nm)/[Co(0.4nm)/Pt(t_{Pt4}=0.5nm, 1.0nm,

1.5nm, 2.0nm, 2.5nm)]$_4$ 系列样品的磁性随 t_{Pt4} 的变化

(a) 对应不同 t_{Pt4} 的磁滞回线; (b) 矫顽力随 t_{Pt4} 的变化

  利用上面选择的参考层和自由层，研究者制备出了以 Au 为隔离层的垂直赝自旋阀结构 Pt(5nm)/[Co(0.4nm)/Pt(0.6nm)]$_3$/Co(0.4nm)/Au(3nm)/[Co(0.4nm)/Pt(2.0nm)]$_4$。图 5-8 (a) 是自旋阀的磁滞回线，和 Cu 隔离层自旋阀一样，Au 隔离层自旋阀也具有良好的垂直磁各向异性，并且能明显看到自由层和参考层在不同外磁场下的翻转。图 5-8 (b) 是自旋阀的巨磁电阻曲线，但是其巨磁电阻值仅有 1.7%，远低于 Cu 隔离层自旋阀的 2.7%。

  造成 Au 隔离层自旋阀的巨磁电阻值比 Cu 隔离层自旋阀低的原因主要有两点。其一是 Au 隔离层自旋阀需要较厚的 Pt 层才能保持自由层的垂直磁各向异性，所以非磁层分流作用更加严重，从而导致巨磁电阻值降低。其二是与 Au 比，Cu 与 Co 有更好的能带匹配情况和晶格匹配。能带匹配程度越好，则该种自旋取向的电子穿透铁磁/非磁界面的能力越强；能带匹配程度越差，则该种自旋取向的电子穿透铁磁/非磁界面的能力越弱。Co 的多数自旋电子和 Cu 的能带非常匹配，而 Co 的少数自旋电子和 Cu 的能带结构非常不匹配，所以在 Co/Cu 界面能产生比较大的自旋相关散射，从而提高巨磁电阻值。而 Au 的能带结构与 Co 的任意一种自旋取向的电子则没有如此大的匹配度。在铁磁/非磁界面处晶格不匹配会导致错配位错等晶体缺陷，在非磁金属内这些缺陷的散射是非自旋相关的，因此会减弱巨磁电阻效应。FCC Co 的晶格常数为 0.356nm，FCC Cu 的晶格常数 0.361nm，两者几乎完美匹配；而 FCC Au 的晶格常数为 0.409nm，和 Co 非常不匹配。

  总结本节内容：

  以 Co/Pt 多层膜为参考层和自由层，分别以 Cu 和 Au 为隔离层制备出了具有

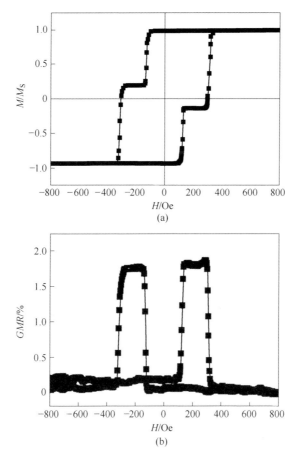

图 5-8 沿垂直膜面方向施加磁场，垂直赝自旋阀结构 Pt(5nm)/[Co(0.4nm)/
Pt(0.6nm)]₃/Co(0.4nm)/Au(3nm)/[Co(0.4nm)/Pt(2.0nm)]₄ 的磁性和输运性质曲线
(a) 磁滞回线；(b) 巨磁电阻曲线

垂直磁各向异性的赝自旋阀 Pt(5nm)/[Co(0.4nm)/Pt(0.6nm)]₃/Co(0.4nm)/
Cu(3nm)/[Co(0.4nm)/Pt(1.5nm)]₄ 和 Pt(5nm)/[Co(0.4nm)/Pt(0.6nm)]₃/
Co(0.4nm)/Au(3nm)/[Co(0.4nm)/Pt(2.0nm)]₄。Cu 隔离层自旋阀的巨磁电阻
值为 2.7%，且两个铁磁层之间存在的铁磁耦合导致参考层和自由层的矫顽力都
较纯 Co/Pt 多层膜有所增加。Cu 隔离层自旋阀中，参考层和自由层磁矩反平行
与平行排列时电阻的差值 $R_{ap}-R_p$，磁矩平行排列时的电阻值 R_p 都随 Pt 种子层厚
度的增加而减小，巨磁电阻值则随 Pt 种子层厚度的增加先增大后减小，Pt 种子
层厚度为 4nm 时巨磁电阻有最大值 3.0%。而对于中间 Cu 隔离层，上述三个量
都随 Cu 厚度的增加逐渐减小，Cu 隔离层厚度为 2nm 时巨磁电阻有最大值，同样
也为 3.0%。Au 隔离层自旋阀的巨磁电阻值仅为 1.7%，远小于 Cu 隔离层自旋

阀，其原因是 Au 隔离层自旋阀自由层中较厚的 Pt 层产生的分流作用以及 Au 与 Co 的能带和晶格匹配情况不如 Cu。

5.2　Co/(Pt，Ni) 基垂直磁各向异性赝自旋阀的制备和性能测试

随着薄膜制备技术及理论研究的不断发展进步，各种类型的 GMR 效应结构相继被报道，如石墨烯基结构自旋阀[15]、有机自旋阀[23~26] 等。由于自旋阀具有金属结构，其阻抗相对磁隧道结较低，当单元的尺寸比较小时能够有良好的电路阻抗匹配和信噪比[7,8]。

在制备垂直自旋阀结构时，需要两个铁磁层能够实现平行与反平行排列状态，一般会在结构中引入金属反铁磁层[27]，但厚度较厚这使得自旋阀的制备流程步骤增多，制备工艺比较复杂[13,14]。可通过自旋阀中引入两个矫顽力不相同的铁磁层来实现磁矩的平行与反平行排列，这种结构的自旋阀也被称为赝自旋阀[15,28]。俱海浪等人通过在自旋阀中引入矫顽力不同的 Co/Pt 及 Co/Ni 两个铁磁层，制备出了以 Au 为隔离层的自旋阀结构，通过测试反常霍尔效应、磁电阻及磁滞回线等方法研究了周期数及 Au 隔离层厚度对自旋阀性能的影响

实验样品均采用磁控溅射法在玻璃基片上制备样品，溅射仪样品台带配备自转，自转速度为 1.7r/s。溅射系统本底真空度优于 2.0×10^{-5}Pa，工作气体为高纯度 Ar 气，工作气压为 0.5Pa。靶材的溅射速率由 DektakXT 型台阶仪测定，分别为 Pt：0.075nm/s，Co：0.033nm/s，Ni：0.042nm/s，Au：0.074nm/s。特别标注除外，本节中所有样品厚度均用 nm 表示。制备了两个系列的样品，其结构分别为 Pt(4)[Co(0.2)Ni(0.4)]$_2$Co(0.2)/Au(3)/[Co(0.4)/Pt(2.0)]$_n$/Pt(0.5) 和 Pt(4)[Co(0.2)Ni(0.4)]$_2$Co(0.2)/Au(t_{Au})/[Co(0.4)/Pt(2.0)]$_4$/Pt(0.5)，其中 Co/Pt 周期层的周期数 n 的变化范围分别为 2~4，隔离层 Au 的厚度 t_{Au} 的变化范围为 2~6nm，样品均用 0.5nm 厚 Pt 做保护层防止氧化。用四探针法测量其霍尔回线，来获取其霍尔电阻（Hall resistance，R_{Hall}）及矫顽力（coercivity，H_C），样品的磁滞回线由 VersaLab 的 VSM 选件测量。

5.2.1　Co/Pt 层周期数对自旋阀性能的影响

5.2.1.1　自旋阀的霍尔效应测试

图 5-9（a）所示为样品 Pt(4)/[Co(4)/Ni(0.4)]$_2$/Co(0.2)/Au(3)/[Co(0.4)/Pt(2.0)]$_n$/Pt(0.5) 中 Co/Pt 层周期数变化时的反常霍尔效应回线，图 5-9（b）为其对应的周期数变化时的矫顽力曲线。

当 Co/Pt 层周期数为 2 时，霍尔回线没有出现台阶形状，磁矩表现为一致翻转现象，可见此时 Co/Pt 层的矫顽力和 Co/Ni 层的矫顽力相差不多，两个铁磁层

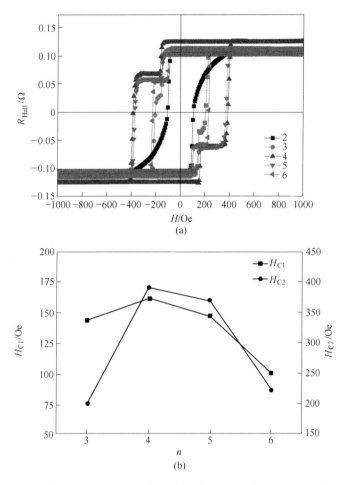

图 5-9　Pt(4)/[Co(0.2)/Ni(0.4)]$_2$/Co(0.2)/Au(3)/[Co(0.4)/Pt(2.0)]$_n$/
Pt(0.5) 的磁性随周期数的变化

（a）霍尔回线；（b）矫顽力

间的耦合为铁磁耦合，当周期数增加到 3 时，Co/Pt 层的矫顽力增长，样品的霍尔回线出现了台阶现象，说明此时两个铁磁层的翻转开始不同步了。随着 Co/Pt 层周期数继续增加，其矫顽力也继续增加，Co/Pt 层和 Co/Ni 层的矫顽力差别变得明显，这时候样品的霍尔回线出现明显的台阶状，说明此时随着磁场的变化，Co/Pt 层与 Co/Ni 层磁矩的翻转是先后进行的，当磁场足够大的时候，两个铁磁层的磁矩是平行排列的，都同时向下或者同时向上，随着磁场的减弱，矫顽力较小的 Co/Ni 层磁矩出现翻转，而 Co/Pt 层磁矩还保持原来的方向，这样就出现了图中所示的台阶。图 5-9（b）为 Co/Pt 层周期数变化时两个铁磁层的矫顽力变化曲线。可以看到，随着周期数 N 的变化，两个铁磁层的矫顽力出现了先增大后减小的变化趋势，Co/Pt 层周期数的变化不仅会影响到自身的矫顽力大小，也会影响到 Co/Ni 层矫顽力的大小，这是两个铁磁层的相互耦合造成的。当 n 为 4 时，两个铁磁层的矫顽力均达到最大值，相互之间的矫顽力差值达到了 230Oe，所以此时样品的霍尔回线台阶宽度比较大。

5.2.1.2 自旋阀的磁滞回线测试

在台阶处，两个铁磁层的磁矩是反平行排列的，至于其层间的耦合类型，需要通过测试样品的小磁滞回线，获得小回线的中心沿磁场方向对 y 轴的偏移量 H_{mls} 来确定两个铁磁层的耦合类型，当 H_{mls} 为负值时，两个铁磁层间为铁磁耦合，反之，当 H_{mls} 为正值时，两个铁磁层间为反铁磁耦合[18]。

为了确认 Co/Pt 层周期数 n 变化时样品的层间耦合类型，对样品 Pt(4)/[Co(0.2)/Ni(0.4)]$_2$/Co(0.2)/Au(3)/[Co(0.4)/Pt(2.0)]$_n$/Pt(0.5) 的磁滞回线分别进行了测试，其结果如图 5-10 所示。可以看到，所测样品均有着明显的层间耦合效应。对样品磁滞回线的 H_{mls} 进行了取值，H_{mls} 随周期数 n 的变化如图 5-11 所示。

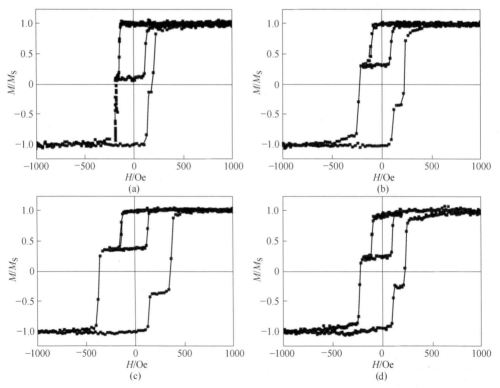

图 5-10 Pt(4)/[Co(0.2)/Ni(0.4)]$_2$/Co(0.2)/Au(3)/
[Co(0.4)/Pt(2.0)]$_n$/Pt(0.5)的磁滞回线

(a) $n=3$; (b) $n=4$; (c) $n=5$; (d) $n=6$

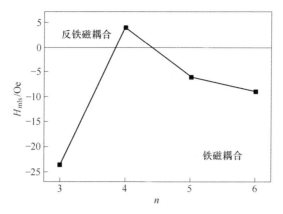

图 5-11 Pt(4)/[Co(0.2)/Ni(0.4)]$_2$/Co(0.2)/Au(3)/[Co(0.4)/
Pt(2.0)]$_n$/Pt(0.5)的 H_{mls}

可见，当 n 为 4 时，两个铁磁层之间是反铁磁耦合，当 n 为 2、5、6 时，两个铁磁层之间是铁磁耦合。

5.2.1.3　自旋阀的磁电阻测试

对样品的磁电阻效应进行了测试，结果如图 5-12 所示，图 5-12 （a）为不同周期数时样品的磁电阻曲线，图 5-12 （b）为 MR 随着 n 的变化曲线。在图 5-12 （a）中，测试的样品均有着明显的磁电阻效应，由于样品中不存在钉扎层，参考层与自由层的磁化翻转是由两者的矫顽力决定，两个铁磁层具有不同的矫顽力，在外加磁场的作用下，MR 曲线出现阻态高低的周期性变化，并且 MR 曲线是关于原点对称的。图 5-12 （b）中可以看到，MR 的大小随着周期数 n 的变化先快速增加，随后有所减小，但 MR 的绝对值较小，这是因为在 Co/Pt 周期层中，Pt 的厚度偏厚，分流效果比较明显。

5.2.2　Au 隔离层对自旋阀性能的影响

5.2.2.1　自旋阀的霍尔效应测试

前面说过，隔离层的厚度对自旋阀的性能有着重要的影响[19,20]，图 5-13 （a）为样品 Pt(4)[Co(0.2)Ni(0.4)]$_2$Co(0.2)/Au(t_{Au})/[Co(0.4)/Pt(2.0)]$_4$/Pt(0.5)的反常霍尔效应回线，图 5-13 （b）为对应的 Au 厚度变化时的矫顽力曲线。当 Au 的厚度为 2nm 时，样品的霍尔回线接近于矩形，这时候两个磁性层的矫顽力没有明显地区分开，层间耦合为铁磁耦合，参考层与自由层的磁矩随着磁场的变化同时翻转。随着 Au 厚度的逐渐增加，样品的霍尔回线中出现了明显的

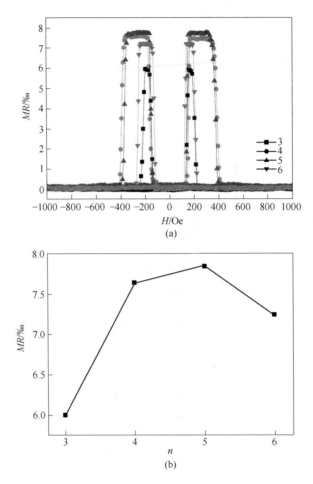

图 5-12　Pt(4)/[Co(0.2)/Ni(0.4)]$_2$/Co(0.2)/Au(3)/[Co(0.4)/

Pt(2.0)]$_n$/Pt(0.5)的磁电阻变化

(a) *MR* 曲线；(b) *MR* 随 *n* 的变化曲线

台阶，说明此时两个铁磁层的磁矩是先后进行翻转的。要确认耦合的类型，需要对样品的磁滞小回线进行测试。图 5-13 (b) 反映了两个铁磁层矫顽力随着隔离层 Au 厚度的变化，可以看出当 Au 厚度为 3nm 时矫顽力均达到最大，随后矫顽力随着 Au 厚度的增加在小范围内波动。

5.2.2.2　自旋阀的磁滞回线测试

为了确认隔离层 Au 的厚度变化时样品的层间耦合类型，对样品 Pt(4)[Co(0.2)Ni(0.4)]$_2$Co(0.2)/Au(t_{Au})/[Co(0.4)/Pt(2.0)]$_4$/Pt(0.5)的磁滞回线分别进行了测试，其结果如图 5-14 所示，所测样品均的层间耦合效应比较明显，

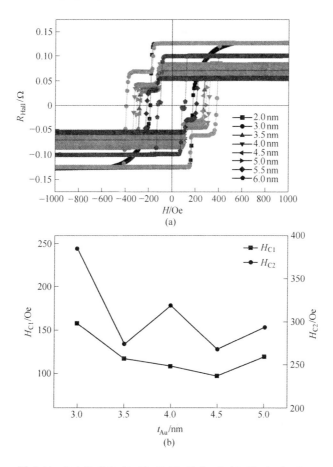

图 5-13 Pt(4)/[Co(0.2)/Ni(0.4)]$_2$/Co(0.2)/Au(t_{Au})/
[Co(0.4)/Pt(2.0)]$_4$/Pt(0.5)的磁性随 Au 隔离层厚度的变化

(a) 霍尔回线；(b) 矫顽力

和对样品反常霍尔效应的测试相对应。对样品磁滞回线的 H_{mls} 进行取值，H_{mls} 随 Au 厚度 t_{Au} 的变化如图 5-15 所示，可以看到，随着 Au 厚度的变化，自由层与参考层的耦合在反铁磁耦合与铁磁耦合之间变化，由于 Au 的厚度不是连续变化的，样品的耦合类型并没有间隔进行。

5.2.2.3 自旋阀的磁电阻测试

对隔离层 Au 厚度变化时样品磁电阻效应进行了测试，结果如图 5-16 所示，图 5-16（a）为不同 Au 厚度样品的磁电阻曲线，图 5-16（b）为样品 MR 随着 Au 厚度 t_{Au} 的变化曲线。可以看到，测试样品的磁电阻效应都比较明显，MR 的大小随着周期数 t_{Au} 的变化出现了非常明显的振荡减小的变化趋势，这是因为随着隔

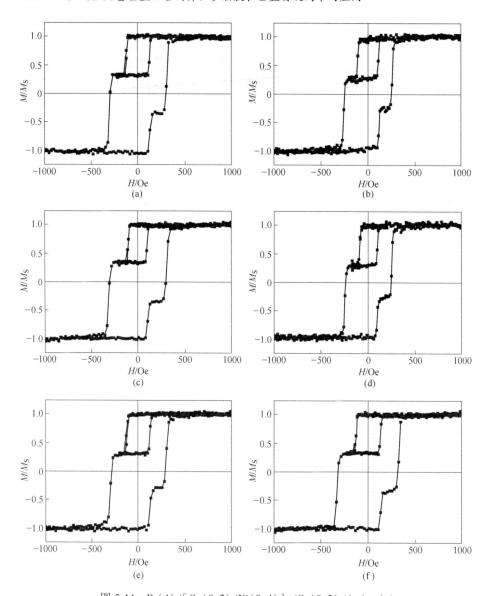

图 5-14　Pt(4)/[Co(0.2)/Ni(0.4)]$_2$/Co(0.2)/Au(t_{Au})/
[Co(0.4)/Pt(2.0)]$_4$/Pt(0.5)的磁滞回线

(a) t_{Au}=3.0；(b) t_{Au}=3.5；(c) t_{Au}=4.0；(d) t_{Au}=4.5；(e) t_{Au}=5.0；(f) t_{Au}=6.0

离层厚度 t_{Au} 的增加，其分流效果也逐渐变得明显，最终导致了样品磁电阻的逐渐下降。磁电阻的振荡可以由 RKKY 相互作用解释，Au 厚度的增加会导致样品出现振荡型的衰减相互作用，两个铁磁层的耦合强度也随之变化，体现在 *MR* 方面就是样品阻值的振荡减小。

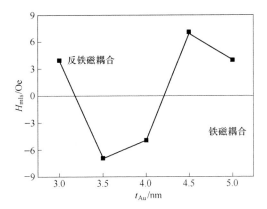

图 5-15　Pt(4)/[Co(0.2)/Ni(0.4)]₂/Co(0.2)/Au(t_{Au})/
[Co(0.4)/Pt(2.0)]₄/Pt(0.5)的 H_{mls}

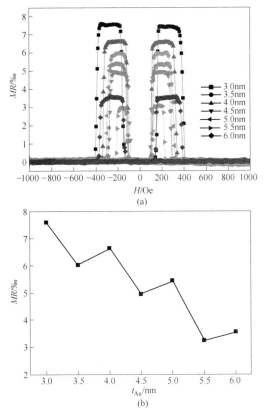

图 5-16　Pt(4)/[Co(0.2)/Ni(0.4)]₂/Co(0.2)/Au(t_{Au})/
[Co(0.4)/Pt(2.0)]₄/Pt(0.5)的磁电阻变化

(a) MR 曲线；(b) MR 随 t_{Au} 的变化曲线

总结本节内容:

研究者以 Co/Pt 多层膜和 Co/Ni 多层膜分别为参考层和自由层、Au 为隔离层的垂直磁各向异性的赝自旋阀,分别对其反常霍尔效应、磁电阻、磁滞回线进行了测试。发现当隔离层 Au 的厚度固定,改变 Co/Pt 多层膜周期数时,样品在 n 大于 3 时两个铁磁层的磁矩翻转在磁场的作用下是先后进行的,样品具备了明显的磁电阻效应,对其小回线偏离量进行确定发现 n 等于 4 时,两个铁磁层之间为反铁磁耦合,当 n 分别等于 2、5、6 时,两个铁磁层之间是铁磁耦合。当样品的两个磁性层周期数固定,改变隔离层 Au 的厚度 t_{Au} 时,发现样品的小回线偏离量出现振荡变化,两个铁磁层的耦合类型也在铁磁与反铁磁之间转换;样品的磁电阻效应随着 Au 的厚度 t_{Au} 的逐渐增加出现振荡减小的趋势,这都和 RKKY 相互作用有关,t_{Au} 的逐渐增加会导致样品出现振荡型的衰减相互作用。

参 考 文 献

[1] Ikeda S, Miura K, Yamamoto H, et al. A perpendicular-anisotropy CoFeB-MgO magnetic tunnel junction [J]. Nature Materials, 2010, 9: 721.

[2] Gopman D B, Bedau D, Mangin S, et al. Switching field distributions with spin transfer torques in perpendicularly magnetized spin-valve nanopillars [J]. Physical Review B, 2014, 89: 134427.

[3] Sbiaa R, Meng H, Piramanayagam S N. Materials with perpendicular magnetic anisotropy for magnetic random access memory [J]. Physics Status Solidi RRL, 2011, 5: 413.

[4] Nishimura N, Hirai T, Koganei A, et al. Magnetic tunnel junction device with perpendicular magnetization films for high-density magnetic random access memory [J]. Journal of Applied Physics, 2002, 91: 5246.

[5] Mangin S, Ravelosona D, Katine J A, et al. Current-induced magnetization reversal in nanopillars with perpendicular anisotropy [J]. Nature Materials, 2006, 5: 210.

[6] Han G C, Qiu J J, Wang L, et al. Perspectives of read head technology for 10 Tb/in^2 recording [J]. IEEE Transactions on Magnetics, 2010, 46: 709.

[7] Daughton J M. Magnetic tunneling applied to memory [J]. Journal of Applied Physics, 1997, 81: 3758.

[8] Parkin S S P, Roche K P, Samant M G, et al. Exchange-biased magnetic tunnel junctions and application to nonvolatile magnetic random access memory [J]. Journal of Applied Physics, 1999, 85: 5828.

[9] Park J H, Park C, Jeong T, et al. Co/Pt multilayer based magnetic tunnel junctions using perpendicular magnetic anisotropy [J]. Journal of Applied Physics, 2008, 103: 07A917.

[10] Carcia P F. Perpendicular magnetic anisotropy in Pd/Co and Pt/Co thin-film layered structures

[J]. Journal of Applied Physics, 1988, 63: 5066.

[11] Knepper J W, Yang F Y. Oscillatory interlayer coupling in Co/Pt multilayers with perpendicular anisotropy [J]. Physical Review B, 2005, 71: 224403.

[12] Kugler Z, Grote J P, Drewello V, et al. Co/Pt multilayer-based magnetic tunnel junctions with perpendicular magnetic anisotropy [J]. Journal of Applied Physics, 2012, 111 (7): 07C703.

[13] Garcia F, Moritz J, Ernult F, et al. Exchange bias with perpendicular anisotropy in (Pt-Co)$_n$-FeMn multilayers [J]. IEEE Transactions on Magnetics, 2002, 38: 2730.

[14] Garcia F, Fettar F, Auffret S, et al. Exchange-biased spin valves with perpendicular magnetic anisotropy based on (Co/Pt) multilayers [J]. Journal of Applied Physics, 2003, 93: 8397.

[15] Tsymbal E Y, Pettifor D G. Perspectives of giant magnetoresistance [J]. Solid State Physics, 2001, 56: 113.

[16] Liao J L, He H, Zhang Z Z, et al. Ehanced difference in switching fields for perpendicular magnetic spin valves with a composite [Co/Ni]$_N$/TbCo reference layer [J]. Journal of Applied Physics, 2011, 109: 023907.

[17] Thiyagarajah N, Lin L, Bae S. Effects of NiFe/Co insertion at the [Pd/Co] and Cu interface on the magnetic and GMR properties in perpendicularly magnetized [Pd/Co]/Cu/[Co/Pd] pseudo spin-valves [J]. IEEE Transactions on Magnetics, 2010, 46: 968.

[18] Liu Z Y, Zhang F, Li N, et al. Thermal behavior of the interlayer coupling in a spin-valve Co/Pt multilayer with perpendicular anisotropy [J]. Journal of Applied Physics, 2008, 104: 113903.

[19] Tahmasebi T, Piramanayagam S N, Sbiaa R, et al. Effect of different seed layers on magnetic and transport properties of perpendicular anisotropy spin valves [J]. IEEE Transactions on Magnetics, 2010, 46: 1933.

[20] Joo H W, An J H, Lee M S, et al. Enhancement of magneroresistance in [Pd/Co]$_N$/Cu/Co/[Pd/Co]$_N$/FeMn spin valves [J]. Journal of Applied Physics, 2006, 99: 08R504.

[21] Sondheimer E H. The mean free path of electrons in metals [J]. Advances in Physics, 2001, 50: 499.

[22] Dieny B. Giant magnetoresistance in spin-valve multilayers [J]. Journal of Magnetism and Magnetic Materials, 1994, 136: 335.

[23] Xiong Z H, Wu D, Vardeny Z V, et al. Giant magnetoresistance in organic spin-valves [J]. Nature, 2004, 427: 821.

[24] Wang F J, Yang C G, Vardeny Z V, et al. Spin response in organic spin valves based on La$_{2/3}$Sr$_{1/3}$MnO$_3$, electrodes [J]. Physical Review B, 2007, 75: 254324.

[25] Geng R, Luong H M, Daugherty T T, et al. A review on organic spintronic materials and devices: II. Magnetoresistance in organic spin valves and spin organic light emitting diodes [J]. Journal of Science Advanced Materials & Devices, 2016, 1: 256.

［26］Nguyen T D, Ehrenfreund E, Vardeny Z V. Spin-polarized light-emitting diode based on an organic bipolar spin valve ［J］. Science, 2017, 337: 204.

［27］Yüksel Y. Exchange bias mechanism in FM/FM/AF spin valve systems in the presence of random unidirectional anisotropy field at the AF interface: The role played by the interface roughness due to randomness ［J］. Physics Letters A, 2018, 382: 24993.

［28］Loving M G, Ambrose T F, Ermer H, et al. Interplay between interface structure and magnetism in NiFe/Cu/Ni-based pseudo-spin valves ［J］. AIP Advances, 2018, 8: 056309.

6 Co/Pt 基垂直磁各向异性多层膜反常霍尔效应的调控及应用

6.1 Co/Pt 垂直磁各向异性多层膜反常霍尔效应的影响因素

反常霍尔效应是一种典型的磁输运现象，可用来制备高灵敏度磁场传感器和逻辑电路等。一般认为反常霍尔效应来源于材料中传导电子的自旋相关散射，对于其物理起源普遍认为有两种机制，即基于理想晶体能带模型的内禀机制[1]和基于外在杂质、缺陷、声子的外禀机制，外禀机制又可分为斜交散射机制和侧跃机制[2]，但无论哪种机制都认为电子的自旋轨道耦合作用是反常霍尔效应产生的主要原因。

Co/Pt 多层膜因为既含有强铁磁性元素 Co 又含有自旋轨道耦合作用很强的重金属元素 Pt 所以具有很大的反常霍尔效应[3]，同时由于 Co 与 Pt 界面电子杂化导致的界面磁各向异性使多层膜具有很强的垂直磁各向异性[4]。正是由于这些特征，Co/Pt 多层膜反常霍尔效应元件有很大的潜力与 CMOS 集成用于制备新一代逻辑器件[5]。这就要求 Co/Pt 多层膜在具有比较大的反常霍尔效应的同时矫顽力却不宜太大，以易于对其磁矩进行翻转。刘帅等人系统研究了各个因素对 Co/Pt 多层膜反常霍尔效应的影响，通过调节周期层中 Co 层厚度和 Pt 层厚度、缓冲层 Pt 厚度以及周期数 N 得到了具有良好垂直磁各向异性、大的霍尔效应和适当矫顽力的 Co/Pt 多层膜结构，同时还研究了不同缓冲层 Pt、Ta、Au、Cu 对 Co/Pt 多层膜反常霍尔效应和磁性的影响。

实验样品均采用直流磁控溅射法在玻璃基片上制备，溅射气体为 4.0×10^{-3} Torr[❶] Ar 气，本底真空优于 2.0×10^{-7} Torr，样品台带自转，以保证样品的均匀性。靶材溅射速率由 Dektak150 型台阶仪测定，Co 靶溅射功率为 10W，速率为 0.047nm/s；Pt 靶溅射功率为 6W，速率为 0.075nm/s；Ta 靶溅射功率为 6W，速率为 0.015nm/s；Cu 靶溅射功率为 6W，速率为 0.030nm/s；Au 靶溅射功率为 6W，速率为 0.074nm/s。通过调节各个参数来确定其对 Co/Pt 多层膜反常霍尔效应的影响，具体样品结构为 $Pt(t_{Pt2})/[Co(t_{Co})/Pt(t_{Pt1})]_N$ 和 $Buffer/[Co(0.4nm)/Pt(1.5nm)]_4$，其中，$t_{Pt1}$ 为周期层中 Pt 层厚度；t_{Pt2} 为 Pt 缓冲层厚

---

❶ 1Torr = 133.322Pa。

度；t_{Co} 为周期层中 Co 层厚度；N 为 Co/Pt 多层膜周期数；Buffer = Pt，Ta，Au，Cu。

利用标准四探针法测量样品的霍尔效应，利用综合物性测试系统（PPMS）的振动样品磁强计（VSM）插件测量样品垂直和平行膜面方向的磁滞回线。

6.1.1　周期层中 Co 层厚度的影响

为了研究周期层中 Co 层厚度对多层膜性能的影响，制备了以下一系列样品：Pt（1nm）/[Co（t_{Co} = 0.2nm，0.3nm，0.4nm，0.5nm，0.6nm）/Pt(0.8nm)]$_4$。

图 6-1（a）为改变 t_{Co} 时的霍尔曲线，从图中可以看到当 t_{Co} 为 0.2nm 也即一个原子层时样品基本没有磁滞，矫顽力和剩磁都接近于零，只有 t_{Co} 为 0.3nm 和 0.4nm 时样品的霍尔曲线才有完全的矩形度和 100% 的剩磁比，而当 t_{Co} 再变大到 0.5nm 和 0.6nm 时，样品的矩形度又会变差。图 6-1（b）所示为样品的霍尔电阻 R_{Hall} 和矫顽力 H_C 随 t_{Co} 的变化，可以看到当 Co 层逐渐变厚时样品的霍尔电阻也逐渐增加，这是因为霍尔电阻和样品磁矩有关，Co 层越厚磁矩越大，所以相应霍尔电阻也越大。t_{Co} 在 0.2~0.5nm 之间时，矫顽力随 t_{Co} 的增大而增大，但是 0.6nm 样品的矫顽力小于 0.5nm 样品的矫顽力。

对 Co/Pt 多层膜，其有效磁各向异性常数 K_{eff} 可用如下公式表示：

$$K_{eff} = 2K_S/t_{Co} + K_{MC} + K_D + K_{ME}$$
$$= 2K_S/t_{Co} + K_{MC} - 2\pi M_S^2 - \frac{3}{2}\lambda E\varepsilon \tag{6-1}$$

式中，K_S 为 Co 与 Pt 界面的界面磁各向异性能；K_{MC} 为 Co 的磁晶各向异性能；$K_D = -2\pi M_S^2$ 为退磁能；$K_{ME} = -3/2\lambda E\varepsilon$ 为磁弹性能（由于实验中研究的 Co 层较薄，所以可以认为 Co 和 Pt 为一致生长，对于 Co 层较厚的情况，磁弹性能中还应包括非一致生长项的贡献）。当 K_{eff} 为正值时，Co/Pt 多层膜具有垂直磁各向异性，当 K_{eff} 为负值时，Co/Pt 多层膜具有面内磁各向异性，K_{eff} 越大说明多层膜垂直磁各向异性越强。在各个常数 K_S、K_{MC}、K_D 和 K_{ME} 都确定的情况下，影响 K_{eff} 唯一的因素就是周期层中 Co 层的厚度 t_{Co}，当 t_{Co} 小于某一临界值时就可获得正的 K_{eff}，而且 t_{Co} 越小，K_{eff} 越大。但是太薄的 Co 可能由于不连续成膜而和 Pt 混合成为 CoPt 合金，Co 层厚度为 0.2nm 的样品可能就出现了此种情况[6]，所以导致霍尔曲线通过原点没有磁滞。而当 Co 层变厚时界面磁各向异性对 K_{eff} 的贡献越来越小，从而导致 K_{eff} 逐渐减小并成为负值，多层膜的磁各向异性也逐渐从垂直变为面内，这时反映磁矩垂直分量的霍尔曲线也会失去其矩形形状而逐渐倾斜，伴随剩磁比变小，矫顽力也会由于磁滞变弱而变小，这就是图 6-1（a）中 Co 层厚度为 0.5nm 和 0.6nm 时样品的霍尔曲线产生倾斜的原因。

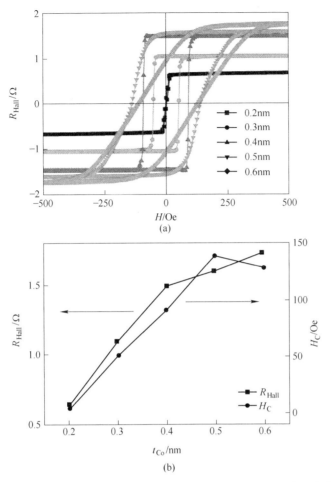

图 6-1 Pt(1nm)/[Co(t_{Co})/Pt(0.8nm)]$_4$ 的磁性随 Co 层厚度的变化[❶]

(a)对应不同 t_{Co} 的霍尔曲线;(b)霍尔电阻和矫顽力随 t_{Co} 的变化

综合分析图6-1 (a) 和 (b),只有当 Co 层厚度为 0.3nm 和 0.4nm 时样品才具有较好的垂直磁各向异性。但是 0.3nm 的 Co 仅为 1.5 个原子层,而元件与 CMOS 集成时要经历 350℃ 的退火过程,此时 Co 和 Pt 间的互扩散会进一步加剧,所以 0.3nm 的 Co 在元件制作过程中可能由于太薄而合金化,同时磁性层太薄时也不利于磁性元件发挥其对自旋电子的控制能力。而 Co 层厚度为 0.4nm 的样品矩形度非常好,同时也有比较大的霍尔效应和不太大的矫顽力,所以周期层中 Co 层的厚度为 0.4nm 时比较合适。

---

❶ 1Oe = 79.6A/m。

6.1.2　周期层中 Pt 层厚度的影响

为了研究周期层中 Pt 层厚度对多层膜性能的影响，实验人员制备了以下一系列样品：Pt(1nm)/[Co(0.4nm)/Pt(t_{Pt1} = 0.4nm，0.6nm，0.8nm，1.0nm，1.2nm，1.4nm)]$_4$。

图 6-2（a）所示为改变 t_{Pt1} 时样品的霍尔曲线。从图中可以看到当 t_{Pt1} 为 0.4nm 和 0.6nm 时，多层膜的霍尔曲线为通过原点的直线，没有磁滞，这说明此

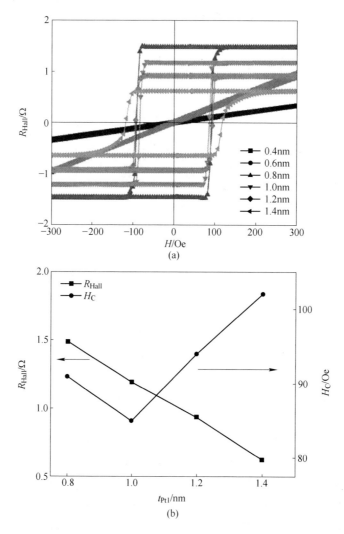

图 6-2　Pt(1nm)/[Co(0.4nm)/Pt(t_{Pt1})]$_4$ 的磁性随周期层中 Pt 厚度 t_{Pt1} 的变化

(a)对应不同 t_{Pt1} 的霍尔曲线；(b)霍尔电阻和矫顽力随 t_{Pt1} 的变化

时多层膜没有垂直磁各向异性，原因是因为太薄的 Pt 层不能给 Co 提供足够的界面磁各向异性。当 Pt 厚度达到 0.8nm 时，霍尔曲线开始具有良好的矩形度且其剩磁比也达到了 100%。

图 6-2（b）所示为多层膜的霍尔电阻和矫顽力随 t_{Pt1} 的变化，在本实验所采用的 t_{Pt1} 范围内霍尔电阻随 t_{Pt1} 的增加近似线性单调减小。Co/Pt 多层膜中只有紧邻 Co 原子的 Pt 原子才能被磁化从而对反常霍尔效应有贡献，被磁化的 Pt 层的深度随温度的降低而增加，室温下 0.4nm Co 磁化的 Pt 原子深度约为两个原子层[7]。如果 Pt 层过厚则未被磁化的 Pt 原子不仅对反常霍尔效应几乎没有贡献，反而会通过分流作用降低霍尔输出信号，所以霍尔电阻随 t_{Pt1} 的增加而减小。矫顽力随 t_{Pt1} 的变化是非单调的，t_{Pt1} 为 1.0nm 时薄膜的矫顽力小于 t_{Pt1} 为 0.8nm 时薄膜的矫顽力，t_{Pt1} 超过 1.0nm 后矫顽力随 t_{Pt1} 的增加而逐渐增加。这是由于 Co/Pt 多层膜中相邻 Co 层之间的耦合是在通过被磁化的 Pt 原子产生的铁磁耦合基础上再叠加随距离振荡变化的 RKKY 耦合[7]，在该实验所做的系列样品中 1.0nm 的 Pt 层使相邻 Co 层的 RKKY 耦合为反铁磁耦合，所以矫顽力出现极小值。

6.1.3 Pt 缓冲层厚度的影响

为了研究 Pt 缓冲层厚度对多层膜性能的影响，实验人员制备了以下一系列样品：Pt(t_{Pt2}=0.8nm, 1.0nm, 1.2nm, 1.4nm, 1.6nm)/[Co(0.4nm)/Pt(0.8nm)]$_4$。

Pt 缓冲层除了具有和周期层中的 Pt 层相同的作用外（提供界面磁各向异性、通过自旋轨道耦合产生反常霍尔效应等），还作为缓冲层对上面周期层的性能有着极大影响。图 6-3（a）为改变 Pt 缓冲层厚度 t_{Pt2} 时得到的样品霍尔曲线，t_{Pt2} 的变化范围为 0.8~1.6nm 时，多层膜均保持了良好的垂直磁各向异性。图 6-3（b）为样品的霍尔电阻和矫顽力随 t_{Pt2} 的变化，从图中可以看到 Pt 缓冲层变厚会导致多层膜的矫顽力单调增加，这是由于 Pt 缓冲层变厚使得上面周期层的（111）织构增强，而（111）织构对应垂直磁各向异性，所以矫顽力增大[8]。同时 Pt 缓冲层变厚时由于分流作用的增加则导致霍尔电阻变小。

6.1.4 周期数 N 的影响

为了研究周期数 N 对 Co/Pt 多层膜性能的影响，实验人员制备了以下一系列样品：Pt(1.0nm)/[Co(0.4nm)/Pt(0.8nm)]$_N$（N=3, 4, 5, 6）。

图 6-4（a）所示为改变样品周期数 N 时的霍尔曲线，可以看到周期数变化范围从 3 到 6 时样品均具有矩形度良好的霍尔曲线。从图 6-4（b）可以看到样品的矫顽力随周期数的增多而线性增加，而霍尔电阻则随周期数的增加线性下降。

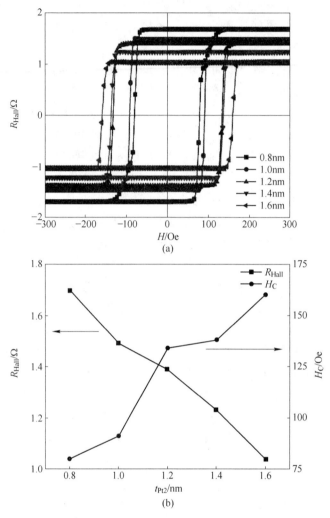

图 6-3 $\text{Pt}(t_{\text{Pt2}})/[\text{Co}(0.4\text{nm})/\text{Pt}(0.8\text{nm})]_4$ 的磁性随 Pt 缓冲层厚度 t_{Pt2} 的变化

(a) 对应不同 t_{Pt2} 的霍尔曲线；(b) 霍尔电阻和矫顽力随 t_{Pt2} 的变化

矫顽力随周期数的变化可以近似用以下公式模拟：

$$H_{\text{C}} = H_{\text{Co}} + \frac{(N-1)J}{M_{\text{S}}t_{\text{Co}}} \tag{6-2}$$

式中，H_{C} 为多层膜的矫顽力；H_{Co} 为 Co 单层的矫顽力；J 为相邻 Co 层单位面积的交换耦合能；M_{S} 为 Co 的饱和磁化强度；t_{Co} 为一层 Co 的厚度；$(N-1)J$ 为所有 Co 层之间的交换耦合能；$(N-1)$ 代表样品中 Pt 中间层数。从式 (6-2) 中可以看到 H_{C} 和 N 呈线性关系。而对于霍尔电阻随周期数增大而变小的实验事实则比较费解，目前还没有比较好的理论解释。

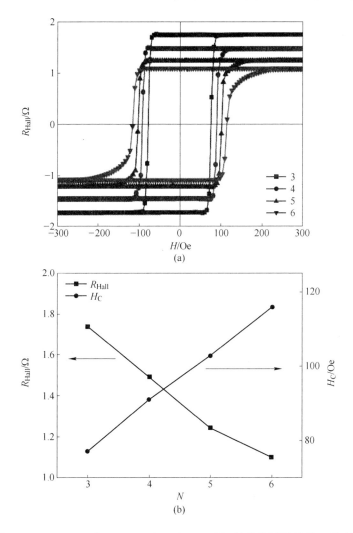

图 6-4　Pt(1.0nm)/[Co(0.4nm)/Pt(0.8nm)]$_N$ 的磁性随周期数 N 的变化

(a) 对应不同周期数 N 的霍尔曲线；(b) 霍尔电阻和矫顽力随周期数 N 的变化

对于反常霍尔效应元件而言，需要综合考虑材料的磁性和输运性质，一般要求材料有比较大的霍尔效应以获得强输出信号，比较小的矫顽力以利于用磁场或电流翻转磁矩。通过以上对影响 Co/Pt 多层膜的磁性和反常霍尔效应各因素的综合分析，Pt(1.0nm)/[Co(0.4nm)/Pt(0.8nm)]$_3$ 既有矩形度良好的霍尔曲线，又有大的霍尔效应和小的矫顽力，能较好满足上述要求，适宜用来制备反常霍尔效应元件。对反常霍尔效应元件材料还要求其有较强的垂直磁各向异性以保持元件的热稳定性，为此实验者利用 VSM 对 Pt(1.0nm)/[Co(0.4nm)/Pt(0.8nm)]$_3$ 的磁滞回线进行了测量，测量时磁场分别与膜面垂直和平行，结果如图 6-5 所示。从图中可以看到垂直磁滞回线具有良好的矩形度和 100% 的剩磁比，而平行磁滞回线则具有典型的难轴特征，为通过原点的重合曲线，饱和场接近 5000Oe。两条磁滞回线和 Y 轴所包围的面积差即为样品的磁各向异性能[9]，通过计算得到其磁各向异性能常数为 $K_{eff} = 2.0 \times 10^6 \, erg/cm^3$ ❶，说明此样品具有很好的垂直磁各向异性。

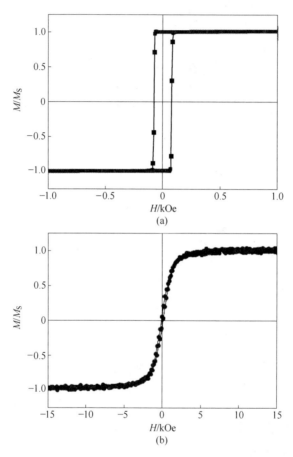

图 6-5　Pt(1nm)/[Co(0.4nm)/Pt(0.8nm)]₃ 的磁滞回线❷

（a）磁场垂直膜面方向施加；（b）磁场平行膜面方向施加

6.1.5　不同缓冲层的影响

除了上面提到的各厚度因素和周期数因素外，缓冲层的不同也会对 Co/Pt 多

---

❶　$1J/m^3 = 10 \, erg/cm^3$。

❷　$1Oe = 79.6A/m$。

层膜的性能产生很大影响。在自旋电子学材料中，常见的金属缓冲层有 Pt、Ta、Cu、Au、Ag、Cr 等，常见的非金属缓冲层有 MgO、AlO$_x$、ZnO、AlN、GaAs 等。在 Co/Pt 多层膜的制备过程中，通常都选择 Pt 作缓冲层，这样既可省去引入额外溅射靶材的必要，同时 Pt 缓冲层也能较好诱导 Co/Pt 多层膜的磁性和输运性质[10,11]。对非金属缓冲层对 Co/Pt 多层膜性能的影响人们研究较多，例如 Zhang 发现以 MgO 为缓冲层可提高 Co/Pt 多层膜的反常霍尔效应[12]，Sumi 利用 ZoO 为缓冲层提高了 Co/Pt 多层膜的垂直磁各向异性和热稳定性[13]。刘帅等人选取了常见的 Ta、Au 和 Cu 做缓冲层，研究了在上面生长的 Co/Pt 多层膜性能的变化，系列样品结构为：Pt（3nm）/[Co（0.4nm）/Pt（1.5nm）]₄、Ta（3nm）/[Co(0.4nm)/Pt(1.5nm)]₄、Au(3nm)/[Co(0.4nm)/Pt(1.5nm)]₄、Cu(3nm)/[Co(0.4nm)/Pt(1.5nm)]₄。

图 6-6 为系列样品的霍尔曲线，可以看到对 [Co(0.4nm)/Pt(1.5nm)]₄ 周期层，3nm 厚 Pt、Ta 或 Cu 缓冲层均能使其霍尔曲线具有良好的矩形度，而 3nm 厚 Au 缓冲层则使其霍尔曲线产生严重倾斜。

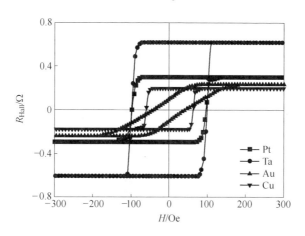

图 6-6　Pt(3nm)/[Co(0.4nm)/Pt(1.5nm)]₄、Ta(3nm)/[Co(0.4nm)/Pt(1.5nm)]₄、Au(3nm)/[Co(0.4nm)/Pt(1.5nm)]₄ 和 Cu(3nm)/[Co(0.4nm)/Pt(1.5nm)]₄ 的霍尔曲线

图 6-7（a）和（b）分别示意出了四种缓冲层所对应样品的矫顽力和霍尔电阻值。Ta 缓冲层对应的样品矫顽力和霍尔电阻都最大，这是因为 3nm 厚 Ta 缓冲层利于上面多层膜一层一层平整生长（Frank-van der Merwe Mode）[14,15]，从而可以从热动力学角度增强 Co/Pt(111) 织构，而 Co/Pt(111) 织构对应垂直磁各向异性[11]，所以以 Ta 为缓冲层的样品垂直磁各向异性最强，矫顽力最大。同时，较平整的 Co-Pt 界面也利于自旋电子的镜面散射，从而可增大反常霍尔效应。Au 缓冲层样品的霍尔曲线严重倾斜，矫顽力也最小，说明 Au 缓冲层最不利于 Co/Pt

多层膜的垂直磁各向异性。但是 Au 缓冲层样品的霍尔电阻比 Cu 缓冲层样品的霍尔电阻大，这其中一方面原因是 Au 为重金属，自旋轨道耦合作用比 Cu 强，所以 Au 缓冲层对反常霍尔效应的贡献比 Cu 大，另一方面原因是 Au 的电阻率为 $2.40 \times 10^{-8} \Omega \cdot m$，大于 Cu 的电阻率 $1.75 \times 10^{-8} \Omega \cdot m$，所以在霍尔效应的测量过程中 Au 的分流作用较小。3nm 厚 Cu 缓冲层虽然还能保持上面 Co/Pt 周期层的垂直磁各向异性，但是其矫顽力远小于 Pt 和 Ta 缓冲层样品，同时由于严重的分流作用其霍尔效应也最差。

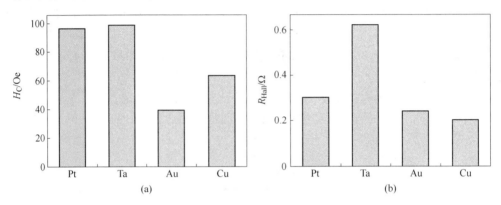

图6-7   Pt(3nm)/[Co(0.4nm)/Pt(1.5nm)]₄、Ta(3nm)/[Co(0.4nm)/Pt(1.5nm)]₄、Au(3nm)/
[Co(0.4nm)/Pt(1.5nm)]₄ 和 Cu(3nm)/[Co(0.4nm)/Pt(1.5nm)]₄ 的磁性
(a)矫顽力；(b)霍尔电阻

总结本节内容：

实验者通过磁控溅射方法制备了一系列 Co/Pt 多层膜样品，系统研究了周期层中 Co 层厚度、周期层中 Pt 层厚度、缓冲层 Pt 厚度、周期数以及不同缓冲层对样品霍尔电阻和矫顽力的影响。通过比较发现在保持垂直磁各向异性的前提下周期层中 Co 层越厚霍尔电阻越大，矫顽力也越大；周期层中 Pt 层越厚霍尔电阻越小，矫顽力则是非单调变化；底层 Pt 越厚霍尔电阻越小，矫顽力越大；周期数越多霍尔电阻越小，矫顽力越大；和 Pt 缓冲层比，Ta 缓冲层更有利于多层膜的垂直磁各向异性和反常霍尔效应，而 Au 和 Cu 缓冲层都会使多层膜的反常霍尔效应和垂直磁各向异性变差。

6.2   具有高磁场灵敏度的 Co/Pt 多层膜反常霍尔传感器材料的合成及表征

自从 1879 年霍尔效应被发现以来，这种物理现象一直被人们所关注[16,17]。正常霍尔效应是由于金属或者半导体中电子在磁场中受到洛伦兹力的作用下发生定向偏转所致。由于半导体具有低载流子浓度，利用半导体的正常霍尔效应设计的磁场传感器得到了广泛的应用。但是，这一类的霍尔传感器也有一些难以克服的缺点：高温度敏感性、电阻率过高、响应频率偏低、制备工艺复杂等。尤其在近些年，随着自旋电子学的蓬勃发展，自旋相关的霍尔效应（量子霍尔效应[18,19]、反常霍尔效应[20,21]、自旋霍尔效应等[22,23]）以其潜在的应用前景和丰富的物理内涵逐步展现出其重要的研究价值。特别值得指出的是，R. A. Buhrman 等人利用非磁金属中的自旋霍尔效应产生的 STT 实现相邻铁磁层的磁矩翻转[24]。不久之前，Q. K. Xun 等人在拓扑绝缘体中首次观察到量子反常霍尔效应[25]。这两项研究工作的进展将极大地提高人们对于自旋相关霍尔效应的研究兴趣，同时也加速了相关的低功耗霍尔器件（逻辑存储器件和磁场传感器等）的研究与开发。反常霍尔效应作为自旋相关的霍尔效应中重要组成部分，其物理起源一直以来是人们关注的焦点[1,5,26~28]。同时，设计基于反常霍尔效应的磁场传感器并提高其霍尔灵敏度也引起了人们广泛的关注。与传统的巨磁电阻效应传感器和隧穿磁电阻传感器相比较，反常霍尔效应传感器具有较高的信噪比和更为简单稳定的制备工艺流程。磁场灵敏度 S_V 是反常霍尔效应传感器的重要技术指标：$S_V = R_{xy} / H_S$。其中 R_{xy} 为饱和反常霍尔电阻，H_S 为磁性材料的饱和场。因此，根据公式可以看出，反常霍尔传感器的高磁场灵敏度取决于高的反常霍尔输出信号和低的饱和场。竺云等人首次在 CoFe/Pt 体系中实现了反常霍尔灵敏度超过半导体霍尔器件的灵敏度，这一工作使得反常霍尔磁场传感器具有了可实用化的潜力[29]。随后，张石磊等人利用 MgO/金属界面对自旋电子的相关散射进一步提高了霍尔灵敏度[12]。卢玉明等人利用维度效应在退火后的 $SiO_2/FePt/SiO_2$ 结构中获得了超高的反常霍尔磁场灵敏度[30]。但是，由于高品质超薄 FePt 合金的磁各向异性强烈地依赖于制备工艺的精度，其可重复性差，这一系列不利因素都严重制约着 FePt 合金在反常霍尔传感器上的实际应用性。相比较之下，$(Co/Pt)_n$ 多层膜的磁各向异性便于调控，同时其热稳定性也被很好地解决[31]，这就使得该材料成为设计反常霍尔传感器较为理想的铁磁性材料。

结合当前自旋电子学器件的研究工作可以看出，界面行为以及界面状态在自旋相关的输运性能调控中发挥了重要的作用[32~37]。例如，界面应力[38]、界面粗糙度[39]和氧化物的厚度[40]都能有效地调控氧化物/铁磁金属/氧化物异质结构中的磁各向异性和输运性能。针对反常霍尔传感器，如何利用人为界面修饰和调控继续提高反常霍尔灵敏度成为目前研究的热点问题。考虑到贵金属 Pt 特殊的能带结构，有利于增强铁磁金属的自旋轨道耦合作用，以及 CoO 层具有调控界面形貌的能力，张静言等人通过在 $MgO/(Co/Pt)_n/MgO$ 体系中 MgO 与金属之间的界面处插入不同的超薄纳米调控层（金属层 Pt 或者绝缘层 CoO），通过界面修饰来提高多层膜体系中的霍尔灵敏度。

张静言等人选取样品结构为 Co(0.6)/Pt(0.6)/Co(0.6)/Pt(0.6)/Co(0.6)

（下文中一律用（Co/Pt）$_3$ 代替）的多层膜进行研究。室温下，采用磁控溅射仪（AJA 1800F）在热处理过的 Si 基片上制备了结构为 MgO(5)/(Co/Pt)$_3$/MgO(2)（下文简称 no-调控），MgO(5)/CoO(0.6)/(Co/Pt)$_3$/CoO(0.6)/MgO(2)（简称 CoO-调控），MgO(5)/Pt(0.6)/(Co/Pt)$_3$/Pt(0.6)/MgO(2)（简称 Pt-调控）和 MgO(5)/Pt(0.6)/(Co/Pt)$_3$/Pt(t)/MgO(2)（所有厚度单位为 nm）的薄膜样品。溅射前本底真空优于 $2.5×10^{-7}$Torr，溅射过程中氩气工作气压保持在 $2.0×10^{-3}$Torr。Co、Pt、MgO、CoO 的溅射速率分别为 0.03nm/s、0.07nm/s、0.005nm/s、0.01nm/s。这几种靶材的纯度都优于 99.99%。薄膜制备完成后，采用半导体微纳加工工艺将薄膜制作成霍尔 bar，并在物理综合性能测试平台（PPMS）上采用四探针法进行输运性能测试。采用 Tecnai F30 高分辨透射电镜（TEM）对薄膜进行微结构表征。利用 ESCALAB 250Xi X 射线光电子能谱仪（XPS）分析薄膜中金属/氧化物界面处元素的化学状态。在北京正负粒子对撞机平台（BEPC）上采用单色正电子获取了样品的正电子湮灭多普勒展宽谱。

通常情况下，反常霍尔传感器要求铁磁材料具有良好的面内磁各向异性和低场线性度。图 6-8 是样品 MgO/(Co/Pt)$_3$/MgO 的反常霍尔电阻随外磁场的变化曲线。从图中可以看出，样品 MgO/(Co/Pt)$_3$/MgO 具有明显的垂直磁各向异性，其矫顽力 H_c 为 4Oe，饱和反常霍尔电阻为 7.4Ω。显然，这一结构的薄膜样品不能满足反常霍尔传感器材料的设计要求。基于该样品的反常霍尔回线，实验者在 MgO 和（Co/Pt）$_3$ 多层膜的界面处引入超薄纳米调控层（厚度小于 1nm）。图 6-9 是样品 CoO-调控：MgO(5)/CoO(0.6)/(Co/Pt)$_3$/CoO(0.6)/MgO(2)（圆形）和样品 Pt-调控：MgO(5)/Pt(0.6)/(Co/Pt)$_3$/Pt(0.6)/MgO(2)（方形）的反常霍尔输出曲线。样品 Pt-调控的饱和霍尔电阻为 5.2Ω，饱和场为 230Oe，其磁场灵敏度为 2261Ω/T。但是，值得注意的是，样品 Pt-调控的反常霍尔回线呈现了明显的磁滞，这对于实际器件的实用是非常不利的，这会造成低场下霍尔回线不过零点，给后续的电路设计造成不必要的麻烦。样品 CoO-调控的饱和霍尔电阻为 9.2Ω，饱和场为 11Oe，其磁场灵敏度高达 8363Ω/T。令人兴奋的是，样品 CoO-调控的反常霍尔回线在 ±11Oe 的磁场范围里呈现了非常好的线性度（低于 0.3Oe）。通过比较发现，样品 CoO-调控的磁场灵敏度比样品 Pt-调控的磁场灵敏度高出了 269%，比目前市场上通用的半导体霍尔传感器元件的最高灵敏度[41]（1000Ω/T）高出 736%。如此高的磁场灵敏度和良好的线性度使得该种结构的薄膜非常适合用于反常霍尔传感器材料。

图 6-10 是样品 MgO(5)/Pt(0.6)/(Co/Pt)$_3$/Pt(t)/MgO(2) 单位面积的饱和磁化强度（菱形）和霍尔电阻（六边形）随 Pt 层厚度 t 的变化曲线。从图中可以看出，该结构的单位面积饱和磁化强度随 Pt 层厚度 t 的变化并不是单调的，这暗示了超薄的 Pt 层（0~0.6nm）插入 Co/MgO 界面时，并不能有效地阻止该界

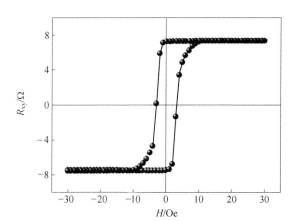

图 6-8 样品 MgO(5)/(Co/Pt)₃/MgO(2) 的反常霍尔电阻随外磁场的变化曲线。

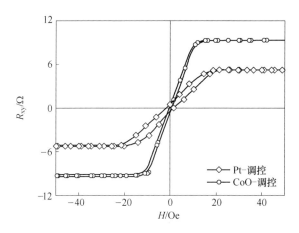

图 6-9 样品 MgO(5)/CoO(0.6)/(Co/Pt)₃/CoO(0.6)/MgO(2)(圆形)和

MgO(5)/Pt(0.6)/(Co/Pt)₃/Pt(0.6)/MgO(2)

(方形)的反常霍尔输出曲线(厚度单位均为 nm)

面处磁死层的存在，这就会导致多层膜单位面积上磁矩的丢失。当 Pt 插层的厚度超过 0.9nm 以后，单位面积的饱和磁化强度基本保持不变。然而，图 6-10 中饱和反常霍尔电阻却是随着 Pt 层厚度的增加而单调减小的，这主要是由于 Pt 的电阻率较小，过厚的 Pt 层会导致分流作用，使得通过磁性层的有效电流减小，虽然 Pt 层的厚度超过 0.9nm 后单位面积的饱和磁化强度达到峰值，但是 Pt 层的分流作用和抑制界面磁死层的作用相互竞争导致了饱和反常霍尔电阻的持续减小。另外，磁性结果还显示，样品 CoO-调控的单位面积饱和磁化强度（图 6-10 中五角星）与同等厚度的 Pt-调控样品相当，但是这一数值均低于同等厚度纯 Co

的值，这有可能是因为超薄纳米调控层（CoO 层）也没有完全阻挡 Co/MgO 界面处 Co 的氧化所导致的。

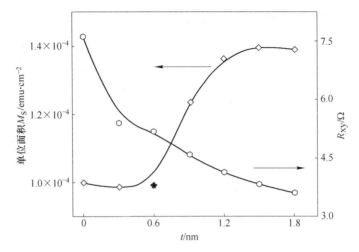

图 6-10 样品 MgO(5)/Pt(0.6)/(Co/Pt)₃/Pt(t)/MgO(2) 的单位面积饱和

磁化强度(菱形)和霍尔电阻(六边形)随 Pt 厚度 t 的变化曲线

(图中五角星为样品 MgO(5)/CoO(0.6)/(Co/Pt)₃/CoO(0.6)/MgO(2) 的单位面积饱和磁化强度)

通过之前的反常霍尔回线可以看出超薄纳米调控层（金属 Pt 层和氧化物 CoO 层）对（Co/Pt)₃多层膜的反常霍尔灵敏度有着非常明显的调控作用。为了弄清楚超薄非连续纳米调控层（Pt 层或 CoO 层）对薄膜反常霍尔灵敏度调控作用不同的原因，实验者利用高分辨透射电镜研究了样品 CoO-调控和 Pt-调控截面微观晶体结构。图 6-11（a）和图 6-12（a）分别为样品 CoO-调控和 Pt-调控的截面高分辨透射电镜照片。可以发现两种样品中的（Co/Pt)₃多层膜均具有连续的、明显的晶体结构。通过对比两个样品的高分辨截面照片，与样品 Pt-调控相比较而言，可以发现采用非连续 CoO 调控层的样品（CoO-调控）的金属/氧化物界面更为平整。为了进一步得到其结晶情况，对图 6-11（a）中 A、B 区和图 6-12（a）中 C、D 区进行了傅里叶变换，得到其晶体衍射花样，如图 6-11（b）、（c）和图 6-12（b）、（c）所示。对比 A、B、C、D 四个区域的衍射花样可以看出，A、B 区域具有几乎完全相同的晶体取向，然而 C、D 区域的晶体取向明显不同。通常情况下，一致的晶体取向可以有效地减少纳米薄膜中的晶界。高分辨透射电镜照片显示利用 CoO 插层可以使得（Co/Pt)₃多层膜具有一致的晶体取向。相比之下，Pt 插层的引入使得（Co/Pt)₃多层膜中存在着大量的晶体取向各异的纳米复合小晶粒。

为了进一步弄清楚薄膜中晶体缺陷（空位、晶界等）的情况，实验者还利用正电子湮没多普勒展宽谱技术研究了样品 CoO-调控和样品 Pt-调控的缺陷浓度

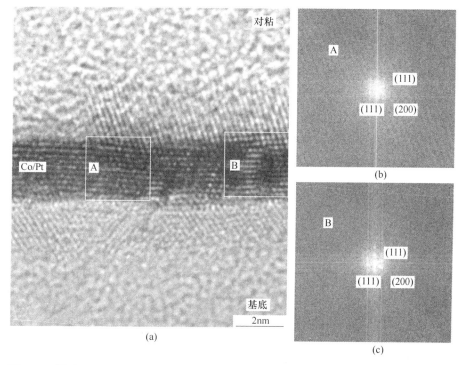

图 6-11 样品 MgO(5)/CoO(0.6)/(Co/Pt)₃/CoO(0.6)/MgO(2)的高分辨透射电镜照片

(a)形貌像;(b)选区 A 的衍射花样图;(c)选区 B 的衍射花样图

和界面附近的元素富集情况。正电子湮没是一种研究薄膜内缺陷信息的有效手段[42]。在本节的正电子多普勒展宽谱研究中，S 参数和 W 参数被用来评估正电子的湮没散射情况。S 参数的定义是 510.24~511.76keV 能量范围中的 γ 光子计数与 504.2~517.8keV 能量范围内的全部 γ 光子计数之比，而 W 参数的定义是 513.6~517.8keV 和 504.2~508.4keV 的能量范围中的 γ 光子计数与 504.2~517.8keV 能量范围内的全部 γ 光子计数之比。通常情况下，这两种参数直接反映了低（高）动量电子在材料中的分布情况。图 6-13（a）为样品 no-调控、CoO-调控和 Pt-调控的 S 参数随正电子能量的变化曲线。本次测试中，慢正电子的入射能量在 0~1.2keV 的范围中，多普勒展宽谱反映的为薄膜信息。当慢正电子的入射能量超过 1.2keV，多普勒展宽谱反映的是基底信息。在 0~1.2keV 的范围中，样品 CoO-调控的 S 参数明显低于样品 no-调控和样品 Pt-调控的 S 参数，与此不同的是样品 Pt-调控的 S 参数与样品 no-调控的 S 参数相差并不大。通常情况下，缺陷较少的材料具有较低的 S 参数。这就说明超薄非连续纳米调控层 CoO 的引入，使得薄膜内的缺陷浓度大幅下降。图 6-13（b）为样品 no-调控、CoO-调控和 Pt-调控的归一化后的 S-W 关系曲线。图中方框区域为基底信息。从图中可以看出，通过拟合3种样品的 $S\text{-}W$ 曲线均在同一直线上，这暗示了它们具有同一种缺陷类型，非连续纳米调控层（氧化物 CoO 层和重金属 Pt 层）的引入并没有给薄膜中带来新的类型的缺陷。然而需要特别说明的是，样品 CoO-调控的 $S\text{-}W$ 曲线并不单单是一条直线，而是一条折头线，如图 6-13（b）中方块曲线所示。这一谱线信息反映出了薄膜内部有某种元素的富集，从而有理由推测这是由于非连续纳米调控层 CoO 的引入导致了金属/氧化物（MgO/Co 和 Co/MgO）界面附近有一定程度的氧元素富集，这些氧元素的富集不仅可以降低界面附近的空位浓度从而使得金属/氧化物界面更为平整，而且金属/氧化物界面附近的氧元素可以促进不同原子之间的相互杂化，从而调控磁性薄膜的磁各向异性，这和之前的理论计算工作是相符的[43]。

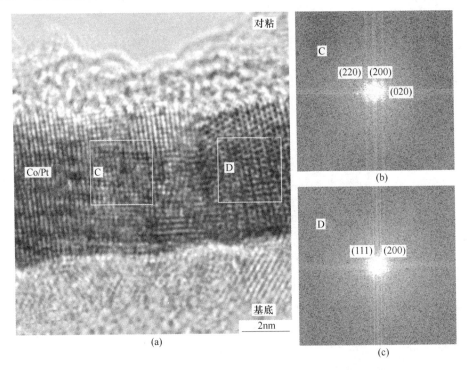

图 6-12   （a）样品 MgO(5)/Pt(0.6)/(Co/Pt)₃/Pt(0.6)/MgO(2) 的高分辨透射电镜照片
（a）形貌像；（b）选区 C 的衍射花样图；（c）选区 D 的衍射花样图

之前有研究表明，CoO 和 CoPt 合金之间存在着一定的外延生长关系[38,44]，因此可以认为非连续纳米调控层 CoO 在界面 MgO/Co 处的引入有利于提高 (Co/Pt)₃ 多层膜的晶体取向。早期的工作显示，无论是磁控溅射还是分子束外延生长的 MgO 都不是化学计量比 1:1 的 MgO[42,45,46]。MgO 层中存在着一定量的氧空位和缺陷。然而在实验者薄膜的制备过程中，CoO 被溅射形成 Co 和 O，这就

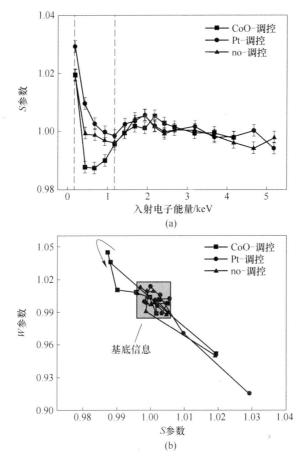

图 6-13　样品 MgO(5)/(Co/Pt)₃/MgO(2)（三角形）、MgO(5)/Pt(0.6)/
(Co/Pt)₃/Pt(0.6)/MgO(2)（圆形）和 MgO(5)/CoO(0.6)/
(Co/Pt)₃/CoO(0.6)/MgO(2)（方形）的正电子湮没曲线

(a)S 参数随正电子入射能量的变化曲线；(b)S-W 参数的变化关系曲线

在真空气氛中引入了一定量的游离氧[45]。这些游离氧可以有效地降低 MgO 层中的氧空位和缺陷，从而形成更为平坦清晰的金属/氧化物界面。结合上述的截面透射电镜照片和正电子湮没多普勒展宽谱的信息来看，Pt-调控中复合纳米小晶粒之间存在着大量的晶界，以及金属/氧化物界面附近也存在着相当一部分空位，与此不同的是，样品 CoO-调控中的晶体取向比较一致，从而可以推测其晶界带来的缺陷会比较少，这与上述正电子湮没的结果是一致的。大量的晶界和空位会对磁畴壁有定扎作用，不利于其翻转，这就导致了样品 Pt-调控的反常霍尔输出曲线中较为明显的磁滞以及较大的饱和场，然而样品 CoO-调控中金属/氧化物界面处的非连续纳米 CoO 层使得界面更加平整，同时使得（Co/Pt）₃ 多层膜的晶体取向一致，减少了薄膜中缺陷的浓度，这是有利于降低缺陷对磁畴的定扎作用，促使（Co/Pt）₃ 多层膜具有更低的饱和场、更好的线性度，这就使得采用非连续纳米调控层 CoO 的薄膜材料具有高达 8363Ω/ T 的反常霍尔磁场灵敏度。

同时，为了研究金属/氧化物界面附近的铁磁元素的化学状态对灵敏度的影响，实验者采用 X 射线光电子能谱（XPS）对样品 CoO-调控和样品 Pt-调控进行研究。样品在磁控溅射系统中制备完成立即放入 XPS 中。XPS 的探测深度为 $d = 3\lambda \sin\alpha$[47]，其中 λ 和 α 分别是光电子的非弹性散射平均自由程和光电子掠入角。λ 值可以从 Tanuma 编写的手册中查到[48]。对 Al K$_\alpha$ 光源来说，在 Mg 中的 Mg 1s 的非弹性散射平均自由程 λ 为 0.81nm，Co 中的 Co 2p 的非弹性散射平均自由程 λ 为 1.18nm，它们的氧化物的 λ 比零价态的 λ 要大 0.1~0.2nm。因此，采用 90° 的光电子掠入角时可以探测到 0~3λ 范围以内的信息总和，超过 95% 的光电子信号来源于这个探测深度范围以内。对样品 CoO-调控和样品 Pt-调控采用直接探测的办法获得上界面处 Co 2p 和 Mg 1s 的信息，如图 6-14（a）与（b）所示。对 MgO(5)/Pt(0.6)/Co(5)/Pt(3) 和 MgO(5)/CoO(0.6)/Co(5)/Pt(3) 进行原位刻蚀探测（刻蚀深度大约为 6nm），来获取下界面处 Co 2p 与 Mg 1s 的信息，如图 6-14（c）和（d）所示。从 XPS 的图谱可以看出，样品 Pt-调控的上界面同时存在着单质 Co（Co 2p3/2 峰位为 777.9eV）和 Co^{2+}（Co^{2+} 2p3/2 峰位为 780eV），同时，上界面处的 Mg 1s 峰位对应于 1303.2eV（低于 MgO 中 Mg 1s 的峰位 1303.8eV），这些表明了非连续纳米调控层 Pt 并没有完全阻挡住上界面附近的 Co 被 MgO 氧化，界面附近依然存在着磁死层。同样的情况也发生在采用非连续纳米调控层 CoO 的样品中，这与图 6-10 中磁性结果是相符合的。但是，如图 6-14（c）、（d）所示，可以发现两种样品下界面的 Mg 1s 均对应于 1303.8eV，暗示了下界面附近的 MgO 并没有失氧；同时，样品 Pt-调控中仅有 777.9eV 处有明显的单质 Co 的 XPS 峰，这就说明了下界面附近并没有 Co 氧化的迹象。结合磁性结果，可以推测样品 CoO-调控的下界面处也应该不存在 Co 的氧化。对于样品 Pt-调控而言，由于上界面处依然存在 Co 的氧化，这就使得 Pt 调控层与 Co 的自旋轨道耦合作用减弱，同时 Pt 层的分流作用，就使得其饱和反常霍尔电阻明显小于样品 CoO-调控的饱和反常霍尔电阻，如图 6-9 所示。这就使得样品 Pt-调控的灵敏度远低于样品 CoO-调控的霍尔灵敏度。

总结本节内容：

本节主要研究了利用不同非连续纳米调控层（重金属 Pt 层和氧化物 CoO 层）改善金属/氧化物界面，调控界面缺陷浓度，优化（Co/Pt）₃ 多层膜的晶体结构，从而调控（Co/Pt）₃ 多层膜的磁各向异性和反常霍尔效应，最终成功地获得具有反常霍尔灵敏度高达 8363Ω/T 的良好线性度的传感器薄膜材料。

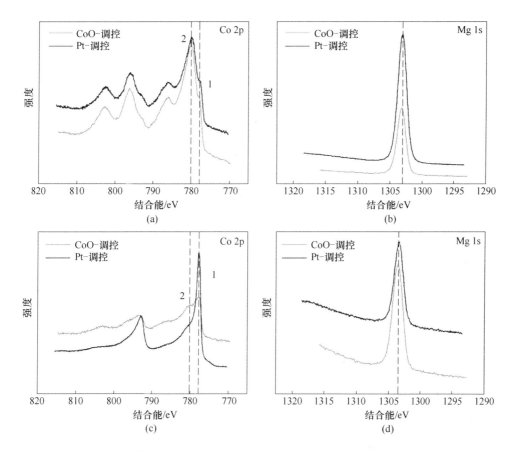

图 6-14 样品 MgO(5)/CoO(0.6)/(Co/Pt)₃/CoO(0.6)/MgO(2)与

MgO(5)/Pt(0.6)/(Co/Pt)₃/Pt(0.6)/MgO(2)的 XPS 图谱

(a)上界面 Co 2p;(b)上界面 Mg 1s;(c)下界面 Co 2p;(d)下界面 Mg 1s

6.3 复合氧化物对垂直磁各向异性（Co/Pt）₃多层膜反常霍尔效应的调控

　　铁磁金属中反常霍尔效应以其复杂的物理机制[26,49]和潜在的应用价值[3,5]得到人们的广泛关注。普遍认为，铁磁材料中的反常霍尔效应与材料本身的自旋轨道耦合作用有着直接关系。基于这一点，Pt 基磁性材料[26,29,50]（如 FePt 合金，CoFe/Pt 多层膜等）以其较强的自旋轨道耦合作用，成为人们研究反常霍尔效应物理起源以及设计基于反常霍尔效应新型器件的热点材料。近期，人们在（Co/Pt)ₙ 中引入新的金属/金属界面[51]（Co/Ru）增强电子在界面上的自旋相关散射作用，有效地提高了 Pt 基磁性材料的反常霍尔效应。Cai 等人利用氧化物/金属低维下强界面效应在具有面内磁各向异性的 $SiO_2/FePt/SiO_2$ 三明治结构中获得了超高的反常霍尔电阻率（ρ_{xy} 约 5.4 $\mu\Omega \cdot cm$），同时由于其反常霍尔灵敏度较高极大地推动了基于反常霍尔效应的线性传感器的实用化进程[30]。此外，利用铁磁金属中反常霍尔效应设计基于反常霍尔效应的非易失存储器件单元是人们关注的另外一个重要的应用领域[5,52]。对于基于反常霍尔效应非易失存储器件单元的设计需要这种材料同时具有适合的垂直磁各向异性以及尽可能大的反常霍尔效应。虽然，室温下 FePt 合金（无序 FePt 和 $L1_0$ 相 FePt）都具有较大的反常霍尔效应[28,53]，但是 FePt 合金的垂直磁各向异性难以调控使得其难以满足多功能的反常霍尔存储器件单元设计的基本要求。然而，对于 Pt 基多层膜[12,29]（$[CoFe/Pt]_n$，$(Co/Pt)_n$ 等）来说，其垂直磁各向异性非常容易调控。但是这些多层膜主要的缺陷在于保持垂直各向异性的情况下他们的反常霍尔效应普遍偏小。因此，如何通过材料结构的设计使得这些多层膜体系同时获得合适的垂直磁各向异性和较大的反常霍尔效应成为目前开发基于反常霍尔效应的非易失存储器单元亟待解决的问题之一。之前的研究工作表明，采用非晶 MgO 层包覆 $(Co/Pt)_n$ 多层膜可以使得其反常霍尔效应显著提升数倍，但是该体系的反常霍尔效应仍然有提升的潜力。有研究表明，CoO 是一种可以改善界面形貌的材料[54]。张静言等人的研究就是基于这一点，采用复合氧化物 MgO/CoO 包覆 $(Co/Pt)_3$ 改善金属/氧化物界面的形貌，从而使得这种材料的反常霍尔效应得到进一步提升。同时，还利用相应的微结构表征分析反常霍尔效应进一步提升的内在原因。

$(Co/Pt)_n$ 多层膜的反常霍尔效应随着 Pt 层厚度增加而减小，这是因为过厚的 Pt 层中不被极化的 Pt 层会分流导致反常霍尔效应降低。因此应该在保证 $(Co/Pt)_n$ 多层膜中有效地自旋轨道耦合作用的同时尽量降低 Pt 层的厚度。之前的研究工作中 $(Co/Pt)_n$ 多层膜中 Co：Pt 原子比为 1：3，本节中的研究将选取 Co：Pt 原子比为 1：1，即结构为 Co(0.6)/Pt(0.6)/Co(0.6)/Pt(0.6)/Co(0.6)（下文中一律用 $(Co/Pt)_3$ 代替）的多层膜进行研究。室温下，采用磁控溅射仪（AJA 1800F）在热处理过的 Si 基片上制备了结构为 $MgO(5-t)/CoO(t)/(Co/Pt)_3/CoO(t)/MgO(2-t)$（$0<t<2$）（下文中一律用 S_1 代替）和 $MgO(5-t)/CoO(t)/(Co/Pt)_3/CoO(2)$（$2<t<4$）（下文中一律用 S_2 代替）（所有厚度单位为纳米）的薄膜样品。溅射前本底真空优于 $2.5\times10^{-7}Torr$，溅射过程中氩气工作气压保持在 $2\times10^{-3}Torr$。研究中用到的所有靶材纯度均优于 99.99%。Co、Pt、CoO 和 MgO 靶材的溅射速率分别是 0.03nm/s、0.07nm/s、0.01nm/s 和 0.005nm/s。采用微纳加工工艺将上述制备的薄膜制作成霍尔 bar，并在物理综合性能测试平台（PPMS）上采用四探针法进行输运性能测试。采用 Tecnai F20 高分辨透射电镜（TEM）对薄膜进行微结构表征。利用 ESCALAB 250Xi X 射线光电子能谱仪（XPS）分析薄膜中金属/氧化物界面（MgO/Co 界面和 Co/MgO 界面）处元素的化学状态。

图 6-15 是样品 S_1 和 S_2 的饱和反常霍尔电阻率 ρ_{xy} 随 CoO 厚度 t 的变化曲线。从图中可以看出，当 CoO 厚度 t 低于 1nm 时，样品 S_1 的饱和反常霍尔电阻率 ρ_{xy} 随着 CoO 厚度 t 的增加显著提升。随着 CoO 厚度 t 进一步增加，样品 S_1 的饱和反常霍尔电阻率 ρ_{xy} 轻微地下降。从以上结果来看，反常霍尔电阻率 ρ_{xy} 在较薄的 CoO 厚度 t 增加地更为明显，这就说明了金属/氧化物界面的微观结构决定了该材料体系中反常霍尔电阻率的变化。当进一步增加 CoO 厚度 t，样品 S_2 中反常霍尔电阻率 ρ_{xy} 仅有小幅增加。图 6-15 插图是样品 MgO(5)/(Co/Pt)₃/MgO(2)（方形）和 MgO(1)/CoO(4)/(Co/Pt)₃/CoO(2)（圆形）的反常霍尔电阻率 ρ_{xy} 随外磁场的变化曲线。从反常霍尔回线可以看出，无论是否引入 CoO，（Co/Pt）₃ 多层膜始终具有良好的垂直磁各向异性。这就可以满足采用这种材料设计基于反常霍尔效应的非易失存储器单元。从图中还可以看出采用复合氧化物 MgO/CoO 包覆（Co/Pt）₃ 多层膜的反常霍尔电阻率 ρ_{xy} 最大达到 3.5μΩ·cm，而单一氧化物 MgO 包覆（Co/Pt）₃ 多层膜的反常霍尔电阻率 ρ_{xy} 仅为 2.1μΩ·cm，增幅高达 67%，比纯（Co/Pt）₃ 多层膜（约为 1μΩ·cm）提高了 250%。

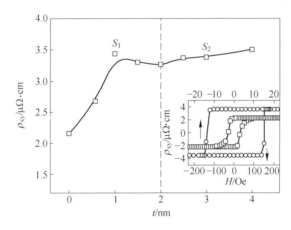

图 6-15　样品 S_1：MgO(5-t)/CoO(t)/(Co/Pt)₃/CoO(t)/MgO(2-t)（0<t<2nm）和样品 S_2：MgO(5-t)/CoO(t)/(Co/Pt)₃/CoO(2)（2<t<4nm）的饱和反常霍尔电阻率随 CoO 厚度的变化曲线
（图右下角插图：样品 MgO(5)/(Co/Pt)₃/MgO(2)（方形）和 MgO(1)/CoO(4)/(Co/Pt)₃/
CoO(2)（圆形）的反常霍尔电阻率随外磁场的变化曲线）

图 6-16（a）和（b）分别是样品 MgO(5)/(Co/Pt)₃/MgO(2) 和 MgO(1)/CoO(4)/(Co/Pt)₃/CoO(2) 的面内和垂直膜面的磁滞回线。从图 6-16（a）和（b）可以看出，复合氧化物 MgO/CoO 包覆（Co/Pt）₃ 多层膜的饱和磁化强度 M_S 远大于单一氧化物 MgO 包覆的（Co/Pt）₃ 多层膜的饱和磁化强度 M_S。通常情况下，对于磁性薄膜来说，它的有效磁各向异性常数 K_{eff} 可以通过用以下公式计算得到：

$$2K_{eff}/M_S = H_S = (2K_V/M_S) - 4\pi M_S + (4K_S/M_S t_{FM}) \qquad (6\text{-}3)$$

式中，K_V 和 K_S 分别为体磁各向异性常数和界面磁各向异性常数；t_{FM} 是铁磁层的总厚度。根据式（6-3）计算可以得到，样品 MgO(5)/(Co/Pt)$_3$/MgO(2) 的 K_{eff} 为 $1.40 \times 10^6 \text{erg/cm}^3$，样品 MgO(1)/CoO(4)/(Co/Pt)$_3$/CoO(2) 的 K_{eff} 为 $3.78 \times 10^6 \text{erg/cm}^3$，增幅达 170%。这就说明了与单一氧化物 MgO 包覆 (Co/Pt)$_3$ 多层膜相比，复合氧化物 MgO/CoO 包覆 (Co/Pt)$_3$ 多层膜不仅使得 (Co/Pt)$_3$ 多层膜的反常霍尔电阻率进一步提升，同时 (Co/Pt)$_3$ 多层膜垂直磁各向异性常数 K_{eff} 也得到了显著提升。

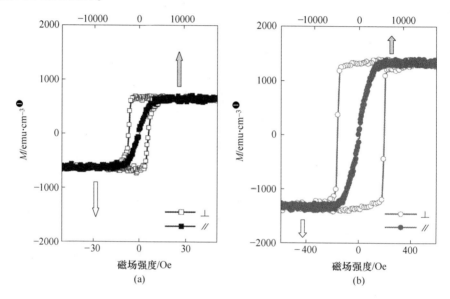

图 6-16　样品垂直和平行膜面方向的磁滞回线

(a)样品 MgO(5)/(Co/Pt)$_3$/MgO(2)；(b)样品 MgO(1)/CoO(4)/(Co/Pt)$_3$/CoO(2)

为了研究复合氧化物 MgO/CoO 包覆 (Co/Pt)$_3$ 多层膜的反常霍尔电阻率比单一氧化物 MgO 包覆 (Co/Pt)$_3$ 多层膜进一步提升的原因，实验者对结构为 MgO(5)/Co(0.6)/Pt(0.6)/Co(0.6)/Pt(0.6)/Co(0.6)/MgO(2) 和 MgO(5)/Co(0.6)/Pt(3)（厚度单位为纳米）的样品用于 XPS 测试，分别用于分析 Co/MgO 界面和 MgO/Co 界面处的元素化学状态。XPS 是分析样品界面化学状态有力的工具[45,55,56]。样品在磁控溅射系统中制备完成一小时后放入 XPS 中。XPS 的本底真空优于 5×10^{-8} Pa，X 射线的光源为 Al K$_\alpha$。能量分析器的通过能量为 30eV，其扫描模式为 CAE。Ar$^+$ 枪工作条件为：氩离子束能为 2keV，工作气压 2×10^{-5} Pa，

❶　$1\text{emu/cm}^3 = 1000\text{A/m}$。

束流密度 $1\mu A/mm^2$。XPS 的探测深度为 $d = 3\lambda \sin\alpha$[47]，其中 λ 和 α 分别是光电子的非弹性散射平均自由程和光电子掠入角。λ 值可以从 Tanuma 编写的手册中查到[48]。对 Al K_α 光源来说，在 Mg 中的 Mg 1s 的非弹性散射平均自由程 λ 为 0.81nm，Co 中的 Co 2p 的非弹性散射平均自由程 λ 为 1.18nm，它们氧化物的 λ 比零价态的 λ 要大 0.1~0.2nm。因此，采用 90°的光电子掠入角时可以探测到 0~3λ 范围以内的信息总和，95%的光电子信号来源于这个探测深度范围以内。所以，对样品 MgO(5)/Co(0.6)/Pt(0.6)/Co(0.6)/Pt(0.6)/Co(0.6)/MgO(2) 不需要 Ar^+ 剥蚀采用 90°掠入角就可以获得 Co/MgO 界面处 Co 元素和 Mg 元素的 XPS 图谱；而对样品 MgO(5)/Co(0.6)/Pt(3)（in nm）采用 Ar^+ 剥蚀 30s（剥蚀掉大约 1.5nm 的 Pt 层）后采用 90°掠入角可以获取 MgO/Co 界面处 Co 元素和 Mg 元素的 XPS 图谱。为了消除荷电效应的影响，所有的 XPS 图谱一律采用C 1s（284.6eV）进行谱线能量校正。采用 Gaussian（80%）-Lorentzian（20%）曲线拟合程序（包括原子的灵敏度因子）对 XPS 谱线进行拟合，峰面积拟合误差均小于 5%。图 6-17（a）和（b）分别是样品 MgO(5)/Co(0.6)/Pt(0.6)/Co(0.6)/Pt(0.6)/Co(0.6)/MgO(2) 中 Co/MgO 界面处 Co 2p XPS 图谱和 Mg 1s 的 XPS 图谱以及拟合曲线。对照 XPS 标准谱图可知，图 6-17（a）中 779.7eV 处峰 1 和 795.2eV 处的峰 3 分别为 Co/MgO 界面处正二价钴的 Co $2p_{3/2}$ 峰和 Co $2p_{1/2}$ 峰，峰 2 和峰 4 分别为其伴峰，这表明 Co/MgO 界面处的 Co 被大量氧化成了 Co^{2+}；图 6-17（b）中 1302.2eV 处拟合峰 1 为 $Mg(OH)_2$ 中 Mg 1s 峰，这可能是由于表面 MgO 吸附了空气中的水形成了一定量的 $Mg(OH)_2$ 所致，而 1303.3eV 处拟合峰 2 略低于 MgO 中 Mg 1s 峰（1303.8eV），这暗示了 Co/MgO 界面附近的 MgO 应该为 MgO_x，即 MgO 处于缺氧状态，x 小于 1，因此 Mg 1s 的电子结合能才会向低结合能方向漂移。关于 MgO 中缺氧这一结果和之前赵崇军等人的正电子湮没测试结果相符合[42]。从电负性和热力学的角度来说，Co/MgO 界面处不会主动发生化学反应。可以认为 Co/MgO 界面处 Co 的氧化可能是由于制备薄膜过程中 MgO 靶材中被溅射下来的氧原子 [O] 和单质 Co 发生了化学反应。图 6-17（c）和（d）分别是样品 MgO(5)/Co(0.6)/Pt(3) 中界面 MgO/Co 处 Co 2p 和 Mg 1s XPS 图谱。图 6-17（c）中 777.9eV 处峰 1 和 793.3eV 处的峰 3 分别为 MgO/Co 界面处 Co 的 $2p_{3/2}$ 峰和 $2p_{1/2}$ 峰，峰 2 和峰 4 分别为其伴峰。对照 XPS 标准图谱可知，尽管 Co 2p 的电子结合能与单质 Co 2p 结合能对应，但是根据伴峰信息可知，有微量的 Co^{2+} 存在，因此 MgO/Co 界面的 Co 以单质 Co 为主，有微量的 CoO；图 6-17（d）中 1303.8eV 处峰 1 是 MgO 中 Mg 1s 峰，这表明 MgO/Co 界面 MgO 并不缺氧。由 XPS 谱图强度可知，单一氧化物 MgO 包覆的（Co/Pt）₃多层膜的 Co/MgO 界面处 Co 被严重氧化，而 MgO/Co 界面处的 Co 仅为微量氧化，由于这些界面处的 Co 被氧化，这就导致了（Co/Pt）₃多层膜中 Co 的饱和磁化强度偏小，同时也导致了（Co/Pt）₃多层膜中靠近 MgO 层的 Co 与 Pt 之间自旋轨道耦合作用降低，从而影响了（Co/Pt）₃多层膜的反常霍尔电阻率和垂直磁各向异性 K_{eff}。考虑到界面处氧化的问题，实验者采用复合氧化物 MgO/CoO 包覆（Co/Pt）₃多层膜，阻止了 Co/MgO 界面和 MgO/Co 界面处 Co 的氧化所导致的磁化强度损失，使得多层膜中靠近 MgO 的 Co 与 Pt 之间的自旋轨道耦合作用增强，这不仅可以提高（Co/Pt）₃多层膜的反常霍尔效应，同时也使得其垂直磁各向异性 K_{eff} 明显增强，实验结果如图 6-15 所示。

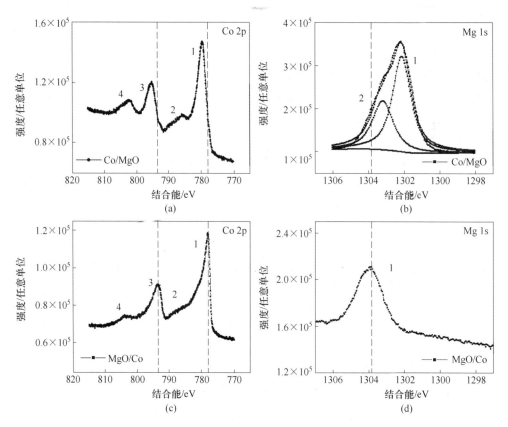

图 6-17 样品的 XPS 图谱

(a) 样品 MgO(5)/Co(0.6)/Pt(0.6)/Co(0.6)/Pt(0.6)/Co(0.6)/MgO(2)中 Co/MgO 界面处 Co 2p；

(b) 样品 MgO(5)/Co(0.6)/Pt(0.6)/Co(0.6)/Pt(0.6)/Co(0.6)/MgO(2)中 Co/MgO 界面处 Mg 1s；

(c) 样品 MgO(5)/Co(0.6)/Pt(3)中 MgO/Co 界面处 Co 2p；

(d) 样品 MgO(5)/Co(0.6)/Pt(3)中 MgO/Co 界面处 Mg 1s

为了进一步研究复合氧化物 MgO/CoO 包覆的（Co/Pt）₃多层膜中反常霍尔效应提升的原因，实验者对图 6-15 右下角的插图中所示样品进行了微结构分析。图 6-18（a）和（b）分别是样品 MgO(5)/(Co/Pt)₃/MgO(2) 和 MgO(1)/CoO(4)/

（Co/Pt）$_3$/CoO（2）的高分辨透射电镜照片。从图 6-18（a）可以看出，暗色区域为连续的（Co/Pt）$_3$ 多层膜，然而在该区域并没有发现明显的晶化区域。但是，从图 6-18（b）中可以清楚地看到复合氧化物包覆的（Co/Pt）$_3$ 多层膜有十分明显晶化迹象，晶化程度大大提升。其中通过测量发现，晶格面间距为 0.217nm 左右，通过对比标准衍射卡片可以得知这是（Co/Pt）$_3$ 多层膜的（111）取向。利用复合氧化物 MgO/CoO 包覆（Co/Pt）$_3$ 多层膜提高了其晶化程度。对于具有良好晶化程度的纳米薄膜而言，良好的晶化程度促进（Co/Pt）$_3$ 多层膜中 Co 的磁有序以及 Co 与 Pt 之间的自旋轨道耦合作用，同时（Co/Pt）$_3$ 多层膜晶化程度的提高也有利于提高自旋电子在界面上的有效散射[57,58]，这都会导致复合氧化物 MgO/CoO 包覆（Co/Pt）$_3$ 多层膜中反常霍尔电阻率的进一步提升。

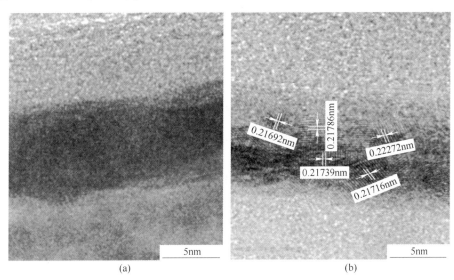

图 6-18　样品的高分辨透射电镜照片

（a）样品 MgO（5）/（Co/Pt）$_3$/MgO（2）；（b）样品 MgO（1）/CoO（4）/（Co/Pt）$_3$/CoO（2）

总结本节内容：

实验者通过研究发现，采用复合氧化物 MgO/CoO 包覆（Co/Pt）$_3$ 多层膜使得其反常霍尔电阻率进一步提升，同时该体系的垂直磁各向异性也明显提升。反常霍尔效应的大幅提升主要是由于复合氧化物比单一氧化物促进（Co/Pt）$_3$ 多层膜晶化程度的提高，同时改善了金属/氧化物界面化学状态，抑制了界面附近 Co 元素的过度氧化所致。

6.4　基于 Co/Pt 多层膜反常霍尔效应的 3D 存储器材料的合成及表征

近年来，以隧道结为基本单元的磁随机存储器得到了人们的广泛关注。这种模式是利用材料中自旋维度实现信息的二进制编码存储。随着科学技术的进一步发展和人们对于自旋电子学器件日益增长的需求，这种二维的信息存储模式已经不能满足日后高密度、高运算效率和非易失性存储器的发展[59~61]。在未来的集成电路长远规划的蓝图中，三维存储（3D 存储模式）将成为信息存储介质产业化和商业化中的首选模式。目前，3D 存储器材料的设计与开发面临着一大挑战，那就是需要用于 3D 存储器的材料同时具有高运算效率[62]、信息的非易失性、更高密度的信息存储[63~65]和存储单元的简单逻辑运算能力[66~68]。通过人们的不懈努力，新型 3D 存储器材料的研究取得了一些令人振奋的成果。例如，S. S. Parkin 教授率先提出并实现了 3D 存储模式——赛道存储器[64]。这种 3D 存储器是利用纳米线中畴壁移动实现信息的存储，其存储密度大大提升，容量可以达到传统硬盘的 100 多倍。但是，这种赛道存储器也有一定的不足。当人们需要定位读取存储于纳米线某一畴壁中的信息时，需要施加一个外在的脉冲电流将该位置的畴壁移动到读头处将信息读出，但是这样一来就有可能导致其他畴壁存储的信息发生移位，从而造成下一次读取信息时难以精确找到信息的位置，这不仅会导致信息读取速度的大大降低，同时也容易使得信息丢失。近期，剑桥大学的 R. Lavrijsen 等人又设计了一种全金属的 3D 存储器[69]。虽然这种 3D 存储器材料的存储密度也成倍增长，但是同样的问题也困扰着这种结构的 3D 存储器材料，信息的读写过程同样需要将每一个磁性层中的二进制编码单独写入或者读出，由于每个磁性层之间较强的耦合作用，这就使得信息在读取过程中无法保持非易失性。究其原因，这主要是因为目前设计的 3D 存储器都还是采用了传统的二进制编码形式，无法同时实现高密度、高运算效率、非易失性。因此，如何从材料的角度彻底解决信息读取难、读取效率低这一科学问题成为目前 3D 存储器材料研究中亟待解决的问题之一。

张静言等实验者提出并设计了一种基于反常霍尔效应的 3D 存储器材料——自旋算盘，利用材料的反常霍尔电压作为读出信号，通过结构优化实现多层膜中的铁磁层磁矩逐层翻转，实现多进制的信息编码存储模式。这种模式最大的优点就是将每一列作为一个存储单元进行写入和读取信息，不再单独读取这一列中每一层中的信息，而是将它们的信息作为一个整体进行运算后直接读出，这就不会造成读取信息过程中的信息丢失。

实验者采用磁控溅射的方法在热氧化处理的 Si 基底上制备了 Pt(0.6)/[Co (0.4)/Pt(1.2)]$_3$ 等一系列以此结构为核心堆垛的薄膜样品。溅射前本底真空优于 1×10^{-7}Torr，溅射过程中氩气工作气压保持在 4.0×10^{-3}Torr。Co、Pt、NiO 的溅射速率分别为 0.071nm/s、0.068nm/s、0.034nm/s。这几种靶材的纯度都优于 99.99%。薄膜制备完成后，采用半导体微纳加工工艺将薄膜制作成线宽为 20μm 的霍尔 bar，并在物理综合性能测试平台（PPMS）上采用四探针法进行输运性能测试。

目前，已经被设计出来的 3D 存储器是利用每一个铁磁层中磁矩方向实现"0"和"1"的二进制信息储存[69~71]。例如图 6-19（a）中所示，从左到右为 4 组存储器单元，每一个单元中又有 4 个铁磁层充当基本功能层，可以利用向上和向下的箭头代表磁矩的方向。在传统的 3D 存储器（例如 R. Lavrijsen 提到的模型）的信息存储中，信息的读取是利用铁磁层中的磁电阻效应来实现的[10]，从左到右 4 个存储器单元中存储的信息依次为 |1000>、|0100>、|0010>、|0001>。这 4 个单元中的信息是完全不同的。为了读取这 4 个不同的信息，那就需要将每个功能层的磁矩方向所代表的信息依次读出来。这种读取方式不仅速度慢而且容易丢失信息。实验者提出了一种基于反常霍尔效应的 3D 存储器——自旋算盘，其结构也可以用图 6-19（a）中的示意图表示。在这种 3D 存储器中，可以把 |1000>、|0100>、|0010>、|0001> 作为完全无区别的信息来对待，简称为 |1>，即只统计磁矩向上的铁磁功能层的个数。那么利用 1 个存储器单元，就可以记录 |0>、|1>、|2>、|3>、|4>，这样的信息存储模式就像中国古代算盘的算术方式一样，如图 6-19（b）~（f）所示。这种信息存储模式下的信息读取不需要将每一个功能层中的信息单独读取，而是直接读取 4 个铁磁层中总的反常霍尔效应输出信号。这和之前的 3D 存储器相比，就不需要将每一个功能层的信

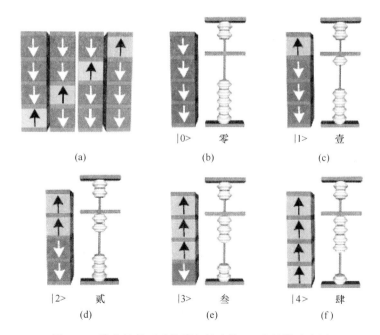

图 6-19　提出的基于反常霍尔效应的 3D 存储器示意图

（a）3D 存储器单元；（b）零；（c）壹；（d）贰；（e）叁；（f）肆

息移位到读头附近单独读取，既提高了读取速度，也不会导致信息读取过程中的信息丢失。这就要求基于反常霍尔效应的 3D 存储器材料中每一层铁磁层中的反常霍尔效应大小相当，而且其矫顽力也要有明显的差别，并且每个铁磁层之间的耦合作用不能太强。

为了实现上面提到的基于反常霍尔效应的 3D 存储器，需要说明的是这种结构的材料中不希望有交换偏置场的出现，因此对于 NiO 的厚度需要严格的控制。图 6-20 是样品 $NiO(t_{NiO})/Pt(0.6)/[Co(0.4)/Pt(1.2)]_3$ 的交换偏置场 H_{ex} 和矫顽力 H_C 随 NiO 厚度 t_{NiO} 的变化曲线。从图中可以看出来，当 NiO 的厚度 t_{NiO} 高于 30nm 时，样品 $NiO(t_{NiO})/Pt(0.6)/[Co(0.4)/Pt(1.2)]_3$ 中呈现了明显的交换偏置场 H_{ex}，因此实验结构中 NiO 的厚度应该控制在 30nm 以下。实验者首先来研究具有两个（Co/Pt）$_3$ 多层膜的自旋算盘。图 6-21 是样品 $NiO(2)/Pt(0.6)/[Co(0.4)/Pt(1.2)]_3/NiO(1)/Pt(0.6)/[Co(0.4)/Pt(1.2)]_3$ 的霍尔输出曲线。这一结构和之前的研究工作中提到的霍尔天平的材料结构相类似[72]。其中（Co/Pt）$_3$ 多层膜的磁矩向上或者向下对应着两种不同反常霍尔效应输出信号。从输出曲线中可以看出，随着外磁场两个的变化，（Co/Pt）$_3$ 多层膜的磁矩方向发生了相对的变化，可以假定（Co/Pt）$_3$ 多层膜磁矩向下为 |0>，磁矩向上为 |1>。那么可以看出外磁场 -500Oe 磁化后，两个磁矩都向下，记录信息为 |00>，如图 6-21（b）所示；当磁场增大到 250Oe 时，其中一个（Co/Pt）$_3$ 多层膜的磁矩向上，另一个（Co/Pt）$_3$ 多层膜磁矩向下，即 |01>，如图 6-21（c）所示；当磁场超过 500Oe 时，两个（Co/Pt）$_3$ 多层膜的磁矩向上，即 |11>，如图 6-21（e）所示。需要说明的是，|01> 和 |10> 的信息存储过程是一样的。在信息存储时，只统计磁矩向上的（Co/Pt）$_3$ 多层膜的个数，那么利用两个（Co/Pt）$_3$ 多层膜就可以实

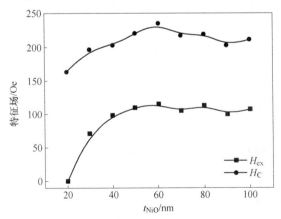

图 6-20　样品 $NiO(t_{NiO})/Pt(0.6)/[Co(0.4)/Pt(1.2)]_3$（厚度单位为 nm）
的交换偏置场 H_{ex} 和矫顽力 H_C 随 NiO 厚度 t_{NiO} 的变化曲线

现三进制的信息存储，即 |0>、|1>、|2>。在这一过程中，通过外磁场控制两个（Co/Pt）₃多层膜反常霍尔输出信号的不同（磁矩向上或者向下），并将这两个（Co/Pt）₃多层膜的反常霍尔输出信号简单加减，形成了人工的"量子化的霍尔状态"，这就可以实现三进制信息存储。

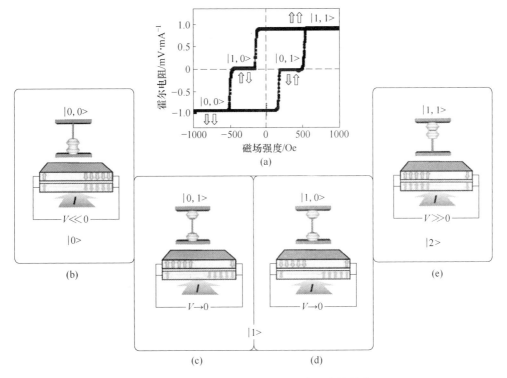

图 6-21   具有两个(Co/Pt)₃多层膜的自旋算盘

(a)自旋算盘的霍尔输出曲线;(b)记录信息为|00>;(c)记录信息为|01>;(d)记录信息为|10>;(e)记录信息为|11>

　　根据这一结果，实验者又设计了具有更多（Co/Pt）₃多层膜的自旋算盘结构。实验者利用 NiO 和（Co/Pt）₃多层膜制备了复合的多层膜结构，其示意图如图 6-22（a）所示。其中每一个（Co/Pt）₃多层膜为一个功能层，简称为①、②、③、④。图 6-22（b）为四功能层自旋算盘信息写入和读取的工作示意图。理想情况下，人们希望四功能层的自旋算盘的输出曲线为等间距的反常霍尔信号（均为 50μV）和等间距的矫顽力（依次为 125Oe、250Oe、375Oe、500Oe），其模拟的输出曲线和信息状态存储如图 6-22 所示。仍然只统计磁矩向上的功能层。首先外磁场施加至 -500Oe 使得 4 个功能层的磁矩一律向下，那么此时的信息状态为 |0>，可以把此时的霍尔输出电压记为 0μV；随后将外磁场增加至 125Oe，因为最上层的功能层④的矫顽力最小，那么它的磁矩将最先翻转，变成向上，此时

的信息状态为 |1>，霍尔输出电压为 50μV；依次增加外磁场至 2500e，第二层功能层③的磁矩发生翻转，此时信息为 |2>，霍尔输出电压为 100μV；依次类推直至 4 个功能层的磁矩全部翻转向上，此时的霍尔输出电压为 250μV。这个过程是将信息写入自旋算盘的过程，同时读取其中的信息只需要将这个单元中 4 个功能层的总反常霍尔电压信号读取即可，那么所代表的信息状态为：信息状态 = 霍尔输出电压/50μV。这样就可以通过利用四功能层的自旋算盘实现五进制信息写入和读取。这一读取过程同样不需要任何的信息移位，不会因信息移位的机制导致丢失某一位的存储信息。通过实验者模拟的结果，材料结构的设计中就需要注意两个问题，每个功能层——（Co/Pt）$_3$ 多层膜的结构尽量一致，保证其反常霍尔效应输出电压信号尽量一致，同时还要使得功能层之间的矫顽力有明显的差别并保持弱的相互耦合作用，这个可以通过调节 NiO 的厚度来实现。

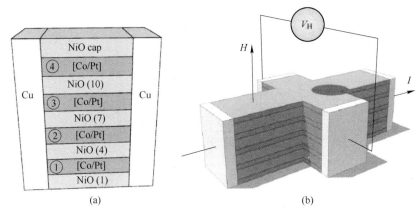

图 6-22　具有 4 个功能层的 3D 存储器单元——自旋算盘
（a）多层膜结构示意图；（b）四功能层的自旋算盘的信息写入和读取模式示意图

实验者利用不同厚度的 NiO 来调控复合多层膜结构的反常霍尔效应。图 6-24 是（a）样品 Pt（0.6）/[Co（0.4）/Pt（1.2）]$_3$/NiO（1）/Pt（0.6）/[Co（0.4）/Pt（1.2）]$_3$/NiO（2）/Pt（0.6）/[Co（0.4）/Pt（1.2）]$_3$/NiO（3）/Pt（0.6）/[Co（0.4）/Pt（1.2）]$_3$ 和（b）样品 [Co（0.4）/Pt（1.2）]$_3$/NiO（2）/Pt（0.6）/[Co（0.4）/Pt（1.2）]$_3$/NiO（3）/Pt（0.6）/[Co（0.4）/Pt（1.2）]$_3$/NiO（4）/Pt（0.6）/[Co（0.4）/Pt（1.2）]$_3$ 的反常霍尔输出曲线。图 6-24（a）中反常霍尔输出曲线只有两个稳定的状态，这就说明了 4 个功能层的磁矩并没有依次翻转，这主要可能是由于 NiO 的厚度太薄，导致了（Co/Pt）$_3$ 多层膜之间仍然存在着较强的耦合作用[73]，使得磁矩之间的翻转发生了相互影响，最终导致磁矩没有随着外磁场的增加依次翻转。因此，实验者改变了 NiO 的厚度进行结构的优化，如图 6-24（b）所示。从图中可以发现 NiO 厚度的变化使得反常霍尔回线展现出了

三个稳定的状态，但是依然发现（Co/Pt）₃ 多层膜之间的耦合作用仍然影响了 4
个功能层磁矩的翻转情况，这就导致了无法通过反常霍尔输出电压信号完全区分
模拟中所得到的五种信息状态，也就无法实现五进制的信息存储。因此，有必要
对（Co/Pt）₃ 多层膜和 NiO 的复合多层膜进行结构上的进一步优化。图 6-25 是样
品 Pt(0.6)/[Co(0.3)/Pt(1.2)]₃/NiO(2)/Pt(0.6)/[Co(0.4)/Pt(1.2)]₃/NiO
(4)/Pt(0.6)/[Co(0.4)/Pt(1.2)]₃/NiO(6)/[Co(0.4)/Pt(1.2)]₃ 的反常霍尔
输出曲线。实验者发现在这个结构完全实现了在图 6-19 和图 6-23 中所模拟的 5
种信息存储状态 |0>、|1>、|2>、|3>、|4>，这些人工"量子化的霍尔状态"
可以实现基于反常霍尔效应的 3D 存储器——自旋算盘的全部功能。

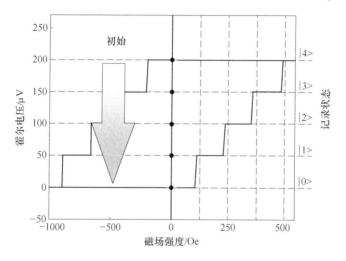

图 6-23　四功能层的自旋算盘信号输出曲线的模拟示意图

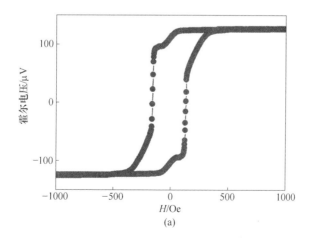

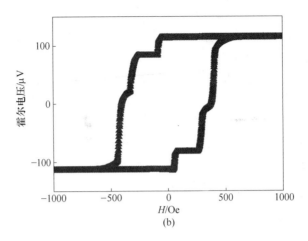

图 6-24　样品的反常霍尔输出曲线

(a) 样品 Pt(0.6)/[Co(0.4)/Pt(1.2)]₃/NiO(1)/Pt(0.6)/[Co(0.4)/Pt(1.2)]₃/

NiO(2)/Pt(0.6)/[Co(0.4)/Pt(1.2)]₃/NiO(3)/Pt(0.6)/[Co(0.4)/Pt(1.2)]₃;

(b) 样品 [Co(0.4)/Pt(1.2)]₃/NiO(2)/Pt(0.6)/[Co(0.4)/Pt(1.2)]₃/NiO(3)/

Pt(0.6)/[Co(0.4)/Pt(1.2)]₃/NiO(4)/Pt(0.6)/[Co(0.4)/Pt(1.2)]₃

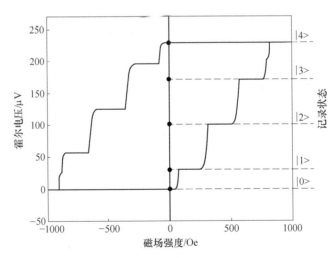

图 6-25　样品 Pt(0.6)/[Co(0.3)/Pt(1.2)]₃/NiO(2)/Pt(0.6)/[Co(0.4)/Pt(1.2)]₃/

NiO(4)/Pt(0.6)/[Co(0.4)/Pt(1.2)]₃/NiO(6)/[Co(0.4)/Pt(1.2)]₃ 的反常霍尔输出曲线

总结本节内容：

实验者提出并设计了基于反常霍尔效应的 3D 存储器材料。实验者采用 (Co/Pt)₃ 多层膜和 NiO 在实验上实现了人工 "量子化的霍尔状态"，为实现信息的多进制存储提供了保证。该 3D 存储器的设计改变了目前的"0"与"1"的二进制信息存储模式，采用类似与古代算盘的多进制编码模式，实现信息的一次性读取，这种材料解决了当前 3D 存储器材料读取信息过程中的信息容易丢失的问题。

6.5　不同界面对 MgO/(Co/Pt)₃/MgO 三明治结构中磁输运性能的调控

随着材料厚度急剧降低至纳米尺度，量子尺寸效应使得材料呈现了多种有趣的物理化学现象，不同材料之间的界面对材料的基本性质（力学性质、光学性质、电学性质、催化性质等）起到了举足轻重的影响作用。尤其是当材料的厚度降低到电子平均自由程以下（小于 10nm），位于界面附近的几个原子层的生长质量和状态将对材料的微观性质具有决定性的作用。过去的数十年中，人们已经可以通过构造不同的界面以及改变界面附近的原子状态从而操控材料的宏观性质，例如界面操控磁矩转动、电磁耦合、催化效率等一系列的物理化学性质[24,36,74~78]。自从巨磁电阻效应被发现以后，自旋电子学材料以及设计相关的自旋电子器件引起了人们极大的关注和研究热情，其中对界面进行操控以及修饰为未来的自旋电子材料的研究提供了新的思路，并由此打开了一片广阔的新天地[79~82]。近些年，过去的研究中不乏利用界面行为调控、影响自旋相关性质的例子。例如，S. Ikeda 等人通过改变 MgO/CoFeB 界面状态首次设计实现了具有垂直磁各向异性的隧道结[33]。L. Q. Liu 的研究表明通过 Co/AlOₓ 界面处的自旋流注入可以实现铁磁层磁矩的转动[22]。X. F. Jin 利用 Cu 层对铁磁层进行界面修饰以此来研究反常霍尔效应三种机制的竞争关系[37]。此外，通过理论计算发现 Fe/MgO 界面处的 Fe 和 O 的杂化程度影响着该体系的磁各向异性，随后陈喜等人通过调控 CoFeB/MgO 界面处的 Fe 含量影响界面附近的 Fe-O 杂化程度，从而成功地提高了该体系的垂直磁各向异性[83]。当然，还有近期引起人们广泛关注的电场辅助翻转磁矩的研究中也是通过外电场改变界面附近的态密度从而实现磁矩转动的[84]。由此可见，界面行为的操控已经成为一种获取高品质自旋电子材料及器件的有效手段。值得注意的是，两种不同的材料（例如材料 A，B）可以构成两种界面 A/B 和 B/A，这种由于制备的先后顺序所形成的不同界面对铁磁多层膜的输运性能的影响是否完全相同呢，关于这方面的研究还比较少。深入认识这一问题有利于根据不同的界面状态对相关磁输运性质进行调控，从而获取高品质的自旋电子学材料及器件。本节中实验者利用 X 射线光电子能谱研究了 MgO/(Co/Pt)₃/MgO 三明治结构中不同的金属/氧化物界面（MgO/Co 界面和 Co/MgO 界面）对磁输运性能的影响。

实验者研究的 (Co/Pt)₃ 多层膜结构为 Co(0.6)/Pt(0.6)/Co(0.6)/Pt

(0.6)/Co(0.6)（下文中一律用（Co/Pt）$_3$ 代替）。采用磁控溅射系统（AJA 1800F）在热处理过的 Si 基片上制备了结构为 S_{bottom}：MgO（5-t_{CoO}）/CoO（t_{CoO}）/（Co/Pt）$_3$/MgO（2）和 S_{top}：MgO（5）/（Co/Pt）$_3$/CoO（t_{CoO}）/MgO（2- t_{CoO}）（厚度单位均为 nm）两类多层膜样品。溅射前本底真空优于 2.5×10^{-7} Torr，溅射过程中氩气工作气压保持在 2×10^{-3} Torr。所有靶材的纯度均优于 99.99%。（Co/Pt）$_3$ 多层膜采用 DC 溅射，MgO 层和 CoO 层采用 RF 溅射。采用半导体微加工工艺将薄膜制作成霍尔 bar，并在物理综合性能测试平台（PPMS）上采用四探针法进行输运性能测试。利用 ESCALAB 250Xi X 射线光电子能谱仪（XPS）获得薄膜中金属/氧化物界面（MgO/Co 界面和 Co/MgO 界面）处元素的化学状态。

在样品 MgO（5）/（Co/Pt）$_3$/MgO（2）的上下界面处分别引入 CoO 插层，示意图如图 6-26（a）所示。图 6-26（b）是室温下样品 S_{top} 和 S_{bottom} 的饱和反常霍尔电阻率随 CoO 厚度 t_{CoO} 的变化曲线。从图中可以看到，样品 S_{top} 的饱和反常霍尔电阻率随着 CoO 的厚度的增加而显著提高，最高增幅达 45%。样品 MgO（5）/（Co/Pt）$_3$/MgO（2）的饱和反常霍尔电阻率为 2.1 $\mu\Omega \cdot$ cm，而当 $t_{CoO} = 1.4$ nm 时，其饱和反常霍尔电阻率提升到了 3.1 $\mu\Omega \cdot$ cm。这其中需要特别指出的是，当 $t_{CoO} < 1.4$ nm 时，饱和反常霍尔电阻率随 CoO 厚度增加呈现线性增加趋势。当 t_{CoO} 超过 1.4 nm 之后，饱和反常霍尔电阻率增加的并不明显，这也意味着界面状态在很大程度上影响着（Co/Pt）$_3$ 多层膜反常霍尔电阻率的变化。与此不同的是，样品 S_{bottom} 的饱和反常霍尔电阻率的增加相对较小，最大增幅仅 25%。实验者挑选出三个代表性的样品 MgO（5）/（Co/Pt）$_3$/MgO（2）、MgO（5）/（Co/Pt）$_3$/CoO（2）、MgO（3）/CoO（2）/（Co/Pt）$_3$/MgO（2）进行了磁性测量，通过磁滞回线得到它们室温下的饱和磁化强度 M_S，如图 6-26（b）插图所示。研究结果表明没有 CoO 插入的样品的饱和磁化强度 M_S 仅为（550±25）emu/cm^3。根据之前大量的文献报道，纯（Co/Pt）$_n$ 多层膜（$n = 3 \sim 6$）的饱和磁化强度 M_S 大约为 1000emu/cm^3[31,85,86]。相比之下 MgO（5）/（Co/Pt）$_3$/MgO（2）的饱和磁化强度 M_S 偏低。原因可能是：当很薄的 Co 层（相当于（Co/Pt）$_3$ 多层膜中最下层的 Co 层）直接沉积在 MgO 层上时，由于溅射过程中原子的动量较高导致一部分 Co 会被嵌入 MgO 层中，而这些嵌入 MgO 中的 Co 颗粒会呈现超顺磁性[87]，那么底层 Co 就基本不具有铁磁性了，这就导致了（Co/Pt）$_3$ 多层膜中三层 Co 对饱和磁化强度 M_S 的贡献是不一样的。然而当 $t_{CoO} = 2$ nm 时，S_{top} 和 S_{bottom} 的饱和磁化强度 M_S 分别为（1219±30）emu/cm^3、（537±23）emu/cm^3。对比发现，上界面 Co/MgO 处引入 CoO 层后，饱和磁化强度 M_S 大幅增加，然而下界面 MgO 处引入 CoO 层后，饱和磁化强度 M_S 并没有明显变化。

XPS 是一种分析界面化学状态和电子结构非常有效的手段[45,55]。为了搞清楚上下金属/氧化物界面处引入 CoO 对磁输运性能影响不同的原因，实验者对样

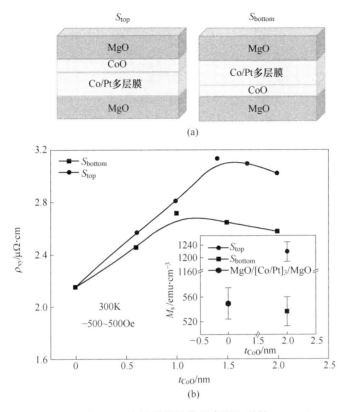

图 6-26 多层膜的结构示意图和磁性

（a）对样品 MgO(5)/(Co/Pt)₃/MgO(2) 的上下界面进行修饰的示意图；（b）样品 S_{top} 和 S_{bottom} 的
饱和反常霍尔电阻率随 CoO 厚度 t_{CoO} 的变化曲线，插图：样品 MgO(5)/(Co/Pt)₃/MgO(2) 的饱和
磁化强度（六边形），当 CoO 插层厚度为 2nm 时，样品 S_{top}（圆形）和 S_{bottom}（方形）的饱和磁化强度

品 MgO(5)/(Co/Pt)₃/MgO(2) 和 MgO(5)/(Co/Pt)₃/CoO(1.4)/MgO(0.6)（厚
度单位为 nm）进行了 XPS 测试用于分析 Co/MgO 界面处的元素化学状态。为了
获得下界面 MgO/Co 界面处的元素化学状态，实验者专门设计了样品 MgO(5)/
Co(0.6)/Pt(3) 和 MgO(4.4)/CoO(0.6)/Co(0.6)/Pt(3)（厚度单位为 nm）进
行 XPS 测试。样品在磁控溅射系统中制备完成立即放入 XPS 中。XPS 的本底真
空优于 5×10^{-8}Pa，X 射线的光源为 Al K_α。能量分析器的通过能量为 30eV，其扫
描模式为 CAE。Ar⁺ 枪工作条件为：氩离子束能为 2keV，工作气压 2×10^{-5}Pa，束
流密度 1μA/mm²。XPS 的探测深度为 $d = 3\lambda\sin\alpha$[47]，其中，λ 和 α 分别是光电子
的非弹性散射平均自由程和光电子掠入角。λ 值可以从 Tanuma 编写的手册中查
到[48]。对 Al K_α 光源来说，在 Mg 中的 Mg 1s 的非弹性散射平均自由程 λ 为
0.81nm，Co 中的 Co 2p 的非弹性散射平均自由程 λ 为 1.18nm，它们的氧化物的

λ 比零价态元素的 λ 要大 $0.1 \sim 0.2$nm。因此，采用 $90°$ 的光电子掠入角时可以探测到 $0 \sim 3\lambda$ 范围以内的信息总和，超过 95% 的光电子信号来源于这个探测深度范围以内。对样品 MgO(5)/(Co/Pt)$_3$/MgO(2) 和 MgO(5)/(Co/Pt)$_3$/CoO(1.4)/MgO(0.6) 进行低能量 Ar^+ 剥蚀去除表面吸附后获得上界面 Co/MgO 界面处各元素的 XPS 图谱，对于样品 MgO(5)/Co(0.6)/Pt(3) 和 MgO(4.4)/CoO(0.6)/Co(0.6)/Pt(3)进行剥蚀 40s（刻蚀深度大约 2nm），以获取下界面 MgO/Co 界面处各元素的 XPS 图谱。为了消除荷电效应的影响，所有的 XPS 图谱一律采用 C 1s（284.6eV）进行谱线能量校正。采用 Gaussian（80%）-Lorentzian（20%）曲线拟合程序（包括原子的灵敏度因子）对所得 XPS 谱线进行拟合，峰面积拟合误差均小于 5%。

图 6-27（a）~（c）给出的是样品 MgO(5)/(Co/Pt)$_3$/MgO(2) 和 MgO(5)/(Co/Pt)$_3$/CoO(1.4)/MgO(0.6) 中上界面 Co/MgO 界面处 Co 2p、Mg 1s、O 1s 的 XPS 图谱。比照 XPS 标准图谱可知，图 6-27（a）中 777.9eV 处 XPS 峰（简称峰 Co）和 780.1eV 处 XPS 峰（简称峰 CoO）分别对应于金属 Co 和氧化物 CoO 中 Co 2p$_{3/2}$峰，这意味着在样品制备过程中上界面 Co/MgO 附近的 Co 被氧化成 Co^{2+}。对于上界面 Co/MgO 处引入 CoO，XPS 图谱显示金属 Co 和氧化物 CoO 同时存在于该界面处。通常情况下，峰 Co 与峰 CoO 的 XPS 峰面积比可以反映出界面附近 Co 的相对含量。通过对比图 6-27（a）中的图谱，可以发现上界面 Co/MgO 处引入 CoO 插层使得该界面处 Co 单质的含量明显增加，这也就意味着上界面 Co/MgO 附近金属 Co 明显增加了。图 6-27（b）中 1302.7eV 处的 XPS 峰（峰 MgO）相对于 MgO 中 Mg^{2+} 1s 的 XPS 峰（1303.8eV）向低结合能方向移动了 1.1eV，这就说明了 MgO 并不是化学计量比为 $1:1$ 的氧化物，上界面 Co/MgO 处的 MgO 处于失氧状态，这和之前的正电子湮没结果相符。如图 6-27（b）所示，1303.8eV 处 XPS 峰（峰 MgO'）对应于 MgO 中 Mg 1s，这一结果暗示了当 CoO 插层引入上界面 Co/MgO 后 MgO 是化学计量比 $1:1$ 的 MgO。图 6-27（c）表明 529.5eV 处 XPS 峰（简称峰 O-Ⅱ和峰 O-Ⅱ'）和 530.9eV 处 XPS 峰（简称峰 O-Ⅰ和峰 O-Ⅰ'）分别对应于 CoO 和 MgO 中 O 1s 的 XPS 峰。值得注意的是，无论是否有 CoO 引入上界面 Co/MgO，该界面处始终有 CoO 存在，但是其含量有明显的变化。根据上述的上界面 Co/MgO 处的 XPS 图谱，在上界面 Co/MgO 附近 MgO 处于失氧状态，存在一定的氧空位，与此同时 Co 被来自 MgO 溅射过程中分离出的游离 [O] 氧化成 Co^{2+} 离子，该研究结果和之前关于隧道结 Fe/MgO/Fe 中的研究结果相符。在上界面 Co/MgO 处引入 CoO 后，界面附近的金属 Co 含量明显地增加了。从热力学角度来看，Co 和 CoO 之间不存在任何化学反应。因此，上界面附近的 Co 含量的增加主要是来自 CoO 插层抑制了该界面的化学反应。

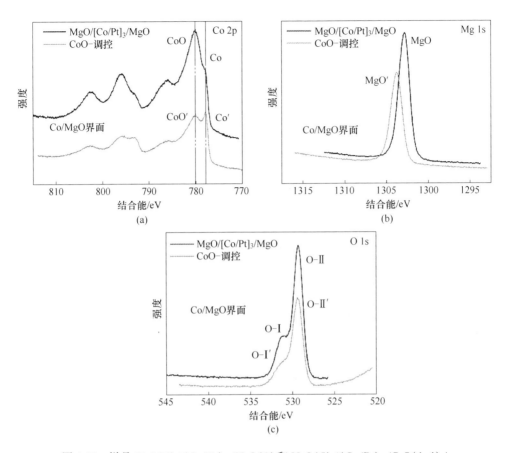

图 6-27 样品 MgO(5)/(Co/Pt)₃/MgO(2) 和 MgO(5)/(Co/Pt)₃/CoO(1.4)/
MgO(0.6) 中 Co/MgO 界面处的高分辨 XPS 图谱
(a)Co 2p;(b)Mg 1s;(c)O 1s

图 6-28 (a)~(c) 给出样品 MgO(5)/Co(0.6)/Pt(3) 和 MgO(4.4)/CoO
(0.6)/Co(0.6)/Pt(3) 的下界面 MgO/Co 处 Co 2p、MgO 1s、O 1s 的 XPS 图谱。
图 6-28 (a) 中 777.9eV 处的 XPS 峰（简称峰 Co）对应于金属 Co 2p₃/₂峰，这就
意味着在下界面 MgO/Co 附近的 Co 并没有发现被氧化。对于 CoO 插层引入下界
面 MgO/Co 处，777.9eV 的 XPS 峰（简称峰 Co′）和 780.0eV 处 XPS 峰（简称峰
CoO′）分别对应于金属 Co 和氧化物 CoO 中的 Co 2p₃/₂峰。同时，图 6-28 (b) 中
1303.8eV 处的 XPS 峰（简称峰 MgO 和峰 MgO′）对应于 MgO（化学计量比为
1∶1）中 Mg 1s 的 XPS 峰，这也就说明无论是否在下界面 MgO/Co 处引入 CoO，
该界面处的 MgO 并没有失氧形成氧空位，还是化学计量比 1∶1 的 MgO。图 6-28
(c) 显示 530.9eV 处的 XPS 峰（简称峰 O-Ⅰ 和峰 O-Ⅰ′）和 529.5eV 处 XPS 峰
（简称峰 O-Ⅱ′）分别对应于 MgO 和 CoO 中 O 1s 的 XPS 峰，这也就证实了在引

入 CoO 之前下界面 MgO/Co 处只有一种氧化物（即 MgO）。根据上述的 XPS 结果可以推测，无论是否引入 CoO 在下界面 MgO/Co 处，该界面处始终没有化学反应发生。

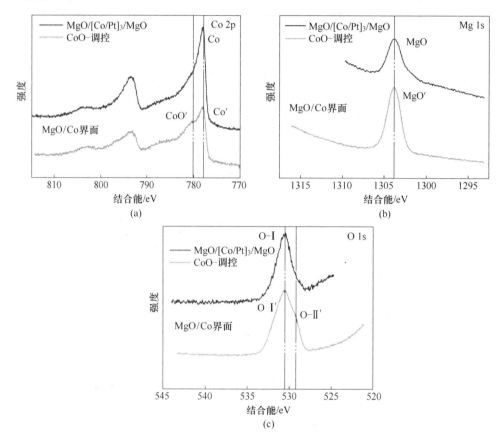

图 6-28　样品 MgO(5)/Co(0.6)/Pt(3) 和 MgO(4.4)/CoO(0.6)/Co(0.6)/
Pt(3) 中下界面 MgO/Co 处的高分辨 XPS 图谱
(a)Co 2p;(b)Mg 1s;(c)O 1s

综合上述的上下界面处的 XPS 信息不难发现，上下界面处的界面化学状态是截然不同的。因此，根据 XPS 的结果可以推断，Co/MgO 界面处的 CoO 插层有效地抑制了界面的氧化还原反应，导致了样品饱和磁化强度 M_S 的提高。与此不同的是，MgO/Co 界面处并不存在 Co 被氧化的迹象，因此在该界面上的 CoO 插层没有改变界面的化学状态，其饱和磁化强度 M_S 也就基本没有改变。通常情况下，铁磁薄膜中反常霍尔效应与饱和磁化强度 M_S 的关系公式为

$$\rho_{xy} = 4\pi R_S M_S \tag{6-4}$$

式中，R_S 为反常霍尔系数，反常霍尔系数 R_S 对于某一种材料而言只随温度的变

化而变化。因此，铁磁薄膜中的反常霍尔效应强烈的正比依赖于体系中的饱和磁化强度 M_S。从而有理由相信，上界面 Co/MgO 引入 CoO 插层使得（Co/Pt）₃ 多层膜的饱和磁化强度 M_S 显著提高，这是其反常霍尔电阻率提高 45% 的主要原因。下界面 MgO/Co 处引入 CoO 层对（Co/Pt）₃ 多层膜的饱和磁化强度 M_S 的影响几乎可以忽略，但是，其反常霍尔电阻率还有一定增加。通常认为，铁磁薄膜中的反常霍尔效应还与电子在晶界、界面处的自旋相关散射有关[57]。之前的研究表明，下界面 MgO/Co 处引入的 CoO 层可以优化了上层（Co/Pt）₃ 多层膜的晶体结构，从而导致了界面处的电子的自旋相关散射增强。因此，可以认为（Co/Pt）₃ 多层膜的晶体结构的改善是样品 S_{bottom} 中反常霍尔电阻率增加 25% 的重要原因之一。

图 6-29（a）是室温下样品 S_{top} 和 S_{bottom} 的矫顽力 H_C 随 CoO 插层厚度 t_{CoO} 的变化曲线。从图中不难看出，样品 S_{top} 的矫顽力 H_C 随着 CoO 的厚度 t_{CoO} 增加而单调增加，相反的是，样品 S_{bottom} 的矫顽力 H_C 随着 CoO 的厚度的增加并没有明显的变化。这也就是说上下界面处的 CoO 插层对（Co/Pt）₃ 多层膜的矫顽力 H_C 调控作用截然不同。J. Shi 等人的研究表明 CoPt 与 CoO 之间存在着一定的局部外延关系，这有利于 CoO 具有良好的面心立方晶体结构[38]。同时，人们也知道 CoO 的晶体结构的好坏直接影响着交换耦合作用的方向和强度。人们通常用交换偏置场 H_{ex} 来量化交换耦合作用的强度[87]。对于实验者的研究，CoO 生长在非晶的 MgO 和具有（111）晶体取向的（Co/Pt）₃ 多层膜上会导致其晶体结构上明显的差异，这将会导致不同的交换偏置场 H_{ex}。对于 CoO 这一材料而言，则需要把测试温度降到它的 Neel 温度以下才能测得它的交换偏置场 H_{ex}。为了弄清楚调控作用不同的原因，实验者对样品进行低温磁性测试，温度从 300K 降低至 5K。

图 6-29（b）和（c）分别是温度为 5K 时样品 S_{top} 和 S_{bottom}（$t_{CoO}=2nm$）在垂直磁场和面内磁场下的磁滞回线。从图中可以看出，样品 S_{top} 具有非常明显的交换偏置场 H_{ex}，其大小为 $-297Oe$，同时还发现垂直磁场下的磁滞回线明显倾斜。导致磁滞回线严重倾斜的原因主要应该有两方面：（1）（Co/Pt）₃ 多层膜中可能形成了条纹畴，根据以往的文献报道条纹畴会导致磁滞回线的矩形度变差[88,89]；（2）靠近 CoO 的 Co 层和 CoO 层具有很强的交换耦合作用导致了该样品中的铁磁层磁矩并不是一直转动。然而，对于样品 S_{bottom} 而言，低温下的交换偏置场 H_{ex} 仅为 $-77Oe$。低温下的磁滞回线显示样品 S_{top} 比 S_{bottom}（$t_{CoO}=2nm$）具有更大的交换偏置场 H_{ex}。这也就意味着样品 S_{top}（$t_{CoO}=2nm$）中多层膜与 CoO 插层具有更强的交换耦合作用。这也就可以推断室温下同样是样品 S_{top}（$t_{CoO}=2nm$）的交换耦合作用更强。从另外一个方面考虑，之前提到 MgO/Co 界面附近有一些因为溅射原因造成的超顺磁 Co 颗粒，这也会导致 MgO/Co 界面处 CoO 与（Co/Pt）₃ 多层膜之间的交换耦合作用变差，这与 Co/MgO 界面处的情况完全不一样。通常，强

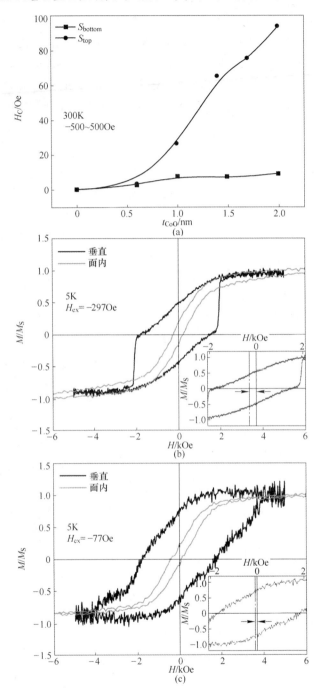

图 6-29 S_{top} 和 S_{bottom} 的磁性特征

（a）样品 S_{top} 和 S_{bottom} 的矫顽力 H_C 随 CoO 插层厚度 t_{CoO} 的变化曲线；（b）当 $t_{CoO}=2nm$ 时，
样品 S_{top} 在 5K 下的磁滞回线；（c）当 $t_{CoO}=2nm$ 时，样品 S_{bottom} 在 5K 下的磁滞回线

交换耦合作用导致铁磁薄膜具有更大的矫顽力 H_C [90]。这就解释了图 6-29 （a）中样品 S_{top} 和 S_{bottom} 中的矫顽力随 CoO 厚度截然不同的变化情况。

总结本节内容：

实验者系统研究了 MgO/（Co/Pt）$_3$/MgO 三明治结构中 MgO/Co 界面和 Co/MgO 界面的化学状态对该体系的磁输运性能影响。实验者发现 MgO/Co 界面和 Co/MgO 界面不同的化学状态在铁磁薄膜材料的磁输运性能的调控中起到了截然不同的作用。同时，实验者通过界面修饰的办法成功地提高了（Co/Pt）$_3$ 多层膜的反常霍尔效应。这一研究成果有利于今后人们通过设计不同的金属/氧化物界面来调控铁磁薄膜反常霍尔效应，满足基于反常霍尔效应的多功能自旋电子学器件的需求。

6.6 具有高反常霍尔偏转角的 Co/Pt 基多层膜存储器材料的合成及表征

20 世纪末，自旋电子学作为一门极具潜力的交叉学科得到了蓬勃发展。人们不断探索自旋相关的物理本源同时也设计了许多自旋电子学器件以满足人类生活、生产的需求。值得一提的是，基于磁隧道结（MTJ）结构的磁随机存储器（MRAM）发展迅猛，相关研究工作吸引了众多科研工作者的研究热情和兴趣[10,33,91,92]。随着研究的深入，隧道结（MTJ）的研究取得了很大的进展，TMR 值的不断提高，存储密度大幅提高，但是，居高不下的临界翻转电流密度（$10^6 \sim 10^7 A/cm^2$）成了阻碍磁随机存储器进一步大规模工业化实用化的极大障碍。因此，如何降低临界电流密度成为近些年该领域人们集中关注的热点问题。虽然，人们采取了一系列的方法，例如电场辅助[84,93,94]、微波辅助[95]、热辅助[96] 等，使得该电流密度有所下降，这些研究工作使得人们再次看到了 MTJ-MRAM 的应用潜力，但是如何使其能够和如今主流的半导体工艺直接兼容实现其大规模工业化生产还需要克服许多科学技术难题。

与此同时，人们进行了一系列的尝试，力图利用不同的物理效应和不同的介质材料来完成信息的逻辑运算和存储，例如，相变存储器[97,98]，铁电存储器[99,100]，阻变存储器[101,102] 等。值得指出的是，近年来利用具有反常霍尔效应的材料来实现 3D 信息逻辑存储阵列也受到了人们的关注[5,72,103]。设计基于反常霍尔效应的存储单元要求材料具有室温下的垂直磁各向异性和较大的反常霍尔偏转角。霍尔偏转角是衡量基于反常霍尔效应的存储单元的关键性指标，$\alpha = \rho_{xy}/\rho_{xx}$，其中 ρ_{xy} 和 ρ_{xx} 分别是反常霍尔电阻率和正常电阻率。这一指标衡量了磁性材料对自旋电子的偏转能力。在过去的数十年中，人们对其产生了浓厚的兴趣并做了大量的研究工作，先后在一系列体系中获得了较高的霍尔偏转角，例如 GaMnAs（10% 4.2K）[104]、Fe$_{0.79}$Gd$_{0.21}$（5.8% 77K）[105]、FeSm（4.8% 300K）[106]，

2008 年 B. Dieny 在其论文中指出只有在室温下霍尔偏转角超过 5% 才有可能使得基于反常霍尔效应的存储单元与后续的半导体集成电路直接接驳，然而目前即使是 Pt 基多层膜和合金的霍尔偏转角在保证体系垂直磁各向异性的情况下远小于 5%，远远达不到上述要求，这就极大地影响了基于反常霍尔效应的存储器件与后续电路的直接接驳，限制了其作为下一代 3D 存储阵列基本单元的发展潜力[5]。因此，如何在室温下具有垂直磁各向异性的材料中获取超过 5% 的霍尔偏转角成为推动基于反常霍尔效应的存储单元发展中需解决的首要问题。近些年，研究人员通过设计金属/氧化物的界面、利用界面效应调控材料的反常霍尔效应取得了大量的成果[12,30,37,107]，这都说明了界面在磁输运性质的调控中起到了非常重要的作用。有研究表明 CoO 与 CoPt 之间的局部外延关系以及它们之间的强交换耦合作用有利于 CoPt 获取更好的垂直磁各向异性[38,90]，同时，CoO 对自旋电子还具有较强的散射作用。因此，张静言等人采用 CoO 包覆 (Co/Pt)$_n$ 多层膜，以此利用它们之间的强耦合作用保证该三明治结构的垂直磁各向异性，在此基础上他们还通过增加 Co/Pt 界面以求提高自旋电子在界面处的散射，从而在室温下首次获得超过 5% 的霍尔偏转角。

实验者采用磁控溅射仪（AJA 1800F）在室温下在热处理的 Si 基片上制备了三种结构的样品，其结构分别为 [Co(0.6)/Pt(0.6)]$_n$、MgO(5)/[Co(0.6)/Pt(0.6)]$_n$/MgO(5) 和 CoO(5)/[Co(0.6)/Pt(0.6)]$_n$/CoO(5)（所有厚度单位为 nm）。溅射前本底真空优于 2.5×10^{-7} Torr，溅射过程中氩气工作气压保持在 2×10^{-3} Torr。采用半导体微加工工艺将薄膜制作成霍尔 bar，并在物理综合性能测试平台（PPMS）上采用四探针法进行变温输运性能测试。采用 Tecnai F30 高分辨透射电镜对薄膜进行微结构表征，采用 X 射线衍射仪对薄膜织构进行表征。

铁磁金属中的霍尔偏转角需要测量两个量：反常霍尔电阻率和正常电阻率。测试原理图如图 6-30（a）所示。图 6-30（b）是多层膜样品霍尔 bar 的扫描电镜照片，从图中证实实验者利用微纳加工技术获取的霍尔 bar 的线宽为 30μm。图 6-30（c）给出的是样品 [Co(0.6)/Pt(0.6)]$_n$（方形）、MgO(5)/[Co(0.6)/Pt(0.6)]$_n$/MgO(5)（圆形）、CoO(5)/[Co(0.6)/Pt(0.6)]$_n$/CoO(5)（六边形）的霍尔偏转角随 (Co/Pt)$_n$ 多层膜周期数 n 的变化趋势。从图中可以看出，三种样品的霍尔偏转角都随着周期数 n 的增加而单调递增。值得指出的是，当周期数 n 超过 7 之后，CoO(5)/[Co(0.6)/Pt(0.6)]$_n$/CoO(5) 的霍尔偏转角均超过了 5%。并且对比三组样品可以发现，对于周期数 n 从 2 增加到 10，采用 CoO 包覆的 (Co/Pt)$_n$ 多层膜其霍尔偏转角始终高于纯 (Co/Pt)$_n$ 多层膜和采用 MgO 包覆的 (Co/Pt)$_n$ 多层膜的霍尔偏转角。此外，根据磁滞回线结果分析汇总得到，样品 [Co(0.6)/Pt(0.6)]$_n$ 均为面内磁各向异性。样品 CoO(5)/[Co(0.6)/Pt(0.6)]$_n$/CoO(5) 始终具有垂直磁各向异性，这主要是由于 CoO 和铁磁层具有较强的交换耦合作用,这种交换耦合作用有利于增强体系的垂直磁各向异性。然而,采用 MgO 包覆的 $(Co/Pt)_n$ 多层膜的磁矩方向随着周期数 n 的增加从面内变化到垂直于膜面。实验者在结构为 $CoO(5)/[Co(0.6)/Pt(0.6)]_7/CoO(5)$ 的样品首次实现室温下垂直磁各向异性材料体系中霍尔偏转角超过 5%,如图 6-30 (c) 插图所示,这一研究结果突破了 B. Dieny 教授关于 Pt 基材料中反常霍尔偏转角不能超过的 5% 的预言,同时这也使得基于反常霍尔效应的存储器件单元与半导体工艺可以直接接驳集成化,这就可以保证反常霍尔存储器直接驱动 CMOS 单元,而无须任何额外的放大电路。

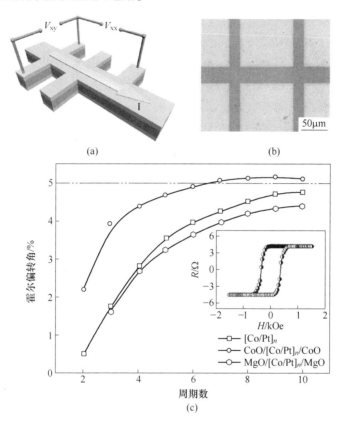

图 6-30　多层膜反常霍尔效应测量方式及结果

(a)多层膜中反常霍尔效应的测试原理图;(b)霍尔 bar 的形貌图;(c)结构为 $(Co/Pt)_n$,

$CoO/(Co/Pt)_n/CoO$、$MgO/(Co/Pt)_n/MgO$ 的样品的反常霍尔偏转角随周期

数 n 的变化曲线,插图为 $n=7$ 的 $CoO/(Co/Pt)_7/CoO$ 的霍尔输出曲线

利用高分辨透射电镜和 X 射线衍射仪对样品进行了微结构表征。图 6-31 (a) 是结构为 $CoO/(Co/Pt)_7/CoO$ 的样品的低倍透射电镜照片。从图中可以看出,薄膜样品为典型的连续三明治结构:氧化物/铁磁多层膜/氧化物。通过对图

6-31（a）中方框区域的高分辨透射电镜观察，如图6-31（b）所示，黑色区域为核心堆垛——(Co/Pt)$_7$。高分辨电镜照片显示多层膜具有大量的晶化区域，通过对结晶区域较好的两部分A和B进行傅里叶变换得到衍射花样如图6-31右下角所示，可以发现多层膜具有很明显的fcc（111）取向，根据以前的研究结果可知（111）织构有利于薄膜具有较好的垂直磁各向异性。同时，还可以发现，在上界面处（(Co/Pt)$_7$/CoO），界面附近的CoO有明显晶化的迹象，这就是在该界面附近多层膜和CoO存在局部外延关系，这一结果和之前实验者在(Co/Pt)$_7$/MgO界面处观察到的情况完全不同。图6-31（c）是图6-31（a）中方框区域的高分辨扫描透射电镜照片。从图6-31（c）可以清楚地看到明暗相间的条纹，其中亮的条纹为Pt层，这是由于Pt具有较大的原子序数所致。这就暗示了多层膜中超薄的Co层和Pt层（厚度都小于1nm）都形成了较为完整的层状结构，该层状结构使得更多的电子在Co/Pt和Pt/Co界面上进行自旋相关散射，结合之前的研究结果，这对于提高反常霍尔效应是非常有利的。

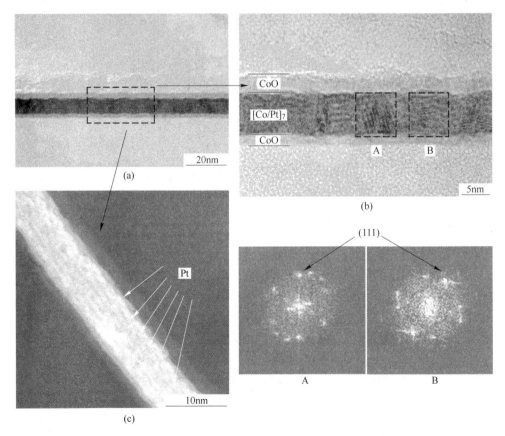

图6-31　结构为 CoO/(Co/Pt)$_7$/CoO 的样品的透射电镜照片

(a)低倍透射电镜照片；(b)高分辨透射电镜照片；(c)高分辨扫描透射电镜照片

为了比较不同氧化物包覆的 (Co/Pt)$_n$ 多层膜中晶体结构情况，实验者对三组样品 MgO (5)/[Co (0.6)/Pt (0.6)]$_n$/MgO (5)、CoO (5)/[Co (0.6)/Pt (0.6)]$_n$/CoO(5)、[Co(0.6)/Pt(0.6)]$_n$ (n=2，4，7) 的 XRD 进行了分析，如图 6-32 (a)~(c) 所示。从图中可以看出，[Co(0.6)/Pt(0.6)]$_n$ 中有两个 XRD 衍射峰对应于 CoPt fcc 的 (110) 与 (111)，这就说明了 [Co(0.6)/Pt(0.6)]$_n$ 中有两种不同取向的纳米小晶粒。对于采用 MgO 和 CoO 包覆的 (Co/Pt)$_n$ 多层膜而言，随着周期层 n 的增加，41°对应的 CoPt fcc (111) 峰越来越明显。不同的是，MgO 包覆的 (Co/Pt)$_n$ 多层膜 (n=7) 具有明显的两个峰位对应于 CoPt fcc (110) 和 (111)，而 CoO 包覆的多层膜 (n=7) 仅具有一个峰位对应于 CoPt fcc (111)。结合前面透射电镜的微结构信息可知，CoO 与多层膜的界面处，CoO 与 CoPt 有局部外延关系，这有利于单一织构的多层膜生长。通常情况下，(Co/Pt)$_n$ 多层膜具有单一 (111) 织构，这对薄膜具有良好的垂直磁各向异性具有非常重要的作用。

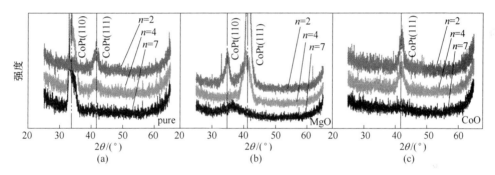

图 6-32　多层膜的 X 射线衍射图谱

(a)样品(Co/Pt)$_n$(n=2，4，7)；(b)样品 MgO/(Co/Pt)$_n$/MgO(n=2，4，7)；

(c)样品 CoO/(Co/Pt)$_n$/CoO(n=2，4，7)

图 6-33 (a) 给出了样品 CoO(5)/[Co(t_{Co})/Pt(6)]$_7$/CoO(5) 的霍尔偏转角随多层膜中 Co 的厚度 t_{Co} 的变化曲线。但是霍尔偏转角随 t_{Co} 并不是单调的，先增加后减小，其中在 t_{Co} = 0.7nm 时，霍尔偏转角达到极大值。这就暗示了巨大的霍尔偏转角并不是由于磁性层本身所致，而可能是由于 Co/Pt 界面对自旋电子的散射所导致的。图 6-33 (b) 是样品 CoO(t)/(Co/Pt)$_7$/CoO(t) 和 MgO(t)/(Co/Pt)$_7$/MgO(t) 的霍尔偏转角随氧化物厚度 t 的变化曲线。对于采用 CoO 包覆的 (Co/Pt)$_7$ 多层膜，随着 CoO 的厚度增加，其霍尔偏转角并没有明显的变化，基本保持在 5.1% 附近。然而，MgO 包覆的 (Co/Pt)$_7$ 多层膜的霍尔偏转角随着 MgO 厚度的增加而小幅度下降。这暗示了 CoO/FM 界面和 MgO/FM 界面两种界面状态对于材料体系中输运性能的影响并不相同。

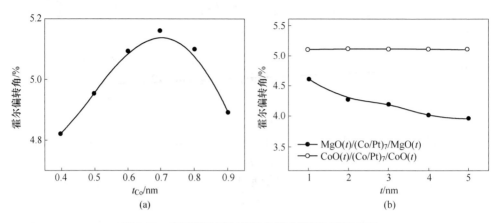

图 6-33   多层膜的霍尔偏转角随功能层厚度的变化

(a)结构为 CoO(5)/[Co(t_{Co})/Pt(0.6)]$_7$/CoO(5)的样品的霍尔偏转角随周期层中 Co 的厚度 t_{Co}
的变化曲线;(b)结构为 MgO(t)/(Co/Pt)$_7$/MgO(t)和 CoO(t)/(Co/Pt)$_7$/CoO(t)的样品的
霍尔偏转角随氧化物层厚度 t 的变化曲线

在基于反常霍尔效应的存储器件实用中,人们比较关心在室温附近的温度区间中其性能的稳定性。图 6-34 给出了 250~350K 范围内样品 CoO(5)/[Co(0.6)/Pt(0.6)]$_7$/CoO(5)的霍尔回线以及饱和霍尔电阻率 $\rho_{xy}^{sat.}$、霍尔偏转角随温度 T 的依赖关系。从图 6-34(a)~(c)中可以看出,在 250~350K 的温度工作区间中,该结构的霍尔 bar 的输出曲线保持了很好的矩形度和垂直磁各向异性(磁性结果在另外的地方给出),这就为信息的存储和逻辑运算提供了稳定的二组态,霍尔存储单元的矫顽力随着温度的升高而不断降低,变化幅度达 60%(420~2600e),这也符合霍尔器件应用在 MRAM 的要求范围。并且,随温度的增加该结构的样品的饱和霍尔电阻率变化并不明显,基本保持在 (3.6±0.1) μΩ·cm,如图 6-34(d)所示。霍尔偏转角在 250~400K 的温度范围之间发生了较微弱的变化,从 250K 的 5%±0.03% 变化至 400K 的 4.9%±0.05%,如图 6-34(e)所示。值得指出的是,在 250~350K 的温度区间中,霍尔偏转角一直保持在 5% 之上,这就保证了霍尔存储单元实际应用完全可以与后续 CMOS 器件直接接驳。

为了研究为何 CoO 包覆(Co/Pt)$_n$ 多层膜可以获得如此大的霍尔偏转角,实验者对样品 CoO/(Co/Pt)$_n$/CoO 和 MgO/(Co/Pt)$_n$/MgO 做了低温输运测试,以求分离影响反常霍尔效应的不同物理机制的贡献。一般来说,磁性材料中的反常霍尔电阻率 $\rho_{xy}^{sat.}$ 和正常电阻率 ρ_{xx} 遵循公式:$\rho_{xy}^{sat.} = a(\rho_{xx}) + b(\rho_{xx})^2$,其中系数 a 代表斜交散射对 AHE 的贡献,系数 b 包括两项:内禀项 κ_{int} 和侧跃散射机制 κ_{sj}。图 6-35(a)给出的是样品 CoO(5)/[Co(0.6)/Pt(0.6)]$_n$/CoO(5)的 $\rho_{xy}^{sat.}(T)/\rho_{xx}(T)$ 与 $\rho_{xx}(T)$ 变化关系。图 6-35(b)给出的是通过图 6-35(a)分离后的样品

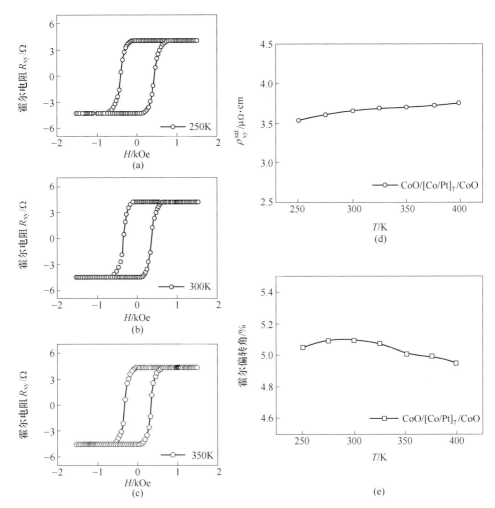

图 6-34 结构为 CoO/(Co/Pt)$_7$/CoO 的样品在不同温度下的霍尔效应

(a) 250K 的霍尔输出曲线；(b) 300K 的霍尔输出曲线；(c) 350K 的霍尔输出曲线；
(d) 该样品的饱和霍尔电阻率随温度的变化曲线；(e) 该样品的霍尔偏转角随温度的变化曲线

CoO(5)/[Co(0.6)/Pt(0.6)]$_n$/CoO(5) 的系数 a 和 b。从图中可以看出，随着周期数 n 的增加系数 a 大幅下降，从 $0.29×10^{-2}$ 变化到 $0.024×10^{-2}$，降幅达 1108%。斜交散射主要来源于金属/氧化物界面，只有当多层膜的周期数足够的少，也就是说薄膜足够薄的时候，金属/氧化物界面对自旋电子的散射才会占主导作用。随着周期数 n 的增加斜交散射对 AHE 的贡献被削弱。更有意思的是，随着周期数 n 的增加系数 b 发生了符号的变化，从负号变成了正号。通常情况下，对于 (Co/Pt)$_n$ 多层膜，系数 a 和 b 的符号是相反的，也就说斜交散射和另外两种机制对 AHE 的贡献是相互削弱的。但是在实验者的体系中发现，当周期数 $n=7$ 时，

系数 a 和 b 同为正号，即这三种机制的贡献为相互增强的。这可能是由于多层膜中 Co/Pt 界面的增加，不仅增强了体系中的自旋轨道耦合作用（SOC），而且使得更多的自旋电子在 Co/Pt 界面发生散射，因此在周期数 n 较大时，内禀项与侧跃项对反常霍尔效应的贡献更大。

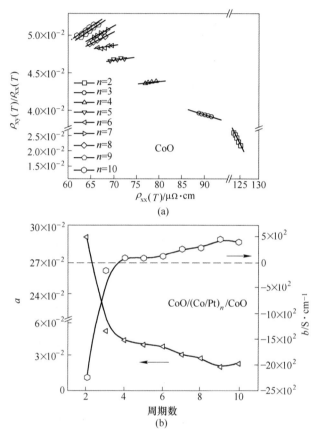

图 6-35　样品 $CoO/(Co/Pt)_n/CoO$ 的霍尔效应

（a）$\rho_{xy}^{sat.}/\rho_{xx}$ 与 ρ_{xx} 的对应关系；

（b）根据（a）图中拟合线分离出来的 a、b 项随周期数 n 的变化规律

同样的情况也发生在样品 $MgO/(Co/Pt)_n/MgO$ 中，如图 6-36 所示。但是，值得指出的是，虽然样品 $CoO/(Co/Pt)_n/CoO$ 和 $MgO/(Co/Pt)_n/MgO$ 中 a、b 随着周期数 n 的变化趋势是一致的，但是样品 $MgO/(Co/Pt)_n/MgO$ 中的 b 值一致小于同周期数下的 $CoO/(Co/Pt)_n/CoO$ 的 b 值，这就说明利用 CoO 包覆（Co/Pt）$_n$ 多层膜比 MgO 包覆的（Co/Pt）$_n$ 多层膜的内禀机制与侧跃机制的贡献更强。因此，有理由相信巨大的霍尔偏转角来源于周期数增加所带来的强自旋轨道耦合作用和 Co/Pt 界面上更强的自旋相关散射。

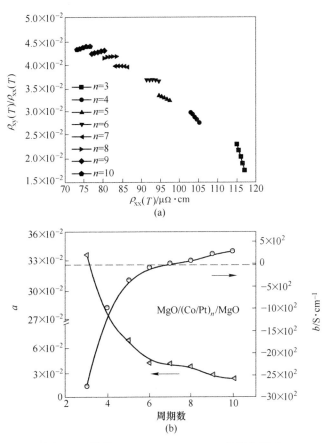

图 6-36　样品 MgO/(Co/Pt)$_n$/MgO 的霍尔效应

（a）$\rho_{xy}^{sat.}/\rho_{xx}$ 与 ρ_{xx} 的对应关系；

（b）根据（a）图中拟合线分离出来的 a、b 项随周期数 n 的变化规律

总结本节内容：

室温下实验者在具有垂直磁各向异性的 CoO/(Co/Pt)$_7$/CoO 三明治结构中首次实现了霍尔偏转角超过 5%，同时该结构在 250~350K 的温度区间中具有良好的温度稳定性以及简单的制备工艺，这一系列的优点使得 Pt 基多层膜成为一种设计基于反常霍尔效应的存储单元很有潜质的材料。微结构表征和输运测试表明，巨大的霍尔偏转角主要来自界面数目增加所引起的 Co-Pt 界面效应。

参 考 文 献

［1］Karplus R, Luttinger J M. Hall effect in ferromagnetics ［J］. Physical Review, 1954, 95: 1154.

［2］Smit J. Side-jump and side-slide mechanisms for ferromagnetic hall effect ［J］. Physical Review

B, 1973, 8: 2349.

[3] Canedy C L, Li X W, Xiao G. Large magnetic moment enhancement and extraordinary hall effect in Co/Pt superlattices [J]. Physical Review B, 2000, 62: 508.

[4] Nakajima N, Koide T, Shidara T, et al. Perpencicular magnetic anisotropy caused by interfacial hybridization via enhanced orbital moment in Co/Pt multilayers: magnetic circular X-ray dichroism study [J]. Physical Review Letters, 1998, 81: 5229.

[5] Moritz J, Rodmacq B, Auffret S, et al. Extraordinary hall effect in thin magnetic films and its potential for sensors, memories and magnetic logic applications [J]. Journal of Physics D: Applied Physics, 2008, 41: 135001.

[6] Bandiera S, Sousa R C, Rodmacq B, et al. Asymmetric interfacial perpendicular magnetic anisotropy in Pt/Co/Pt trilayers [J]. IEEE Magnetics Letters, 2011, 2: 3000504.

[7] Knepper J W, Yang F Y. Oscillatory interlayer coupling in Co/Pt multilayers with perpendicular anisotropy [J]. Physical Review B, 2005, 71: 224403.

[8] Tsunashima S, Hasegawa M, Nakamura K, et al. Perpendicular magnetic anisotropy and coercivity of Pd/Co and Pt/Co multilayers with buffer layers [J]. Journal of Magnetism and Magnetic Materials, 1991, 93: 465.

[9] Johnson M T, Bloemen P J H, den Broeder F J A, et al. Magnetic anisotropy in metallic multilayers [J]. Reports on Progress in Physics, 1996, 59: 1409.

[10] Ikeda S, Hayakawa J, Ashizawa Y, et al. Tunnel magnetorcsistance of 604% at 300K by suppression of Ta diffusion in CoFeB/MgO/CoFeB pseudo-spin-valves annealedat high temperature [J]. Applied Physics Letters, 2008, 93: 082508.

[11] Lin C J, Gorman G L, Lee C H, et al. Magnetic and structural properties of Co/Pt multilayers [J]. Journal of Magnetism and Magnetic Materials, 1991, 93: 194~206.

[12] Zhang S L, Teng J, Zhang J Y, et al. Large enhancement of the anomalous hall effect in Co/Pt multilayers sandwiched by MgO layers [J]. Applied Physics Letters, 2010, 97: 222504.

[13] Sumi S, Kusumoto Y, Teragaki Y, et al. Thermal stability of Pt/Co multilayered films [J]. Journal of Applied Physics, 1993, 73: 6835.

[14] Emori S, Beach G S D. Optimization of out-of-plane magnetized Co/Pt multilayers with resistive buffer layers [J]. Journal of Applied Physics, 2011, 110: 033919.

[15] Fukami S, Suzuki T, Tanigawa H, et al. Stack structure dependence of Co/Ni multilayer for current-induced domain motion [J]. Applied Physics Express, 2010, 3: 113002.

[16] Hall E H. On a new action of the magnet on electric currents [J]. American Journal of Mathematics, 1897, 2: 3.

[17] Chien C L, Westage C R. The hall effect and lts applications [M]. New York: Plenum, 1980.

[18] Xiao D, Zhu W, Ran Y, et al. Interface engineering of quantum Hall effects in digital transition metal oxide heterostructures [J]. Nature Communication, 2011, 2: 596.

[19] Senthil T, Levin M. Integer quantum Hall effect for bosons [J]. Physical Review Letters, 2013, 110: 046801.

［20］ Nagaosa N, Anomalous hall effect-a new perspective ［J］. Journal of the Physical Society of Japan, 2006, 75: 042001.

［21］ Tian Y, Ye L, Jin X F. Proper scaling of the anomalous Hall effect ［J］. Physical Review Letters, 2009, 103: 087206.

［22］ Liu L Q, Lee O J, Gudmundsen T J, et al. Current-induced switching of perpendicularly magnetized magnetic layers using spin torque from the spin Hall effect ［J］. Physical Review Letters, 2012, 109: 096602.

［23］ Jungwirth T, Wunderlich J, Olejnik K, et al. Spin Hall effect devices ［J］. Nature Materials, 2012, 11: 382.

［24］ Liu L, Pai C F, Li Y, et al. Spin-torque switching with the giant spin Hall effect of tantalum ［J］. Science, 2012, 336: 555.

［25］ Chang C Z, Zhang J S, Feng X. Experimental observation of the quantum anomalous Hall effect in a magnetic topological insulator ［J］. Science, 2013, 340: 167.

［26］ Seemann K M, Mokrousov Y, Aziz A, et al. Spin-orbit strength driven crossover between intrinisic and extrinsic mechanisms of the anomalous Hall effect in the epitaxial L10-ordered ferromanets FePd and FePt ［J］. Physical Review Letters, 2010, 104: 076402.

［27］ He P, Ma L, Shi Z, et al. Chemical compositon tuning of the anomalous Hall effect in isoelectronic L10 FePd$_{1-x}$Pt$_x$ alloy films ［J］. Physical Review Letters, 2012, 109: 066402.

［28］ Chen M, Shi Z, Xu W J, et al. Tuning anomalous Hall conductivity in L10 FePt films by long range chemical ordering ［J］. Applied Physics Letters, 2011, 98: 082503.

［29］ Zhu Y, Cai J W. Ultrahigh sensitivity Hall effect in magnetic multilayers ［J］. Applied Physics Letters, 2007, 90: 012104.

［30］ Lu Y M, Cai J W, Pan H Y, et al. Ultrasensitive anomalous Hall effect in SiO$_2$/Fe-Pt/SiO$_2$ sandwich structure films ［J］. Applied Physics Letters, 2012, 100: 022404.

［31］ Bandiera S, Sousa R C, Rodmacq B, et al. Enhacement of perpendicular magnetic anisotropy through reduction of Co-Pt interdiffusion in (Co/Pt) multilayers ［J］. Applied Physics Letters, 2012, 100: 142410.

［32］ De Tereas J M, Barthèlèmy A, Fert A, et al. Role of metal-oxide interface in determining the spin polarization of magnetic tunnel junctions ［J］. Science, 1999, 286: 507.

［33］ Ikeda S, Miura K, Yamamoto H, et al. A perpendicular-anisotropy CoFeB-MgO magnetic tunnel junction ［J］. Nature Materials, 2010, 9: 721.

［34］ Zhang J Y, Wu Z L, Wang S G, et al. Effect of interfacial structures on anomalous Hall behavior in perpendicular Co/Pt multilayers ［J］. Applied Physics Letters, 2013, 102: 102404.

［35］ Bang D, Awano H. Current-induced domain wall motion in perpendicular magnetized Tb-Fe-Co wire with different interface structures ［J］. Applied Physics Express, 2012, 5: 125201.

［36］ Stengel M, Vanderbilt D, Spaldin N A, et al. Enhancement of ferroelectricity at metal-oxide interfaces ［J］. Nature Materials, 2009, 8: 392.

［37］ Xu J, Li Y, Hou D, et al. Enhancement of the anomalous Hall effect in Ni thin films by artificial interface modification [J]. Applied Physics Letters, 2013, 102: 162401.

[38] Wang J, Omi T, Sannomiya T, et al. Strong perpendicular exchange bias in sputter-deposited CoPt/CoO multilayers [J]. Applied Physics Letters, 2013, 102: 042401.

[39] Yu Y, Shi J, Nakamura Y, et al. Roles of interface roughness and internal stress in magnetic anisotropy of CoPt/AlN multilayer films [J]. Acta Materialia, 2012, 60: 6770.

[40] Yamanouchi M, Koizumi R, Ikeda S, et al. Dependence of magnetic anisotropy on MgO thickness and buffer layer in CoFeB-MgO structure [J]. Journal of Applied Physics, 2011, 109: 07C712.

[41] Lee J S, Ahn K H, Jeong Y H, et al. Quantum-well Hall devices in Si-delta-deped $Al_{0.25}Ga_{0.75}$ As/GaAs and pseudomorphic $Al_{0.25}Ga_{0.75}As/In_{0.25}Ga_{0.75}As$/GaAs heterostructures grown by LP-MOCVD: performance comparisons [J]. IEEE Trans. Electron Devices, 1996, 43: 1665.

[42] Zhao C J, Liu Y, Zhang J Y, et al. Mechanism of magnetoresistance ratio enhancement in MgO/NiFe/MgO heterostructure by rapid thermal annealing [J]. Applied Physics Letters, 2012, 101: 072404.

[43] Nakamura K, Akiyama T, Ito T, et al. Role of an interfacial FeO layer in the electric-field-driven switching of magnetocrystalline anisotropy at the Fe/MgO interface [J]. Physical Review B, 2010, 81: 220409.

[44] Harumoto T, Sannomiya T, Matsukawa Y, et al. Controlled polarity of sputter-depostied aluminum nitride on metals observed by aberration corrected scanning transmission electron microscopy [J]. Journal of Applied Physics, 2013, 113: 084306.

[45] Wang S G, Han G, Yu G H, et al. Evidence for FeO formation at the Fe/MgO interface in epitaxial TMR structure by X-ray photoelectron spectroscopy [J]. Journal of Magnetism and Magnetic Materials, 2007, 310: 1935.

[46] Du G X, Wang S G, Ma Q L, et al. Spin-dependent tunneling spectroscopy for interface characterization of epitaxial Fe/MgO/Fe magnetic tunnel junctions [J]. Physical Review B, 2010, 81: 064438.

[47] Atanassova E, Dimitrova T, Koprinarova J, et al. AES and XPS study of thin RF-sputtered Ta_2O_5 layers [J]. Applied Surface Science, 1995, 84: 193.

[48] Tanuma S, Powell C J, Penn D R, et al. Calculations of electron inelastic mean free paths for 31 materials [J]. Surface and Interface Analysis, 1988, 11: 577.

[49] Nagaosa N, Sinova J, Onoda S, et al. Anomalous Hall effect [J]. Review of Modern Physics, 2010, 82: 1539.

[50] Lv Q L, Cai J W. Enhacement of extraordinary Hall effect in Pt/CoFe multilayers with a small amount of Fe doped into Pt layers [J]. IEEE Transactions on Magnetic, 2011, 47: 3096.

[51] Zhao J, Wang Y J, Han X F, et al. Large extraordinary Hall effect in [Pt/Co]₅/Ru/(Co/Pt)₅ multilayers [J].Physical Review B, 2010, 81: 172404.

[52] Rosenblatt D, Karpovski M, Gerber A, et al. Reversal of the extraordinary Hall effect polarity in thin Co/Pd multilayers [J]. Applied Physics Letters, 2010, 96: 022512.

［53］ Miao G X, Xiao G. Giant Hall resistance in Pt-based ferromagnetic alloys ［J］. Applied Physics Letters, 2004, 85: 73.

［54］ Fleischmann C, Almeida F, Demeter J, et al. The influence of interface roughness on the magnetic properties of exchange biased CoO/Fe thin films ［J］. Journal of Applied Physics, 2010, 107: 113907.

［55］ Wang S G, Ward R C C, Hesjedal T, et al. Interface characterization of epitaxial Fe/MgO/Fe magnetic tunnel junctions ［J］. Journal of Nanoscience and Nanotechnology, 2012, 12: 1006.

［56］ Yu G H, Chai C L, Zhu F W, et al. Interface reaction of NiO/NiFe and its influence on magnetic properties ［J］. Applied Physics Letters, 2001, 78: 1706.

［57］ Ryzhanova N, Vedyayev A, Pertsova A, et al. Quasi-two-dimensional extraordinary Hall effect ［J］. Physical Review B, 2009, 80: 024410.

［58］ Gerber A, Milner A, Goldshmit L, et al. Effect of surface scattering on the extraordinary Hall coefficient in ferromagnetic films ［J］. Physical Review B, 2002, 65: 054426.

［59］ Žutić I, Fabian J, Das Sarma S, et al. Spintronics: Fundamentals and applications ［J］. Review of Modern Physics, 2004, 76: 323.

［60］ Sinova J, Žutić I. New moves of the spintronics tango ［J］. Nature Materials, 2012, 11: 368.

［61］ Romming N, Hanneken C, Menzel M, et al. Writing and deleting single magnetic skyrmions ［J］. Science, 2013, 341: 636.

［62］ Baltz V, Bollero A, Rodmacq B, et al. A. Multilevel magnetic nanodot arrays with out of plane anisotropy: the role of intra-dot magnetostatic coupling ［J］. European Physical Jounral Applied Physics, 2007, 39: 33.

［63］ Albercht M, Hu G, Moser A, et al. Magnetic dot arrays with multiple storage layers ［J］. Journal of Applied Physics, 2005, 97: 103910.

［64］ Parkin S S P, Hayashi. M, Thomas L, et al. Magnetic domain-wall racetrack memory ［J］. Science, 2008, 320: 190.

［65］ Lyle A, Harms J, Patil S, et al. Direct communication between magnetic tunnel junctions for non-volatile logic fan-out architecture ［J］. Applied Physics Letters, 2010, 97: 152504.

［66］ Black Jr W C, Das B. Programmable logic using giant-magnetoresistance and spin-dependent tunneling devices ［J］. Journal of Applied Physics, 2000, 87: 6674.

［67］ Ney A, Pampuch C, Koch R, Ploog K H, et al. Programmable computing with a single magneteresistive element ［J］. Nature, 2003, 425: 485.

［68］ Allwood D A, Xiong D A, Faulkner C C, et al. Domain-wall logic ［J］. Science, 2005, 309: 1688.

［69］ Lavrijsen R, Lee J H, Fernandez-Pacheco A, et al. Magnetic ratchet for the three-dimensional spintronic memory and logic ［J］. Nature, 2013, 493: 647.

［70］ Zhou Y, Han S T, Sonar P, et al. Nonvolatile multilevel data storage memory device from controlled ambipolar charge trapping mechanism ［J］. Scientific Reports, 2013, 3: 2319.

［71］ Fernandez-Pacheco A, Serrano-Ramón L, Michalik J M, et al. Tree dimensional magnetic nanowires grown by focused electron-beam induced deposition [J]. Scientific Reports, 2013, 3: 1492.

[72] Zhang S L, Liu Y, Collins-McIntyre L J, et al. Extraordinary Hall balance [J]. Scientific Reports, 2013, 3: 2087.

[73] Liu Z Y, Adenwalls S. Oscillatory interlayer exchange coupling and its temperature dependence in [Pt/Co]₃/NiO/(Co/Pt)₃ multilayers with perpendicular anisotropy [J]. Physical Review Letters, 2003, 91: 037207.

[74] Lang X Y, Hirhiko A, Fujita T, et al. Nanoporous metal/oxide hybrid electrodes for electrochemical supercapacitors [J]. Nature Nanotechnology, 2011, 6: 232.

[75] Wang S G, Ward R C C, Du G X, et al. Temperature dependence of giant tunnel magnetoresistance in epitaxial Fe/MgO/Fe magnetic tunnel junctions [J]. Physical Review B, 2008, 78: 180411.

[76] Zhang S, Zhao Y G, Li P S, et al. Electric-field control of nonvolatile magnetization in $Co_{40}Fe_{40}B_{20}/Pb(Mg_{1/3}Nb_{2/3})_{0.7}Ti_{0.3}O_3$ structure at room temperature [J]. Physical Review Letters, 2012, 108: 137203.

[77] Milde P, Köhler D, Seidel J, et al. Unwinding of a Skyrmion lattice by magnetic monopoles [J]. Science, 2013, 340: 1076.

[78] Kim J, Sinha J, Hayashi M, et al. Layer thickness dependence of the current-induced effective field vector in Ta/CoFeB/MgO [J]. Nature Materials, 2013, 12: 240.

[79] Ohno H, Chiba D, Matsukura F, et al. Electric-field control of ferromagnetism [J]. Nature, 2000, 408: 944.

[80] Haazen P P J, Mure E, Franken J H, et al. Domain wall depinning governed by the spin Hall effect [J]. Nature Materials, 2013, 12: 299.

[81] Han W, Jiang X, Kajdos A, et al. Spin injection and detection in lanthanum- and niobium-doped SrTiO₃ using the Hanle technique [J]. Nature communications, 2013, 4: 2134.

[82] Maruyama T, Shiota Y, Nozaki T, et al. Large voltage-induced magnetic anisotropy change in a few atomic layers of iron [J]. Nature Nanotechnology, 2009, 4: 158.

[83] Chen X, Wang Kai You, Wu Z L, et al. Interfacial electronic structure-modulated magnetic anisotropy in Ta/CoFeB/MgO/Ta multilayers [J]. Applied Physics Letters, 2014, 105: 092402.

[84] Wang W G, Li M, Hageman S, et al. Electric-field-assisted switching in magnetic tunnel junctions [J]. Nature Materials, 2012, 11: 64.

[85] Yakushiji K, Saruya T, Kubota H, et al. Ultrathin Co/Pt and Co/Pd superlattice films for MgO-based perpendicular magnetic tunnel junctions [J]. Applied Physics Letters, 2010, 97: 232508.

[86] Kugler Z, Grote J P, Drewello V, et al. Co/Pt multilayer-based magnetic tunnel junctions with perpendicular magnetic anisotropy [J]. Journal of Applied Physics, 2012, 111: 07C703.

[87] Maat S, Takano K, Parkin S S P, et al. Perpendicualr exchange bias of Co/Pt multilayers [J]. Physical Review Letters, 2001, 87: 087202.

[88] Hellwig O, Denbeaux G P, Kortright J B, et al. X-ray studies of aligned magnetic stripe domains in perpendicular multilayers [J]. Physica B, 2003, 336: 136.

[89] Baruth A, Yuan L, Burton J D, et al. Domain overlap in antiferromagnetically coupled (Co/Pt)/NiO/(Co/Pt) multilayers [J]. Applied Physics Letters, 2006, 89: 202505.

[90] Wang B Y, Jih N Y, Lin W C, et al. Driving magnetization perpendicular by antiferromagnetic-ferromagnetic exchange coupling [J]. Physical Review B, 2011, 83: 104417.

[91] Parkin S S P, Kaiser C, Panchula A, et al. Giant tunneling magnetoresistance at room temperature with MgO (100) tunnel barriers [J]. Nature Materials, 2004, 3: 862.

[92] Liu L Q, Pai C F, Ralph D C, et al. Magnetic oscillations driven by the spin Hall effect in 3-terminal magnetic tunnel junction devices [J]. Physcial Review Letters, 2012, 109: 186602.

[93] Tsymbal E Y. Spintronics: Electric toggling of magnets [J]. Nature Materials, 2012, 11: 12.

[94] Endo M, Kanai S, Ikeda S, et al. Electric-field effects on thickness dependent magnetic anisotropy of sputtered MgO/CoFeB/Ta structures [J]. Applied Physics Letters, 2010, 96: 212503.

[95] Dussaux A, Georges B, Grollier J, et al. Large microwave generation from current-driven magnetic vortex oscillators in magnetic tunnel junctions [J]. Nature Communications, 2010, 1: 8.

[96] Walter M, Walowski J, Zbarsky V, et al. Seebeck effect in magnetic tunnel junctions [J]. Nature Materials, 2011, 10: 742.

[97] Driscoll T, Kim H T, Chae B G, et al. Phase-transition driven memristive system [J]. Applied Physics Letters, 2009, 95: 043503.

[98] Simpson R E, Fons P, Kolobov A V, et al. Interfacial phase-change memory [J]. Nature Nanotechnology, 2011, 6: 501.

[99] Das S, Appenzeller J. Fetram. An organic ferroelectric material based on novel random access memory cell [J]. Nano Letters, 2011, 11: 4003.

[100] Zavaliche F, Zhao T, Zheng H, et al. Electrically assisted magnetic recording in multiferroic nanostructures [J]. Nano Letters, 2007, 7: 1586.

[101] Tian H, Chen H Y, Gao B, et al. Monitoring oxygen movement by Raman spectroscopy of resistive random access memory with a grapheme-inserted electrode [J]. Nano Letters, 2013, 13: 651.

[102] Chen G, Song C, Chen C, et al. Resistive switching and magnetic modulation in cobalt-doped ZnO [J]. Advanced Materials, 2012, 24: 3515.

[103] Zhang S L, Collins-mcintyre L J, Zhang J Y, et al. Nonvolatile full adder based on a single mutivalued Hall junction [J]. Spin, 2013, 3: 1350008.

[104] Matsukura F, Ohno H, Shen A, et al. Transport properties and origin of ferromagnetism in (Ga, Mn) As [J]. Physical Review B, 1998, 57: R2037.

[105] McGuire T R, Gambino R J, Taylor R C, et al. Hall effect in amorphous thin-film magnetic alloys [J]. Journal of Applied Physics, 1977, 48: 2965.

[106] Kim T W, Lim S H, Gambino R J, et al. Spontaneous Hall effect in amorphous Tb-Fe and Sm-Fe thin films [J]. Journal of Applied Physics, 2001, 89: 7212.

[107] Hou D. The anomalous Hall effect in epitaxial face-centered-cubic cobalt films [J]. Journal of Physics Condensed Matter, 2012, 24: 482001.

7 Co/Ni 基垂直磁各向异性多层膜的制备及磁性和热稳定性调控

7.1 Co/Ni 基垂直磁各向异性多层膜的制备及表征

磁纳米结构磁性层的磁矩若能垂直于膜面，则称其具有垂直磁各向异性，此类材料称为垂直磁纳米结构材料，在自旋矩驱动的磁随机存储器及自旋逻辑器件中有着重要的应用[1~6]。垂直磁各向异性的磁隧道结（p-MTJs）应用在 STT-MRAM 及 SOT-MRAM 器件中，可以使器件的临界电流更低，最重要一点是，可以使器件有着更小的尺寸，在 p-MTJ 结构中，需要自由层具备高的垂直磁各向异性和低的阻尼系数[7]，所以材料垂直磁各向异性的调控是非常重要的。

近年来对 PMA 材料的研究主要集中在铁磁层/非磁层多层膜结构及其合金[7]、氧化层/铁磁层多层膜结构[8]等方面，关于铁磁层之间相互耦合多层膜的 PMA 研究不多。Co 基垂直磁各向异性多层膜得到了诸多研究，此类材料的 PMA 主要来源于 Co 与其他金属的界面各向异性。Co/Pd、Co/Pt 等多层膜，由于具有高的磁各向异性常数，研究报道相对较多，但是它们的阻尼系数相对偏高，这会增加垂直磁纳米结构磁矩翻转所需的电流密度的临界值，对降低器件的能耗不利[9~12]。在 Co/Ni 多层膜中，调控 Co 层与 Ni 层的厚度，可使 Co/Ni 之间的界面各向异性克服退磁场的作用，使得多层膜的垂直膜面方向成为易磁化轴方向，从而使其具备垂直磁各向异性。Co/Ni 多层膜在磁性随机存取[13~16]、自旋转移力矩等自旋器件方面的研究有着重要的应用[17,18]。王日兴等以 Co/Ni 多层膜为例[19]，对垂直磁各向异性自旋阀结构中磁场驱动和调节的铁磁共振进行理论研究；张鹏等通过反常霍尔效应研究了 Co/Ni 多层膜的热稳定性[20]，但样品的 Pt 底层厚度较大，达到了 32nm；Coutts 等研究了 Ta/Cu 复合底层的 Co/Ni 多层膜的热稳定性发现在一定退火温度下 Cu 会扩散到 Co/Ni 周期层使得多层膜的矫顽力降低[21]。有研究表明，Co/Ni 多层膜的阻尼系数较小，将其与器件集成可以有效地降低临界电流密度，但 Co/Ni 多层膜的有效各向异性常数偏低，要获得高的垂直磁各向异性，需增加磁性层的界面数以提高界面磁各向异性从而增加 PMA，但这对降低器件的尺寸不利[22~24]。俱海浪等研究人员在成功制备出了具有良好 PMA 的 Co/Pt 多层膜的基础上，将 Ni 层引入了 Co/Pt 多层膜，制备研究了以 Pt 为底层的 Co/Ni 多层膜样品，这样可以同时将 Co/Pt 多层膜高的垂直磁各向异性与 Co/

Ni 多层膜的低阻尼系数相结合。

一般可以通过调整多层膜的底层结构来增强多层膜的界面散射，从而提高多层膜的 PMA，但目前对多层膜底层的研究大都集中在金属界面之间。不同底层 Co/Ni 多层膜垂直磁各向异性的研究表明，多层膜的 PMA 与底层厚度、周期数以及薄膜生长条件都有关[25~29]，在诸多的关于不同底层对 Co/Ni 多层膜 PMA 影响的研究中，主要涉及的是金属底层，比如 Cu[30,31]、Ti[32]、Au[33]、Pt[33~36]、Ru[37]、Ta[23] 及复合金属层如 Hf/NiCr[38] 等，但是关于氧化物/金属层复合底层的 Co/Ni 多层膜的 PMA 研究报道很少。非晶态的绝缘层/金属层界面电子的附加散射，可以使多层膜的 PMA 性能提高[39]，在前面对 Co/Pt 多层膜的研究中已经体现出了这一点，这在隧道磁电阻和各向异性磁电阻材料方面有着重要应用[40]。在本节的研究中，首先通过调控各层厚度及磁性层周期数，制备出一系列的以 Pt 为底层及覆盖层的 Co/Ni 多层膜，通过性能测试确定出最佳样品；在该多层膜底层中加入 MgO 层，通过反常霍尔效应方法研究不同 MgO 厚度、不同退火温度对样品垂直磁各向异性的影响，以期通过在 Co/Ni 多层膜底层中加入适当厚度 MgO 和适当温度退火处理对其垂直磁各向异性进行进一步的优化，对最佳样品进行磁性能测试，对其垂直磁各向异性常数给出定量的计算；最后通过 XRD、AFM 及 TEM 等手段测试样品结构，对其性能的变化给出一定的解释。

样品用直流磁控溅射法在玻璃基片上制备而成，溅射设备样品台带自转，工作时基片以 1.7r/s 的速度旋转，保证了样品的均匀性。系统本底真空度优于 2.0×10^{-5}Pa，溅射工作气体为 Ar 气（99.999%），溅射时工作气压为 0.5Pa。用 DektakXT 型台阶仪测定靶材的溅射速率，分别为 Pt：0.075nm/s，Co：0.047nm/s，Ni：0.042nm/s，MgO：0.035nm/s。本节中所有样品厚度均用 nm 表示。样品结构分别为 Pt(t_{Pt})/[Co(t_{Co})/Ni(t_{Ni})]$_n$/Co(t_{Co})/Pt(2.0)、MgO(t_{MgO})/Pt(2)/Co(0.2)/Ni(0.4)/Co(0.2)/Pt(2)。其中底层 Pt 厚度 t_{Pt} 的变化范围为 2~6nm，周期层中 Co 层厚度 t_{Co} 的变化范围为 0.1~0.3nm，Ni 层厚度 t_{Ni} 的变化范围为 0.4~0.8nm，周期数 n 变化范围为 1~3，MgO 厚度 t_{MgO} 的变化范围为 1~5nm，所有样品用 2nm 厚 Pt 做保护层防止样品氧化。将制备好的样品切成 8mm×15mm 大小的矩形，用四探针法测量其霍尔回线，可以获得样品的霍尔电阻（Hall resistance，R_{Hall}）和矫顽力（coercivity，H_C）信息，磁场方向垂直于膜面。用 VersaLab 的 VSM 选件对样品的磁滞回线进行测试，测试时磁场方向分别垂直和平行于膜面方向。

7.1.1　Co/Ni 多层膜中各因素对其性能的影响

7.1.1.1　Pt 底层厚度 t_{Pt} 的影响

磁性多层膜的底层除了能够与周期层相互耦合产生界面磁各向异性外，底层生长时形成的自身界面平整度及织构会直接影响到其上的周期层界面质量与织构。不同底层厚度的织构强弱不同，底层太薄织构不强，不能将织构很好的传递到周期层，底层太厚一方面会影响界面的平整度，另一方面分流作用增强，会降低多层膜的霍尔电阻，所以，底层成膜质量的好坏直接关系到磁性多层膜各种性能。图 7-1（a）所示为改变样品 $Pt(t_{Pt})/[Co(0.2)/Ni(0.5)]_2/Co(0.2)/Pt(2.0)$ 中 Pt 底层厚度 t_{Pt} 时样品的霍尔回线，图 7-1（b）为对应样品的霍尔电阻和矫顽力的变化曲线。为了使样品具有较为明显的霍尔效应，多层膜的周期数均为 2。从图中可以看到，所有样品剩磁比（M_r/M_S）均达到了 100%，磁化翻转过程均很迅速，样品均有良好的矩形度，说明样品均具备良好的 PMA。图 7-1（b）中 Pt 底层变厚时，样品的霍尔电阻随之逐渐单调减小，这是由于变厚的 Pt

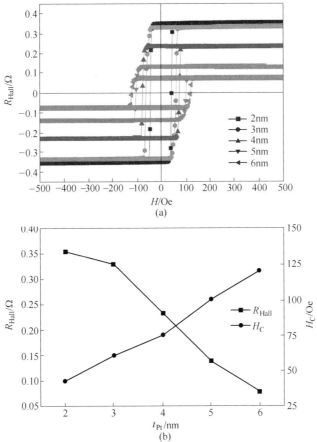

图 7-1　$Pt(t_{Pt})/[Co(0.2)/Ni(0.5)]_2/Co(0.2)/Pt(2.0)$ 的磁性随 Pt 底层厚度的变化[①]

（a）霍尔回线；（b）霍尔电阻及矫顽力

❶　$1Oe = 79.6A/m$。

对样品的分流作用增加导致的；而样品矫顽力随 Pt 厚度的变化单调增加，Pt 底层的厚度增加会形成更为良好的（111）织构，同时会使在其上生长的 Co/Ni 多层膜（111）织构增强，而（111）织构对应样品 PMA[41]。底层变厚，使得样品的晶粒尺寸增大，缺陷增多，易形成钉扎点，对畴壁的移动有一定的阻碍作用，表现为样品矫顽力的增加。从图 7-1（a）可看出，当 Pt 厚度为 2nm 时，样品霍尔回线矩形度最好，并且霍尔信号最强，所以在以下的调制中，样品 Pt 底层厚度均为 2nm。

7.1.1.2 周期层中 Ni、Co 厚度的影响

图 7-2（a）所示为改变样品 Pt(2.0)/[Co(0.2)/Ni(t_{Ni})]$_2$/Co(0.2)/Pt(2.0)中 Ni 层厚度 t_{Ni} 时样品的霍尔回线，图 7-2（b）为样品对应的霍尔电阻和

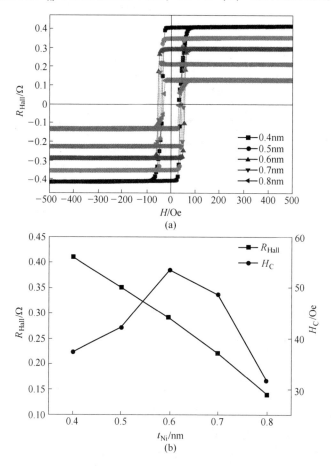

图 7-2 Pt(2.0)/[Co(0.2)/Ni(t_{Ni})]$_2$/Co(0.2)/Pt(2.0)的磁性随 Ni 层厚度的变化

（a）霍尔回线；（b）霍尔电阻及矫顽力

矫顽力的变化曲线。可以看到，除 Ni 厚度为 0.8 时样品矩形度相对略差外，其他样品的矩形度都很好，所有样品剩磁比（M_r/M_S）均达到了 100%，说明在 Ni 厚度变化过程中，样品的 PMA 保持的比较好。样品的霍尔电阻随着 Ni 层厚度的增加单调减小，这是由于 Ni 层变厚会使其分流效果增加，样品总的霍尔电阻就会降低，而矫顽力在 Ni 层厚度变化过程中先增加后减小，在厚度为 0.8nm 时的矫顽力比 0.4nm 时的还要小，这是由于太厚的 Ni 层导致 Co/Ni 层间耦合效应降低造成的，但在测试范围内，矫顽力总体上变化范围很小。矫顽力的先增加后减小的变化是因为在 Co/Ni 多层膜中，相邻 Co 层之间的耦合作用比较复杂，需通过 Co 层间 Ni 原子产生的铁磁耦合叠加随距离振荡变化的 RKKY 耦合而成[42]，导致了矫顽力先增加后减小，只有在合适的 Ni 层厚度下，才会有强的耦合。在该系列 Co/Ni 多层膜中，Ni 厚度为 0.4nm 时比厚度为 0.5nm 的样品矫顽力略小，但其霍尔回线矩形度更好，且霍尔电阻最大，说明此时样品的霍尔信号最强，所以确定周期层中 Ni 厚度为 0.4nm，以下实验 Co/Ni 多层膜中 Ni 层厚度均为 0.4nm。

确定了 Co/Ni 多层膜中 Pt 底层厚度为 2nm 和周期层中 Ni 厚度为 0.4nm 后，为了研究多层膜中 Co 层厚度 t_{Co} 不同时多层膜霍尔回线的变化，制备了 Pt(2.0)/[Co(t_{Co})/Ni(0.4)]$_2$/Co(t_{Co})/Pt(2.0) 系列样品，对其进行了霍尔效应测试，图 7-3 所示为改变 Co 层厚度 t_{Co} 时样品的霍尔回线。从图 7-3 中可以看出当 Co 名义厚度为 0.1nm 时样品霍尔回线矩形度很好，但是对应的矫顽力非常小，这是因为此时 Co 的厚度太小，可能会出现界面不连续的情况，导致界面的耦合效应较弱，所以矫顽力比较小，与此同时样品的霍尔电阻也很小；当 Co 厚度增加到 0.2nm 时，样品的矫顽力增大了很多，此时由于 Co 厚度的增加，能够在界面处形成一个连续的 Co 层，界面耦合效应随之增强，所以矫顽力有了明显的增加，与之相随的是样品的霍尔电阻也明显的增大；而当 Co 厚度为 0.3nm 时，样品磁矩翻转过程变得缓慢，霍尔回线变斜，说明此时样品的易轴已经不再垂直于膜面，已经开始失去 PMA 性质，可见，在该系列样品中，样品的霍尔效应对 Co 的厚度变化比较敏感，Co 在很小的范围内变化，会导致样品性能的显著改变，这和 Co、Ni 的比例有关。在能带结构中，当二者厚度比 t_{Co}/t_{Ni} 为 1/2 时，磁矩垂直取向占优的态非常靠近费米能级，此时多层膜更易获取强的垂直磁各向异性，而当二者厚度比小于或者超过特定的数值时，多层膜的 PMA 会下降，若偏离较多，多层膜的易磁化轴会趋于面内方向。从获取高垂直磁各向异性角度出发，当多层膜中 Co 层厚度用 0.2nm 更为合适，此时样品的霍尔信号最强，矫顽力最大，而且有着较好的矩形度，垂直磁各向异性更好。

7.1.1.3 周期数 n 的影响

为了研究多层膜中周期数 n 变化时样品霍尔回线的变化，制备了 Pt(2.0)/

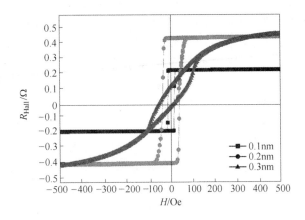

图 7-3　Pt(2.0)/[Co(t_{Co})/Ni(0.4)]$_2$/Co(t_{Co})/Pt(2.0)的霍尔回线

[Co(0.2)/Ni(0.4)]$_n$/Co(0.2)/Pt(2.0)系列样品，图 7-4 所示为样品霍尔回线随周期数 n 变化的测试结果。在图 7-4 中，周期数为 1 和 2 时样品均有很好的矩形度和 100% 的剩磁比，周期数为 1 比周期数为 2 的样品霍尔电阻略小，但是差别不大，而周期数为 1 时样品的霍尔回线矩形度更为良好，矫顽力相差不多；与 Co/Pt 多层膜不同，当 Co/Ni 周期数变为 3 时样品的霍尔回线已失去了矩形形状，样品易轴方向开始偏离薄膜的垂直方向，这可能和周期数增多、多层膜界面数增加导致多层膜界面粗糙度上升有关。所以多层膜周期数为 1 时的样品在所有系列样品中的 PMA 最好，而且霍尔信号也很强。最终，经过以上实验的分析，得到的以 Pt 为底层的 Co/Ni 多层膜的最佳样品结构为 Pt(2.0)/Co(0.2)/Ni(0.4)/Co(0.2)/Pt(2.0)。

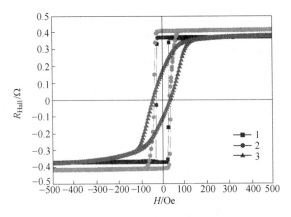

图 7-4　Pt(2.0)/[Co(0.2)/Ni(0.4)]$_n$/Co(0.2)/Pt(2.0)的霍尔回线

图 7-5（a）和（b）为样品 Pt(2.0)/Co(0.2)/Ni(0.4)/Co(0.2)/Pt(2.0)
归一化后的磁滞回线，图 7-5（a）磁场方向垂直于膜面，图 7-5（b）磁场方向
平行于膜面，由于样品的磁性层名义厚度仅有 0.8nm，样品信号较弱，导致测试
的磁滞回线信噪比不理想。从图 7-5（a）可以看到，样品的磁矩翻转非常迅速，
有着较为明显的 PMA 性质；在图 7-5（b）中，样品的磁滞回线没有明显的磁滞
现象，而且磁化曲线通过坐标原点，饱和磁场达到了 7000Oe。经过计算，样品
的有效磁各向异性常数 K_{eff} 为 $2.0\times10^6 erg/cm^3$[●]，这也说明了样品的垂直磁各向异
性较好。该数值较前面研究的 Pt 底层的 Co/Pt 多层膜小，这和 Ni 的加入及界面
数量的多少都有关系。该样品总厚度在 5nm 以内，磁性层的厚度仅为 0.8nm 可
更为深入的研究其与器件的集成性。

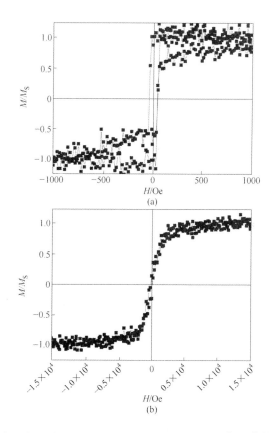

图 7-5　Pt(2.0)/Co(0.2)/Ni(0.4)/Co(0.2)/Pt(2.0)归一化的磁滞回线
（a）磁场垂直膜面；（b）磁场平行膜面

———————————

[●]　$1J/m^3 = 10erg/cm^3$。

7.1.1.4　MgO 底层对 Co/Ni 多层膜的影响

为了对 Co/Ni 多层膜的垂直磁各向异性进行优化，制备了一系列以 MgO/Pt 为底层的样品，这样可以增加非晶态的绝缘层/金属层界面，以期利用该界面较强的电子附加散射来增强样品的垂直磁各向异性。

图 7-6 （a）为样品 MgO(t_{MgO})/Pt(2)/Co(0.2)/Ni(0.4)/Co(0.2)/Pt(2) 的霍尔回线，可以看到，在 MgO 底层逐渐变厚的过程中，所有样品的磁矩翻转过程均很迅速，矩形度保持地非常好，且样品的剩磁比均达到了 100%，说明样品具有良好的 PMA 性质。图 7-6 （b）为其霍尔电阻及矫顽力随 MgO 底层厚度 t_{MgO} 的变化曲线，可以看到样品的霍尔电阻随着 MgO 的厚度在一定的范围内小幅度波动，可见 MgO 的加入对样品的霍尔电阻影响不大，这是因为作为氧化层，MgO

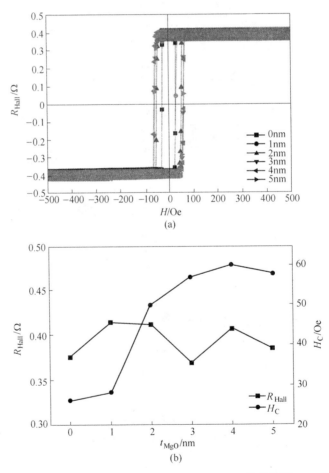

图 7-6　MgO(t_{MgO})/Pt(2)/Co(0.2)/Ni(0.4)/Co(0.2)/Pt(2) 的磁性随 MgO 底层厚度的变化

(a) 霍尔回线；(b) 霍尔电阻及矫顽力

的分流作用很弱，所以样品的霍尔电阻并未有明显变化；而矫顽力却随着 MgO 底层的逐渐变厚出现了大幅度的增加，当 MgO 为 1nm 时，样品矫顽力较单纯 Pt 底层有所增加，可见此时形成的绝缘层/金属层界面对样品的性能有了一定的显现，对底层织构的增强有了一定的作用，随着 MgO 厚度的逐渐增加，MgO/Pt 界面变得更为平整，一方面，在 MgO 上面生长的 Pt 更易形成良好的（111）织构，从而引导 Co/Ni 多层膜的（111）织构，所以样品的矫顽力迅速增加；另一方面 MgO/Pt 界面随着 MgO 厚度的增加，使得界面的电子附加散射更为明显，样品性能比单纯 Pt 底层时更为优异，从而获得了良好的 PMA 性质。当 MgO 厚度为 4nm 时，样品的矫顽力达到了最大值，较单纯 Pt 底层时增加了约 2.3 倍，且样品保持了非常好的矩形度，样品的霍尔电阻较不加 MgO 底层时增加约 9%。可见 MgO 的加入对调控 Co/Ni 多层膜的性能有着重要作用。

为了对 Co/Ni 多层膜中加入 MgO 后垂直磁各向异性的具体变化情况进行研究，对样品 MgO(4)/Pt(2)/Co(0.2)/Ni(0.4)/Co(0.2)/Pt(2) 的磁滞回线进行了测试，磁场方向分别垂直和平行于薄膜，结果如图 7-7 所示。可以看到，磁场垂直膜面时，样品的磁滞回线具有较好的矩形度，饱和磁场较小，磁化翻转过程迅速，而磁场方向平行膜面时的磁滞回线饱和磁场接近 1T，无明显磁滞现象，经计算，样品的有效各向异性常数 K_{eff} 为 $3.7 \times 10^6 erg/cm^3$，Co/Ni 多层膜 PMA 性能经加入 MgO 底层调控后后，K_{eff} 增大了 1.8 倍。

7.1.2　退火对 Co/Ni 多层膜的影响

为了研究退火对 Co/Ni 多层膜性能的影响，分别对多层膜样品 Pt(2)/Co(0.2)/Ni(0.4)/Co(0.2)/Pt(2) 和 MgO(4)/Pt(2)/Co(0.2)/Ni(0.4)/Co(0.2)/Pt(2) 进行退火处理，下面分别进行讨论。

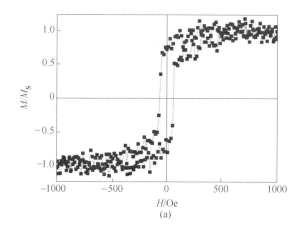

(a)

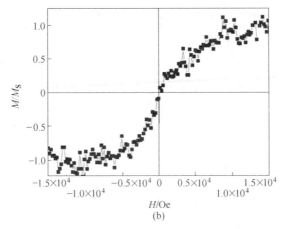

图 7-7　MgO(4)/Pt(2)/Co(0.2)/Ni(0.4)/Co(0.2)/Pt(2)归一化的磁滞回线[❶]

(a) 磁场垂直膜面；(b) 磁场平行膜面

7.1.2.1　退火对 Pt(2)/Co(0.2)/Ni(0.4)/Co(0.2)/Pt(2)的影响

图 7-8 (a) 为退火后样品的霍尔回线，图 7-8 (b) 为样品霍尔电阻及矫顽力随退火温度的变化。可以看到样品在 100℃ 退火后剩磁比及矩形度保持地很好，霍尔电阻较未退火时有所降低但不多，退火温度高于 100℃ 后，样品矫顽力迅速减小，霍尔电阻也随之大幅度的降低，可见该样品的热稳定性不是很好，这和样品的结构有关，不同于前面研究的 Co/Pt 多层膜，样品 Pt(2)/Co(0.2)/Ni(0.4)/Co(0.2)/Pt(2) 中 Co 的厚度太薄，名义上只有 0.2nm，如果样品的(111) 织构不是很强，则不太高的温度下退火就会造成 Co 层扩散，与界面处的

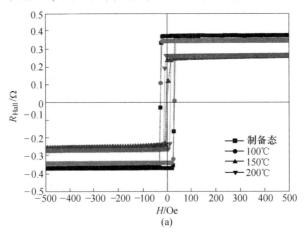

(a)

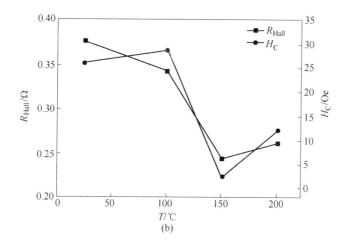

图 7-8　退火后 Pt(2)/Co(0.2)/Ni(0.4)/Co(0.2)/Pt(2) 的磁性随退火温度的变化
(a) 霍尔回线；(b) 霍尔电阻及矫顽力

部分 Pt 形成 CoPt 合金，造成 Co 层出现不连续的情况，使得界面磁各向异性降低，从而降低了样品的垂直磁各向异性。

7.1.2.2　退火对 MgO(4)/Pt(2)/Co(0.2)/Ni(0.4)/Co(0.2)/Pt(2) 的影响

图 7-9 (a) 为对样品 MgO(4)/Pt(2)/Co(0.2)/Ni(0.4)/Co(0.2)/Pt(2) 在不同温度下退火后测得的霍尔回线，图 7-9 (b) 是样品的霍尔电阻及矫顽力随不同退火温度的变化曲线。

可以看到，当退火温度不高于 200℃ 时，样品霍尔回线的具有良好的矩形度，剩磁比也保持在 100%，说明在这个温度范围内，样品保持了良好的 PMA 特性，热稳定性比不加 MgO 底层有所提高，这和加入 MgO 后多层膜 (111) 织构增强有关。样品的矫顽力也随着退火温度的升高有着明显的增大，当退火温度为 200℃，样品的矫顽力达到最大值，是未退火时的 1.5 倍多，比没有 MgO 底层的样品更是增大了 3.5 倍多，这和退火使得多层膜的界面变得更为明晰有关，在合适的温度对样品进行退火使得界面处的元素变得更为有序[43]，结合图 7-7 的实验结果，可以认为对样品垂直磁各向异性的提升主要来自 MgO/Pt 界面的加入对多层膜整体界面的影响。样品经 200℃ 退火后，霍尔电阻较未退火状态有约 6% 的减小。随着退火温度的继续升高，样品的垂直磁各向异性迅速降低，当退火温度为 400℃ 时，样品失去了垂直磁各向异性，这和过高的退火温度造成多层膜 Co/Ni 界面的合金化有关，样品失去了层间耦合效应，导致垂直磁各向异性的消失。

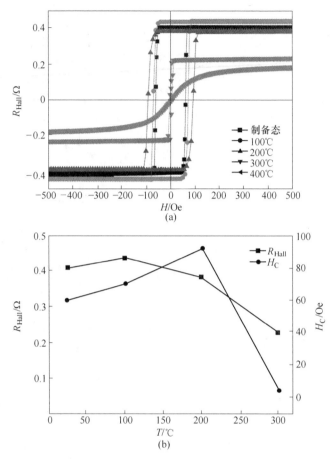

图 7-9 退火后 MgO(4)/Pt(2)/Co(0.2)/Ni(0.4)/Co(0.2)/Pt(2)的磁性随退火温度的变化
(a) 霍尔回线；(b) 霍尔电阻及矫顽力

图 7-10 (a)、(b) 所示为 200℃退火后样品 MgO(4)/Pt(2)/Co(0.2)/Ni(0.4)/Co(0.2)/Pt(2)归一化后的磁滞回线，其中图 7-10 (a) 磁场方向垂直膜面，图 7-10 (b) 磁场方向平行膜面。从图 7-10 (a) 可以看到，样品的矩形度较图 7-5 (a) 的实验结果有着明显的改善，样品有明显的 PMA 性能；从图 7-10 (b) 可以看到，磁场平行膜面时，样品的磁滞回线通过原点，饱和磁场为 1T。经过积分计算，样品的 K_{eff} 为 $4.3 \times 10^{6} \mathrm{erg/cm^{3}}$，比单纯 Pt 底层 Co/Ni 多层膜增加了 2.2 倍。在 Co/Ni 多层膜中加入 MgO 底层，并未改变样品磁性层的厚度，而样品的垂直磁各向异性却有极大的改善，可见由于 MgO/Pt 界面的存在，增强了 Co/Ni 多层膜的界面各向异性能，而合适温度的退火，使 MgO/Pt 界面的作用更加明显，样品表现出了良好的垂直磁各向异性。

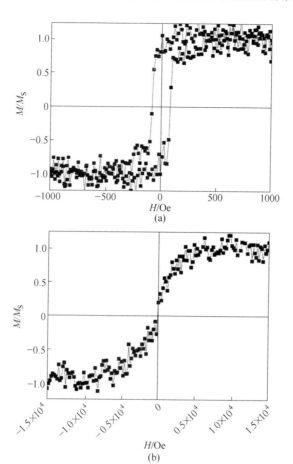

图 7-10 200℃退火后 MgO(4)/Pt(2)/Co(0.2)/Ni(0.4)/Co(0.2)/Pt(2)归一化的磁滞回线
（a）磁场垂直膜面；（b）磁场平行膜面

7.1.3 Co/Ni 多层膜结构对薄膜 PMA 的影响机理

7.1.3.1 Co/Ni 多层膜的 XRD 测试

为了对 Co/Ni 多层膜加入 MgO 底层及退火处理后的结构变化情况进行研究，分别对三个多层膜样品进行了 XRD 测试，分别为 Pt(2)/Co(0.2)/Ni(0.4)/Co(0.2)/Pt(2)、MgO(4)/Pt(2)/Co(0.2)/Ni(0.4)/Co(0.2)/Pt(2)和200℃退火后的 MgO(4)/Pt(2)/Co(0.2)/Ni(0.4)/Co(0.2)/Pt(2)，测试结果如图 7-11 所示。

从图中可以看到，3 个样品均有比较明显的衍射峰，由于样品的厚度非常薄，Pt 的 (111) 衍射峰并没有单独出现，而且由于 Co、Ni 单层的名义厚度只有 0.2nm 与 0.4nm，所以主峰依然是 Pt 与 Co/Pt(111) 衍射峰的合峰，图谱中

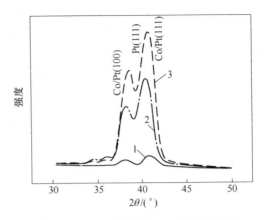

图 7-11　Co/Ni 多层膜的 X 射线衍射图谱
1—样品 Pt(2)/Co(0.2)/Ni(0.4)/Co(0.2)/Pt(2)；
2—样品 MgO(4)/Pt(2)/Co(0.2)/Ni(0.4)/Co(0.2)/Pt(2)；
3—200℃退火后的样品 MgO(4)/Pt(2)/Co(0.2)/Ni(0.4)/Co(0.2)/Pt(2)

并未发现 Co/Ni 的（111）衍射峰，这与 Ni 层数少（只有一层）、厚度小导致的衍射强度太低有关，此外图谱中还出现了较强的 Co/Pt（100）衍射峰，这说明样品晶粒的取向并不是单一的。可以看到，随着 MgO 底层的加入，多层膜的（111）衍射峰与（100）衍射峰都在增强，但是（111）衍射峰强度增长的更多，多层膜（111）衍射峰比（100）衍射峰的强度增幅更大；对样品进行退火处理后，（111）衍射峰与（100）衍射峰也是都在增强，但（111）衍射峰增幅更大，增加地更为明显，说明 MgO 底层的加入及进行退火处理有利于样品（111）织构的形成。三个样品的（111）衍射峰分别为 1 位于 40.65°，2 位于 40.43°，3 位于 40.68°。与 Co/Pt 多层膜类似，图中的 1、2、3 三个衍射图谱主峰强度依次增强，峰位先向左移动再向右移动，这是因为 MgO 的加入形成一个较为平整的界面，在其上面生长沉积的 Pt 层（111）织构更容易形成，织构增强，相应的衍射峰强度也会增加，所以峰位会向左侧偏移；经过退火后，多层膜的界面织构增强，整个样品的衍射峰也随之增强，衍射峰向着 Co/Pt（111）衍射峰的方向移动。

7.1.3.2　Co/Ni 多层膜的 TEM 测试

样品 Pt(2)/Co(0.2)/Ni(0.4)/Co(0.2)/Pt(2) 与 MgO(4)/Pt(2)/Co(0.2)/Ni(0.4)/Co(0.2)/Pt(2) 的透射电镜图片分别如图 7-12（a）、（b）所示。在图 7-12（a）中，可以看到样品的晶格条纹，说明样品形成了一定的织构，但是取向的一致性不太好，所以整体上样品的（111）织构不是很强；而在图 7-12（b）

中可以看到比较清晰的晶格条纹，Co/Pt(111) 方向的晶格间距在图示三个位置分别为 0.2159nm、0.2154nm、0.2154nm，相比前面讨论的 Co/Pt 多层膜中的 0.2177nm 略微减小，由于 Ni 只有一层，Co/Pt(111) 方向的晶格间距 0.217nm 比 Co/Ni(111) 方向的晶格间距 0.202nm 大，Ni 的加入使得样品在生长过程中两侧的 Co/Pt 界面与 Co/Ni 界面产生一定的相互作用，导致 Co/Pt(111) 方向的晶格间距略有减小。但样品晶格取向的一致性比未加 MgO 之前有很大的提高，使得样品 PMA 的增强。

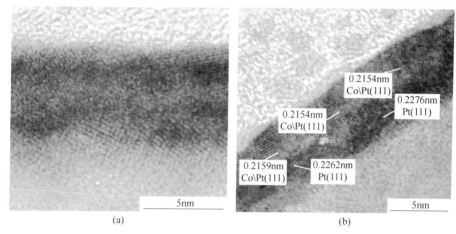

图 7-12 Co/Ni 多层膜的截面透射电镜图片
(a) 样品 Pt(2)/Co(0.2)/Ni(0.4)/Co(0.2)/Pt(2)；
(b) 样品 MgO(4)/Pt(2)/Co(0.2)/Ni(0.4)/Co(0.2)/Pt(2)

总结本节内容：

实验者通过磁控溅射法制备了一系列的以 Pt 及 MgO/Pt 为底层的 Co/Ni 多层膜样品，系统研究了周期层中 Co、Ni 厚度、底层 Pt 厚度、周期数以及不同 MgO 厚度对样品霍尔电阻和矫顽力的影响，发现在底层中加入 MgO 及进行合适温度的退火，可以进一步地优化多层膜的垂直磁各向异性，当 Co、Ni 层的厚度比为 1:2 时，多层膜的 PMA 性能更为优异。

通过以上研究可以发现，改变多层膜各层的厚度、控制界面的扩散和对界面结构进行调控，均可以影响到多层膜的垂直磁各向异性，这些调控方法都基于界面行为对多层膜性能的影响，可见，界面及界面状态在对多层膜的自旋相关输运方面的性能调控有着至关重要的作用。

通过对样品结构的 XRD 测试分析，发现加入 MgO 后样品的 (111) 织构明显增强，通过对样品进行 TEM 测试，发现其晶格条纹在加入 MgO 后变得清晰有序，取向趋于一致，这说明了样品垂直磁各向异性的提高与 MgO 底层加入后增强了 (111) 方向的织构有关。

7.2　利用 Pt 插层调控 Co/Ni 多层膜的磁各向异性和热稳定性

磁各向异性是磁性材料最重要的性质之一。在铁磁/非磁金属多层膜中，当铁磁层厚度逐渐减小之后，界面磁各向异性可以克服退磁能的作用，使多层膜磁化的择优取向从平行于膜面变成垂直于膜面[44~52]，即面内磁各向异性向垂直磁各向异性的转变。这种现象叫界面垂直磁各向异性，它在磁光垂直存储、磁随机存储器、基于磁畴壁的自旋电子学器件中均有广泛的应用前景[53~56]。在这些存储器件中，为了满足数据至少能保存 10 年的条件，磁性多层膜的热稳定性因子 Δ 需要大于 40[57]。在存储单元的体积 V 不断减小的趋势下，磁性多层膜的有效磁各向异性 K_{eff} 需要尽量大才能克服热扰动 $k_B T$ 的影响，以保证 Δ 大于 40。为了获得高的 K_{eff}，人们进行了许多尝试，比如改变薄膜厚度[44~52]、控制界面的扩散以及界面结构的调控[58]。另外，除了要有高的 K_{eff} 之外，磁性多层膜还应具有比较好的退火稳定性，因为在磁性隧道结中，薄膜通常需要经受高达 300℃以上的高温退火来改善势垒层的结晶质量[59,60]。但是，目前铁磁/非磁金属多层膜的退火稳定性比较差，经过 300℃退火后的垂直磁各向异性明显下降[58,61]。

陈喜等人研究了 Pt 插层对 Co/Ni 多层膜垂直磁各向异性及其退火稳定性的影响。选择 Co/Ni 多层膜进行研究的原因是它具有高的自旋极化率以及低的磁阻尼因子[62~64]，有望应用到磁随机存储器以及磁畴壁器件中[55,65]。研究者发现，Pt 插层的引入可以同时提高 Co/Ni 多层膜的垂直磁各向异性及其退火稳定性。研究的样品结构（图 7-13）为 Ta（3）/Pt（2）/[Co（0.3）/Ni（0.6）/Pt（t_{Pt}）]₃/Co（0.3）/Pt（1）/Ta（3）。

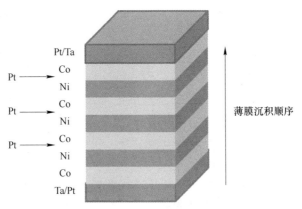

图 7-13　Ta/Pt/[Co/Ni/Pt（t_{Pt}）]₃/Co/Pt/Ta 多层膜以及 Pt 插层位置示意图

括号内的数字是薄膜的名义厚度，单位是 nm。t_{Pt} 是 Pt 插层的名义厚度，变化范围是 0~1nm。Ta（3）/Pt（2）和 Pt（1）/Ta（3）分别是缓冲层和保护层。样品利用磁控溅射在玻璃基片上生长。溅射前系统的真空度优于 1.5×10^{-7} Torr，溅射时的 Ar 气压是 2mTorr。退火处理在真空度优于 3×10^{-7} Torr 的真空退火炉内进行，退火时间 30min，无外加磁场。磁滞回线通过振动样品磁强计测量，样品的微结构利用高分辨透射电子显微镜（HRTEM）观察。

图 7-14 是制备态下 $t_{Pt} = 0$nm 和 $t_{Pt} = 0.6$nm 时多层膜的磁滞回线。可以看到，引入 0.6nm 的 Pt 后，多层膜的矫顽力从 88Oe 提高到了 215Oe，而各向异性场也从 3kOe 左右提高了 10kOe 左右，说明引入 Pt 后多层膜的垂直磁各向异性得到了增强。图 7-15 是多层膜的有效磁各向异性能 K_{eff} 随 Pt 插层厚度 t_{Pt} 的变化关系。随着 t_{Pt} 从 0nm 增加到 0.6nm，K_{eff} 从 1.39erg/cm^3 提高到 3.2erg/cm^3，然后随着 t_{Pt} 继续增加，K_{eff} 基本稳定在 3.5erg/cm^3 左右。

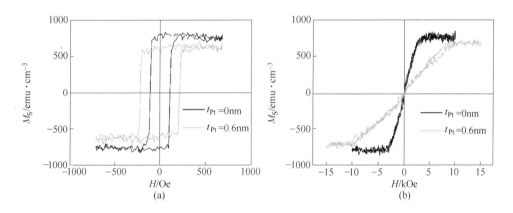

图 7-14　制备态下，$t_{Pt} = 0$nm 和 $t_{Pt} = 0.6$nm 时，Ta(3)/Pt(2)/

$[Co(0.3)/Ni(0.6)/Pt(t_{Pt})]_3/Co(0.3)/Pt(1)/Ta(3)$ 多层膜的磁滞回线[❶]

（a）磁场垂直膜面；（b）磁场平行膜面

下面研究 Pt 插层对多层膜垂直磁各向异性的退火稳定性的影响。所谓的退火稳定性是指样品经过从低温到高温退火后，K_{eff} 从正值转变成负值时的临界退火温度。图 7-16 是 $t_{Pt} = 0$nm 和 $t_{Pt} = 0.6$nm 时，Ta(3)/Pt(2)/[Co(0.3)/Ni(0.6)/Pt(t_{Pt})]_3/Co(0.3)/Pt(1)/Ta(3)(nm) 多层膜经过 150~450℃ 退火后磁场垂直膜面和平行膜面测量得到的磁滞回线。当退火温度 T_a 小于 250℃ 时，垂直膜面测量的磁滞回线具有良好的矩形度而平行膜面测量的磁滞回线具有明显的难轴特征，说明 $t_{Pt} = 0$nm 的多层膜具有良好的垂直磁各向异性。$T_a = 350$℃ 时，$t_{Pt} = 0$nm 的多层膜垂直膜面测量的磁滞回线和平行膜面测量的磁滞回线几乎重合在一

---

❶　1emu/cm^3 = 1000A/m。

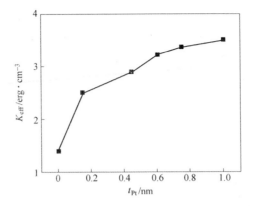

图 7-15　制备态下，Ta(3)/Pt(2)/[Co(0.3)/Ni(0.6)/Pt(t_{Pt})]$_3$/
Co(0.3)/Pt(1)/Ta(3) 多层膜的有效磁各向异性能 K_{eff} 随 Pt 插层厚度 t_{Pt} 的变化关系

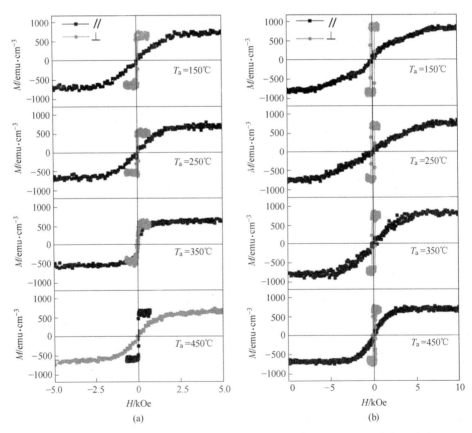

图 7-16　Ta(3)/Pt(2)/[Co(0.3)/Ni(0.6)/Pt(t_{Pt})]$_3$/Co(0.3)/Pt(1)/Ta(3)
多层膜在不同温度退火处理后磁场垂直膜面(⊥)和平行膜面(∥)测量得到的磁滞回线
(a) t_{Pt} = 0nm；(b) t_{Pt} = 0.6nm

起,说明即将发生垂直磁各向异性向面内磁各向异性的转变。$T_a = 450℃$ 时,从磁滞回线可以看出 $t_{Pt} = 0nm$ 的多层膜显然具有面内磁各向异性。然而,$t_{Pt} = 0.6nm$ 的多层膜在 150~450℃ 退火范围内均保持很好的垂直磁各向异性。

图 7-17(a)是不同 Pt 插层厚度下,多层膜的 K_{eff} 随退火温度 T_a 的变化关系。

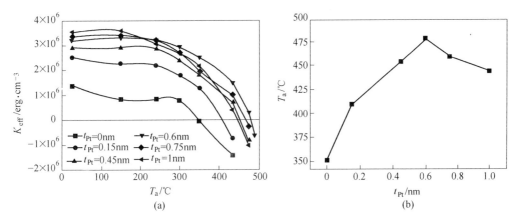

图 7-17 Ta(3)/Pt(2)/[Co(0.3)/Ni(0.6)/Pt(t_{Pt})]$_3$/Co(0.3)/Pt(1)/Ta(3)多层膜的退火特性
(a) 不同 t_{Pt} 下,K_{eff} 随退火温度 T_a 的变化关系;
(b) 退火稳定性 T_a^* 与 t_{Pt} 的关系

当 T_a 小于 250℃ 时,退火处理对 K_{eff} 影响不大。然而,一旦 T_a 升高到了 300℃ 之后,K_{eff} 随着 T_a 的增加迅速下降,当 T_a 超过某个临界温度后,K_{eff} 从正值变成了负值,也就是垂直磁各向异性向面内磁各向异性的转变。这个临界温度被定义退火稳定性,用 T_a^* 表示。图 7-17(b)是 T_a^* 随 t_{Pt} 的变化关系。可以看到 T_a^* 与 t_{Pt} 不是线性关系,T_a^* 从 $t_{Pt} = 0nm$ 时的 350℃ 升高到了 $t_{Pt} = 0.6nm$ 时的 480℃,t_{Pt} 大于 0.6nm 后 T_a^* 有所下降。

为了弄清 Pt 插层增强垂直磁各向异性及其退火稳定性的机制,利用 HRTEM 对多层膜的微结构进行了研究。图 7-18 是 Ta(3)/Pt(2)/[Co(0.3)/Ni(0.6)/Pt(0.6)]$_3$/Co(0.3)/Pt(1)/Ta(3)(nm)多层膜 450℃ 退火前后的 HRTEM 横截面图。之所以选择这个薄膜是因为它具有最优良的性能:高的垂直磁各向异性以及最好的退火稳定性。从横截面照片可以看到,制备态下,Co/Ni 层和 Pt 插层以及两者之间的界面都可以很清楚地被分辨出来。经过测量,Co/Ni 层和 Pt 插层的面间距分别是 0.202nm 和 0.201nm,说明它们分别具有(111)和(200)取向。而且,Co/Ni 的(111)取向和 Pt 插层的(200)取向在所观察的区域内非常均匀,说明此时薄膜的结晶质量非常好。450℃ 退火后,如图 7-18(b)所示,Co/Ni 和 Pt 插层已不能被分辨出来,界面也已变得相当模糊,说明退火引起了严重的扩散。经过测量,B、C、D 三个区域的面间距分别是 0.218nm、0.221nm、

0.221nm，可以认为是 CoNiPt 合金的 (111) 取向。

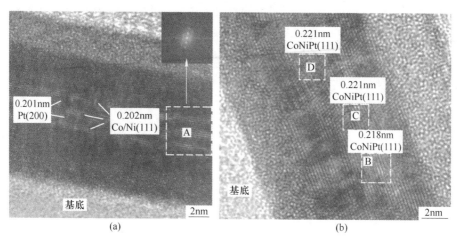

图 7-18　Ta(3)/Pt(2)/[Co(0.3)/Ni(0.6)/Pt(0.6)]₃/Co(0.3)/Pt(1)/Ta(3)
多层膜的 HRTEM 截面图
(a) 450℃退火前，右上角插图是 A 区域经过快速傅里叶变换之后得到的衍射花样；
(b) 450℃退火后

从前面章节的讨论可以知道，Pt/Co 多层膜的垂直磁各向异性主要来自 Pt/Co 界面[58]。而且研究表明，Pt/Co 的界面磁各向异性 (0.7~0.8erg/cm²)[49] 比 Co/Ni 的 (0.1~0.5erg/cm²)[66,67] 大得多，因此，Pt 插层的引入 Ni/Co 界面形成 Ni/Pt/Co 结构之后，通过 Pt 与 Co 之间强的轨道杂化提高了多层膜的界面磁各向异性，导致垂直磁各向异性的增强。当然，Pt 的引入可能会与 Ni 发生比较严重的扩散，有可能降低多层膜的垂直磁各向异性。但是，因为 Ni 层比较厚 (0.6nm)，扩散的负作用被 Pt/Co 界面的正作用抵消，从而使总的垂直磁各向异性增加。对于退火稳定性，它的提高可能与 Pt 插层 (200) 取向的获得有关。有研究表明，(200) 取向的 Pt 比 (110) 和 (111) 取向的 Pt 具有更高的扩散激活能[68]，也就是说需要更高的退火温度才能使 (200) 取向的 Pt 发生扩散，从而使多层膜表现出更高的退火稳定性。t_{Pt} 大于 0.6nm 后，退火稳定性有下降趋势，这是由于过厚的 Pt 插层会增加退火后 Pt 扩散的程度[69]。

总结本节内容：

Pt 插层的引入可以显著提高 Co/Ni 多层膜的垂直磁各向异性及其退火稳定性。研究表明，垂直磁各向异性的提高是由于具有强轨道杂化的 Pt/Co 界面的引入导致的，而退火稳定性的提高是由引入的 Pt 插层具有 (200) 取向引起的。该研究利用 Pt 插层同时提高了 Co/Ni 多层膜的垂直磁各向异性及其退火稳定性，对其在自旋电子学相关器件的应用具有重要意义。

7.3 CoFeB/Ni 垂直磁各向异性多层膜的磁性调控

多层膜垂直磁各向异性的研究主要集中在稀土过渡金属薄膜[70]，铁磁层/非磁层多层膜结构及其合金如 [Co/(Pt,Pd)] 和 [Fe/(Pt,Pd)][71]，L1$_0$ 有序合金薄膜[59]等方面，这些研究涉及复合靶材的多层膜材料较少。在复合靶材多层膜的研究中，CoFeB 由于具备高的自旋极化率而受到关注，在制备高性能磁隧道结、垂直磁化膜等方面国内外已有不少相关研究成果[72~74]，在对电流调控磁矩翻转方面也有相关的研究[75~77]。对 CoFeB 基多层膜的 PMA 研究大都集中在 CoFeB/MgO 界面[78,79]，Cui B 等研究了 CoFeB 与不同材料构成界面的多层膜 CoFeB/X（X = MgO、Ta、W、Ti 和 Pt）认为 CoFeB/MgO 的 PMA 之所以比较强，是因为在界面处形成了规则排列的 Co—O 及 Fe—O 键，如图 7-19 所示[80]。

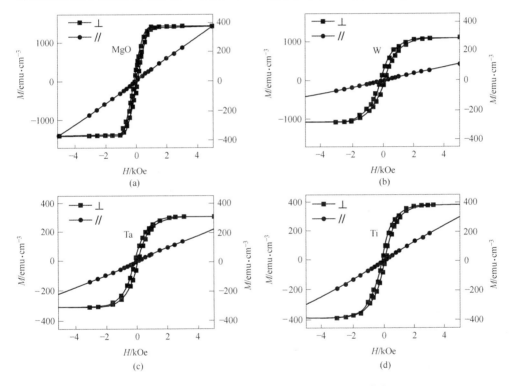

图 7-19 X(5)/[CoFeB(1)/X(2)]$_5$ 的磁滞回线[80]

(a) X 层为 MgO；(b) X 层为 W；(c) X 层为 Ta；(d) X 层为 Ti

CoFeB 相关的垂直磁各向异性多层膜的研究也有一些报道，Jung 等[81]研究了 CoFeB/Pd 多层膜的 PMA，发现 CoFeB 的厚度可达 2nm，而 Fowley 等[82]研究发现，当 CoFeB 厚度较薄时才能在 CoFeB/Pd 多层膜中观察到清晰的 PMA 现象，刘娜等[83]研究了 CoFeB/Pt 多层膜的 PMA，认为当多层膜中 CoFeB 厚度为 0.5nm 左右时，样品才会具有明显的 PMA 特征。但是对于 CoFeB/Ni 多层膜的 PMA 研究还未见报道。俱海浪等研究人员应用磁控溅射法制备了系列以 Pt 及 MgO/Pt 为底层的 CoFeB/Ni 多层膜，通过测量样品反常霍尔效应对其 PMA 性质进行分析。制备过程中，对样品的 Pt、MgO 底层、周期层中 CoFeB 与 Ni 的厚度、多层膜周期数进行调制，以期最终获取具有良好 PMA 性质的 CoFeB/Ni 多层膜样品。

实验中所有样品采用磁控溅射法在玻璃基片上制备而成，实验设备的样品台带自转功能，工作时可使基片以 1.7r/s 的速度旋转，保证了样品膜面的均匀性。系统本底真空度优于 2.0×10^{-5} Pa，溅射时的工作气体是纯度为 99.999% 的 Ar 气，工作气压为 0.5Pa。靶材的溅射速率由 DektakXT 型台阶仪测定，分别为 MgO：0.035nm/s，Pt：0.075nm/s，CoFeB：0.018nm/s，Ni：0.042nm/s，其中 Pt 与 Ni 靶由直流电源起辉，CoFeB 靶由射频电源起辉，其中 Co、Fe、B 的原子比例为 40：40：20。如无特别标注，本节中所有样品厚度均用 nm 表示。制备的样品结构分别为 $Pt(t_{Pt})/[CoFeB(t_{CoFeB})/Ni(t_{Ni})]_n/Pt(1.0)$ 及 $MgO(t_{MgO})/Pt(4)/[CoFeB(0.4)/Ni(0.3)]_3/Pt(1.0)$，其中底层 Pt 厚度 t_{Pt} 及底层 MgO 的厚度 t_{MgO} 的变化范围分别为 2~5nm 和 1~6nm，周期层中 CoFeB 层厚度 t_{CoFeB} 的变化范围为 0.2~1.0nm，Ni 层厚度 t_{Ni} 的变化范围为 0.2~0.6nm，周期数 n 变化范围从 1~5，所有样品用 1nm 厚 Pt 做保护层防止氧化。将制备好的样品切成大小为 8mm × 15mm 的矩形，用四探针法测量其霍尔回线，来获取其霍尔电阻（Hall resistance，R_{Hall}）及矫顽力（coercivity，H_C），测试时的外加磁场方向垂直于膜面。样品的磁滞回线由 VersaLab 的 VSM 选件测量。

7.3.1 CoFeB/Ni 多层膜中各因素对其性能的影响

7.3.1.1 周期层中 CoFeB、Ni 厚度的影响

由于多层膜的 PMA 对 CoFeB 的厚度变化比较敏感，首先研究 CoFeB 的厚度变化对样品的影响。制备样品时先在样品底层沉积 4nm 厚的 Pt 层，使周期层周期数为 2，这样样品具有较为明显的霍尔效应以便于测试。图 7-20 为样品 $Pt(4)/[CoFeB(t_{CoFeB})/Ni(0.3)]_2/Pt(1.0)$ 的霍尔回线。从图中可以看出，样品的霍尔回线随着 CoFeB 厚度的改变而变化，当 CoFeB 厚度为 0.2nm 时，样品的霍尔回线是一条穿过原点的直线，没有磁滞效应，这和 CoFeB 厚度太小膜面不连续有关，样品并没有 PMA 性质，当 CoFeB 厚度增至 0.4nm 时，样品的霍尔回线有着良好的矩形度，说明此时样品具有较好的 PMA 性能。当 CoFeB 厚度继续增加时，其矩形度迅速下降，当 CoFeB 厚度增至 1.0nm 时，样品完全失去了 PMA 性质。这和 CoFeB 厚度变化时对样品界面的影响有关。当 CoFeB 层太薄时，由于层厚

不连续，界面不清晰，不能形成有效的界面效应而使样品具备 PMA 性能；当 CoFeB 厚度增至 0.4nm 时，CoFeB/Ni 形成了明显的界面，界面各向异性明显并占据主导地位；而当 CoFeB 层厚度过大，与 Ni 的层间耦合效应减弱，从而影响样品的 PMA。根据图 7-20 的实验结果，确定多层膜样品中 CoFeB 厚度为 0.4nm。

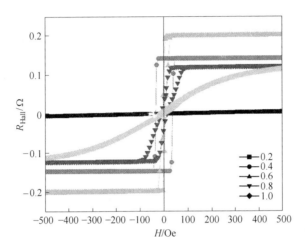

图 7-20　Pt(4)/[CoFeB(t_{CoFeB})/Ni(0.3)]$_2$/Pt(1.0)的霍尔回线

图 7-21 (a) 所示为改变样品 Pt(4)/[CoFeB(0.4)/Ni(t_{Ni})]$_2$/Pt(1.0)中 Ni 层厚度时样品的霍尔回线，图 7-21 (b) 为对应样品的霍尔电阻和矫顽力的变化曲线。从图 7-21 (a) 中可以看出，在 Ni 层厚度变化的过程中，样品的矩形度都很好，样品有着较好的垂直磁各向异性；在图 7-21 (b) 中可以看到，样品的霍尔电阻随着 Ni 层厚度的增加呈现出振荡减小的变化趋势，这是由于 Ni 层变厚所增加的分流作用导致的；样品的矫顽力随着 Ni 层厚度的变化出现一定的波动，但变化范围不大，可见 Ni 层在实验的厚度范围内，对样品矫顽力影响不大，Ni 层对样品性能的影响主要体现在霍尔效应的大小方面。总体来看当 Ni 的厚度为 0.3nm 时，样品的霍尔回线矩形度很好，且霍尔电阻最大，所以在该系列多层膜中，确定周期层中 Ni 层厚度为 0.3nm。

7.3.1.2　周期数 n 的影响

图 7-22 (a) 所示为改变样品 Pt(4)/[CoFeB(0.4)/Ni(0.3)]$_n$/Pt(1.0)周期数 n 时其霍尔回线的变化，图 7-22 (b) 为对应样品的霍尔电阻和矫顽力的变化曲线。可以看到，n 的变化对样品 PMA 的影响十分明显。当 n 为 1 时，可以观察到样品具有 PMA，但矫顽力和霍尔电阻都很小，周期数 n 增加到 2 后，样品的霍

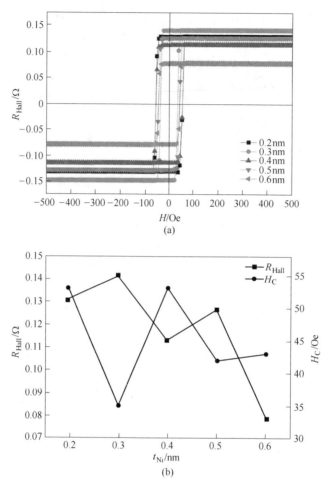

图 7-21　Pt(4)/[CoFeB(0.4)/Ni(t_{Ni})]$_2$/Pt(1.0)的磁性随 Ni 层厚度的变化

（a）霍尔回线；（b）霍尔电阻及矫顽力

尔电阻明显的增加，此后随着 n 的继续增加，霍尔电阻略有下降。矫顽力随着 n 的增加先增大后减小，当 n 等于 3，样品的矫顽力达到最大值，而当周期数继续增加到 4 和 5 后样品的矩形度降低，PMA 性能减弱。

　　磁性多层膜的 PMA 性质，主要来源于界面处的耦合作用，CoFeB/Ni 是样品的磁性层，其厚度对整个样品的磁化强度大小起决定作用，周期数的增加会增加更多的界面，薄膜界面处的传导电子发生散射及自旋劈裂的概率增加，进而影响到样品的磁阻信号及自旋极化，改变样品的界面耦合，从而影响多层膜的垂直磁各向异性，所以多层膜的周期数对样品的 PMA 有着重要的影响。当周期数小时，受限于界面的数量，由界面引入的垂直磁各向异性较低。随着周期数的增多，界面也增多，此时多层膜界面效应明显，界面各向异性占据主导地位，垂直磁各向

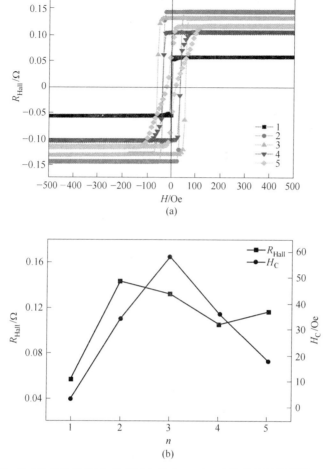

图 7-22 Pt(4)/[CoFeB(0.4)/Ni(0.3)]$_n$/Pt(1.0)的磁性随周期数 n 的变化

(a) 霍尔回线；(b) 霍尔电阻及矫顽力

异性增强，霍尔回线的矩形度升高，且表现为单畴态，磁化时表现为迅速一致翻转的磁学特征。而当周期数继续增加时，样品变厚，需要均匀磁化的体积也会增大，此时在磁化体外侧的磁荷产生的退磁场的退磁能会增加，多层膜样品形成多畴结构来降低退磁能，多层膜会产生分畴效应而表现出多畴态，所以样品的矩形度降低[83]。可见，要将 CoFeB/Ni 多层膜应用于垂直磁纳米结构中，其周期层数 n 等于 3 比较合适。

7.3.1.3 Pt 底层厚度 t_{Pt} 的影响

图 7-23 (a) 所示为改变样品 Pt(t_{Pt})/[CoFeB(0.4)/Ni(0.3)]$_3$/Pt(1.0)中 Pt 底层厚度时样品的霍尔回线，图 7-23 (b) 为对应样品的霍尔电阻和矫顽力的

变化曲线。从图中可以看到，当 Pt 为 2nm 时样品已经具备了 PMA 特征，但由于此时厚度较小，织构不强，所以样品的矫顽力很小。随着 Pt 厚度的增加，样品表现出了良好的 PMA 特征，矩形度达到了 100%，可见变厚的 Pt 底层使得样品的 (111) 织构增强。在 Pt 层逐渐变厚的过程中，样品的霍尔电阻单调降低，这是因为 Pt 对样品的分流作用逐渐增加导致的；而样品矫顽力随 Pt 厚度的增加总体上也是增加的，变厚的 Pt 层增强了样品的 (111) 织构。不同于 Co/Pb、Co/Pt 多层膜，CoFeB/Ni 周期层中缺少重金属，底层对多层膜的织构引导就更为重要了。从图 7-23 (a) 可看出，当 Pt 厚度为 4nm 时，样品霍尔电阻略小，但矩形度更好，且矫顽力较为适宜，最终确定最佳的多层膜样品为 Pt(4)/[CoFeB(0.4)/Ni(0.3)]$_3$/Pt(1.0)。

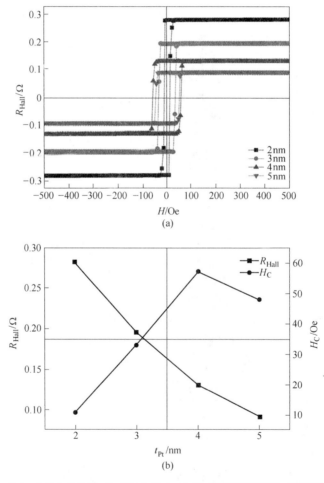

图 7-23　Pt(t_{Pt})/[CoFeB(0.4)/Ni(0.3)]$_3$/Pt(1.0) 的磁性随 Pt 底层厚度的变化

(a) 霍尔回线；(b) 霍尔电阻及矫顽力

为了计算出样品 Pt(4)/[CoFeB(0.4)/Ni(0.3)]$_3$/Pt(1.0) 的有效磁各向异性常数，对其磁滞回线进行了测试，图 7-24 （a）和（b）分为磁场方向垂直及平行膜面时测得样品归一化后的磁滞回线。在图 7-24 （a）中，可以看到样品磁滞回线的矩形度良好，磁化翻转过程迅速，剩磁比达到了 100%，这说明样品具备良好的垂直磁各向异性；在图 7-24 （b）中，样品的磁化曲线通过原点，饱和磁场达到了 5000Oe。经过计算，样品的 K_{eff} 为 $1.7×10^6$ erg/cm^3，这也说明了该样品的界面各向异性很强，使得样品表现出良好的 PMA 性质。

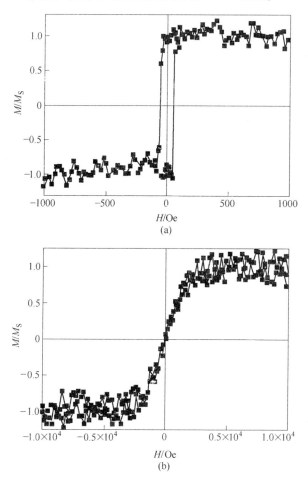

图 7-24　Pt(4)/[CoFeB(0.4)/Ni(0.3)]$_3$/Pt(1.0) 归一化的磁滞回线

（a）磁场垂直膜面；（b）磁场平行膜面

7.3.1.4　MgO 底层对 CoFeB/Ni 多层膜的影响

为了对 CoFeB/Ni 多层膜的垂直磁各向异性进行进一步的优化，通过在底层中加入 MgO, 制备了一系列以 MgO/Pt 为底层的 CoFeB/Ni 多层膜样品。图 7-25 (a) 为样品 MgO(t_{MgO})/Pt(4)/[CoFeB(0.4)/Ni(0.3)]$_3$/Pt(1.0) 的霍尔回线, 可以看到, 在 MgO 底层逐渐变厚的过程中, 所有样品的矩形度保持地非常好, 样品的剩磁比均达到了 100%, 说明样品具有良好的垂直磁各向异性。图 7-25 (b) 为其霍尔电阻及矫顽力随 MgO 底层厚度 t_{MgO} 的变化曲线, 可以看到, 样品的霍尔电阻随着 MgO 厚度的增加, 逐步的振荡减小; 样品的矫顽力随着 MgO 底层的逐渐变厚出现比较明显的变化, 当 MgO 为 4nm 时, 样品矫顽力较单纯 Pt 底层增加将近一倍, 随后矫顽力随着 MgO 厚度的增加有所降低。可见当 MgO 厚度为 4nm 时对样品层间耦合的调控效果最为明显。

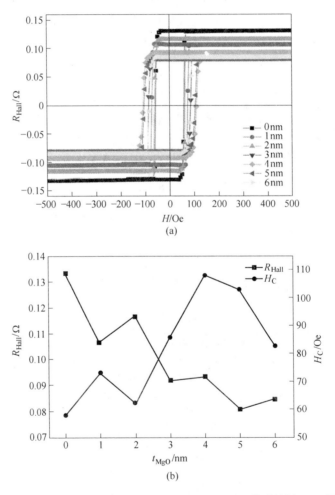

图 7-25　MgO(t_{MgO})/Pt(4)/[CoFeB(0.4)/Ni(0.3)]$_3$/Pt(1.0) 的磁性随 MgO 层厚度的变化

(a) 霍尔回线; (b) 霍尔电阻及矫顽力

为了研究多层膜加入 MgO 后磁性能变化，对样品 MgO(4)/Pt(4)/[CoFeB(0.4)/Ni(0.3)]$_3$/Pt(1.0)的磁滞回线进行了测试，结果如图 7-26 所示。图 7-26（a）显示了磁场垂直膜面时样品的磁滞回线，可以看到其矩形度相比 Pt 底层有所降低，而矫顽力有着明显的增加；图 7-26（b）为平行方向的磁滞回线，饱和磁场增大到了 8000Oe，经计算，样品的 K_{eff} 为 $3.0×10^6 erg/cm^3$，较 Pt 底层增加了 1.7 倍。

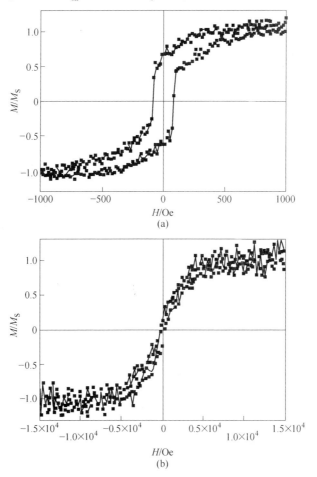

图 7-26　MgO(4)/Pt(4)/[CoFeB(0.4)/Ni(0.3)]$_3$/Pt(1.0)归一化的磁滞回线

（a）磁场垂直膜面；（b）磁场平行膜面

7.3.2　退火对 CoFeB/Ni 多层膜的影响

为了研究退火对 Co/Ni 多层膜性能的影响，分别对多层膜样品 Pt(4)/[CoFeB(0.4)/Ni(0.3)]$_3$/Pt(1.0)和 MgO(4)/Pt(4)/[CoFeB(0.4)/Ni(0.3)]$_3$/Pt(1.0)进行了退火处理，下面分别进行讨论。

7.3.2.1　退火对 Pt(4)/[CoFeB(0.4)/Ni(0.3)]₃/Pt(1.0)的影响

图 7-27 （a）为样品 Pt(4)/[CoFeB(0.4)/Ni(0.3)]₃/Pt(1.0)在不同温度退火后的霍尔回线，图 7-27 （b）为其霍尔电阻及矫顽力随退火温度的变化曲线。样品的霍尔电阻随着退火温度的升高逐步减小，当退火温度低于 200℃时，样品的垂直磁各向异性保持地较好，而当退火温度升高到 250℃时，样品的霍尔回线还能保持良好矩形度，但是矫顽力已经非常小，当温度升高到 300℃时，样品完全失去了垂直磁各向异性。矫顽力在退火温度低于 200℃时比制备态略有增加，但是当退火温度为 250℃时，矫顽力只有不到 13Oe，说明此时多层膜的界面已经出现了合金化，界面变得模糊，当退火温度为 300℃时，样品的界面已经完全合金化了，界面效应消失，样品的 PMA 也随之消失。

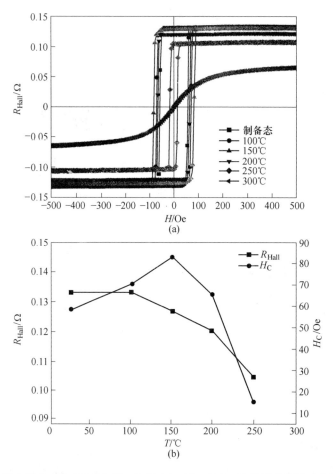

图 7-27　退火后 Pt(4)/[CoFeB(0.4)/Ni(0.3)]₃/Pt(1.0)的磁性随退火温度的变化

(a) 霍尔回线；(b) 霍尔电阻及矫顽力

7.3.2.2 退火对 MgO(4)/Pt(4)/[CoFeB(0.4)/Ni(0.3)]₃/Pt(1.0)的影响

图 7-28（a）为样品 MgO(4)/[CoFeB(0.4)/Ni(0.3)]₃/Pt(1.0)在不同温度下退火后的霍尔回线，图 7-28（b）为其霍尔电阻及矫顽力随退火温度的变化曲线。可以看出，样品的矩形度在退火温度低于 250℃范围内保持地较好，当退火温度升高到 300℃时，样品虽能在较小的磁场强度小饱和，但其霍尔回线出现闭合情况，说明该温度下样品的界面效应开始失去，界面合金化，可见对于该样品，退火温度小于 250℃才能保持住垂直磁各向异性。与 Pt 底层样品不同，该MgO 底层的样品霍尔电阻随着退火温度的逐渐升高并未单调降低，而是在一个小的范围内波动，可见对于该样品，MgO 底层的加入对于保持住霍尔效应是有利的；样品的矫顽力随着退火温度先升高后逐渐减小，但在各退火温度下，矫顽力

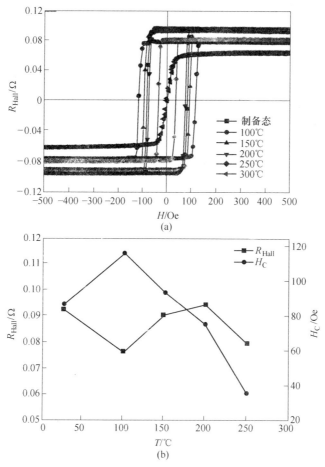

图 7-28 退火后 MgO(4)/Pt(4)/[CoFeB(0.4)/Ni(0.3)]₃/Pt(1.0)的磁性随退火温度的变化

(a) 霍尔回线；(b) 霍尔电阻及矫顽力

都要比 Pt 底层的样品要大，且使得样品失去垂直磁各向异性的临界退火温度也略高于 Pt 底层的多层膜样品，这是因为一方面样品的矫顽力比 Pt 底层的大，另一方面是因为 MgO 底层的加入对提高多层膜的热稳定性有一定的作用。

图 7-29 为 100℃退火后 MgO(4)/Pt(4)/[CoFeB(0.4)/Ni(0.3)]$_3$/Pt(1.0) 归一化的磁滞回线，测试时磁场方向平行于膜面。可以看到，样品的磁滞回线穿过坐标原点，未出现磁滞现象，该方向为样品的难轴方向。对其有效磁各向异性常数 K_{eff} 进行积分计算，大小为 $3.6×10^6 erg/cm^3$，较未添加 MgO 底层时增加了 2 倍，可见经过加入 MgO 底层及对其进行退火处理，CoFeB/Ni 多层膜的垂直磁各向异性得到了大幅度的提高，但与退火前相比较，增加不明显，这和样品退火温度过低有关。

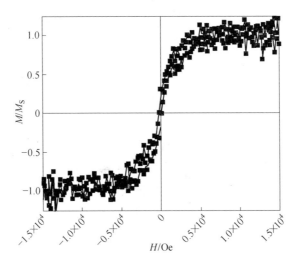

图 7-29 100℃退火后 MgO(4)/Pt(4)/[CoFeB(0.4)/Ni(0.3)]$_3$/Pt(1.0) 归一化磁滞回线，磁场方向平行于平膜面

7.3.3 CoFeB/Ni 多层膜结构对薄膜 PMA 的影响机理

7.3.3.1 CoFeB/Ni 多层膜的 XRD 测试

图 7-30 为 CoFeB/Ni 多层膜的 X 射线衍射图谱，图中出现了较为明显的 Pt (111) 衍射峰，图 7-30 1、2 及 3 三个图谱中样品的 Pt(111) 衍射峰分别位于 39.89°、39.96° 与 39.97°，峰强在加入 MgO 底层后显著的增强。Pt 底层样品中有着较为微弱的 CoFeB/Ni(111) 衍射峰，在加入 MgO 底层后 CoFeB/Ni (111) 衍射峰可以很清晰地观察到，由此可见，MgO 的加入对引导多层膜的 (111) 织构作用非常明显，不仅使 Pt 底层的织构增强，同时使得周期层的织构也明显增

强，从而使样品的 PMA 性能显著增加；与前面讨论的系列样品不同，经过 100℃ 退火后的 MgO(4)/Pt(4)/[CoFeB(0.4)/Ni(0.3)]$_3$/Pt(1.0)峰强较退火前变化不大，这和退火温度过低有关，低的退火温度对样品界面的影响不大。

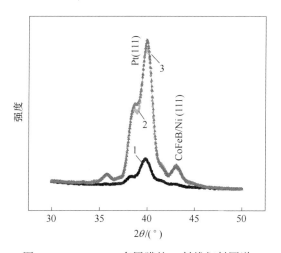

图 7-30　CoFeB/Ni 多层膜的 X 射线衍射图谱
1—样品 Pt(4)/[CoFeB(0.4)/Ni(0.3)]$_3$/Pt(1.0)；
2—样品 MgO(4)/Pt(4)/[CoFeB(0.4)/Ni(0.3)]$_3$/Pt(1.0)；
3—100℃退火后样品 MgO(4)/Pt(4)/[CoFeB(0.4)/Ni(0.3)]$_3$/Pt(1.0)

7.3.3.2　CoFeB/Ni 多层膜的 TEM 测试

图 7-31 为样品 MgO(4)/Pt(4)/[CoFeB(0.4)/Ni(0.3)]$_3$/Pt(1.0)的 TEM 图片，可以看到，样品的 Pt 底层、CoFeB/Ni 周期层、Pt 覆盖层有着较为明显的界面，而各层的晶格条纹比较清楚，这说明样品有着良好的织构。Pt(111) 方向晶格间距大小为 0.23nm，该样品的具体晶格间距如图 7-31 所示，可以看到，样品的 Pt 层取向一致性较好。而周期层 CoFeB/Ni 的晶格间距在图示位置分别为 0.2037nm 和 0.2046nm，对应 (111) 织构，取向基本一致。可见，良好的织构使得样品有着明显的 PMA 性能。

总结本节内容：

实验人员研究了 CoFeB/Ni 多层膜在不同底层及不同退火温度下的垂直磁各向异性，在对以 Pt 为底层的 CoFeB/Ni 多层膜的研究中，通过对各参数进行调制，获得该系列的最佳样品 Pt(4)/[CoFeB(0.4)/Ni(0.3)]$_3$/Pt(1.0)，经计算，该样品的 K_{eff} 为 $1.7×10^6$ erg/cm^3，样品的 PMA 性能良好；加入 MgO 底层调控后，多层膜的 K_{eff} 增加到 $3.0×10^6$ erg/cm^3；研究了多层膜在不同温度下退火后的表现，MgO 底层样品的热稳定性比单纯 Pt 底层样品热稳定性好，MgO 底层样品经退火

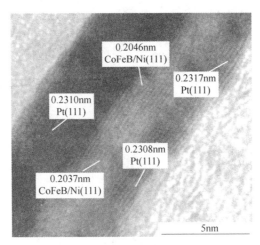

图 7-31　MgO(4)/Pt(4)/[CoFeB(0.4)/Ni(0.3)]₃/Pt(1.0) 的 TEM 图片

后，K_{eff} 增加到 $3.6 \times 10^6 \mathrm{erg/cm}^3$。对样品的 XRD 测试发现，MgO 底层加入后，样品的（111）织构显著的增强，同时样品出现了对应的 CoFeB/Ni 周期层（111）衍射峰。通过对样品 TEM 的测试，发现样品的晶格取向基本一致。该样品中磁性周期层的厚度为 2.1nm，整个 Pt 底层样品总厚度为 7.1nm，加入 MgO 后厚度为 11.1nm，该厚度完全满足器件制备对垂直磁结构的厚度要求，可进一步研究其与器件的集成性。

参 考 文 献

[1] Gan H, Malmhall R, Wang Z, et al. Perpendicular magnetic tunnel junction with thin CoFeB/Ta/Co/Pd/Co reference layer [J]. Applied Physics Letters, 2014, 105: 721.

[2] Chen S, Tang M, Zhang Z. Interfacial effect on the ferromagnetic damping of CoFeB thin films with different under-layers [J]. Applied Physics Letters, 2013, 103: 092502.

[3] Fang B, Zhang X, Zhang B S, et al. Tunnel magnetoresistance in thermally robust Mo/CoFeB/MgO tunnel junction with perpendicular magnetic anisotropy [J]. Aip Advances, 2015, 5: 210.

[4] Sbiaa R, Ranjbar M, Akerman J. Domain structures and magnetization reversal in Co/Pd and CoFeB/Pd multilayers [J]. Journal of Applied Physics, 2015, 117: 508.

[5] Yun S J, Sang H L, Lee S R. Interlayer exchange coupling between perpendicularly magnetized structures through a Ru/Ta composite spacer [J]. Applied Physics Letters, 2015, 106: 1409.

[6] Peng S, Wang M, Yang H, et al. Origin of interfacial perpendicular magnetic anisotropy in MgO/CoFe/metallic capping layer structures [J]. Scientific Reports, 2015, 5: 18173.

[7] Devolder T, Kim J V, Garciasanchez F, et al. Time-resolved spin-torque switching in MgO-based perpendicularly magnetized tunnel junctions [J]. Physical Review B, 2016, 93: 024420.

[8] 陈希, 刘厚方, 韩秀峰, 等. CoFeB/AlOₓ/Ta 及 AlOₓ/CoFeB/Ta 结构中垂直易磁化效应的

研究 [J]. 物理学报, 2013, 62: 137501.

[9] Fujita N, Inaba N, Kirino F, et al. Damping constant of Co/Pt multilayer thin film media [J]. Journal of Magnetism and Magnetic Materials, 2008, 320: 3019.

[10] Pal S, Rana B, Hellwig O, et al. Tunable magnonic frequency and damping in [Co/Pd]$_8$ multilayers with variable Co layer thickness [J]. Applied Physics Letters, 2011, 98: 257204.

[11] Kato T, Matsumoto Y, Kashima S, et al. Perpendicular anisotropy and gilbert damping in sputtered Co/Pd multiiayers [J]. IEEE Transactions on Magnetics, 2012, 48: 3288.

[12] Sabino M P R, Tran M, Sim C H, et al. Seed influence on the ferromagnetic resonance response of Co/Ni multilayers [J]. Journal of Applied Physics, 2014, 115: 41.

[13] Mizukami S, Zhang X, Kubota T, et al. Gilbert damping in Ni/Co multilayer films exhibiting large perpendicular anisotropy [J]. Applied Physics Express, 2011, 4: 205.

[14] Tadisina Z R, Natarajarathinam A, Gupta S. Magnetic tunnel junctions with Co-based perpendicular magnetic anisotropy multilayers [J]. Journal of Vacuum Science & Technology A Vacuum Surfaces & Films, 2010, 28: 973 .

[15] Tadisina Z R, Natarajarathinam A, Clark B D, et al. Perpendicular magnetic tunnel junctions using Co-based multilayers [J]. Journal of Applied Physics, 2010, 107: 210.

[16] Lytvynenko I, Deranlot C, Andrieu S, et al. Magnetic tunnel junctions using Co/Ni multilayer electrodes with perpendicular magnetic anisotropy [J]. Journal of Applied Physics, 2015, 117: 721.

[17] Visnovsky S, Jakubisova Liskova E, Nyvlt M R, et al. Origin of magneto-optic enhancement in CoPt alloys and Co/Pt multilayers [J]. Applied Physics Letters, 2012, 100: 232409.

[18] Mangin S, Ravelosona D, Katine J A E, et al. Current-induced magnetization reversal in nanopillars with perpendicular anisotropy [J]. Nature Materials, 2006, 5: 210.

[19] 王日兴, 肖运昌, 赵婧莉. 垂直磁各向异性自旋阀结构中的铁磁共振 [J]. 物理学报, 2014, 63: 339.

[20] Zhang P, Xie K, Lin W, et al. Anomalous Hall effect in Co/Ni multilayers with perpendicular magnetic anisotropy [J]. Applied Physics Letters, 2014, 104: 151.

[21] Coutts C, Arora M, Hübner R, et al. Magnetic properties of Co/Ni grain boundaries after annealing [J]. Aip Advances, 2018, 8: 056318.

[22] Shepley P M, Rushforth A W, Wang M, et al. Modification of perpendicular magnetic anisotropy and domain wall velocity in Pt/Co/Pt by voltage-induced strain [J]. Scientific Reports, 2015, 5: 7921.

[23] Kato T, Matsumoto Y, Okamoto S, et al Time-resolved magnetization dynamics and damping constant of sputtered Co/Ni multilayers [J]. IEEE Transactions on Magnetics, 2011, 47: 3036.

[24] Sbiaa R, Shaw J M, Nembach H T, et al. Ferromagnetic resonance measurements of (Co/Ni/Co/Pt) multilayers with perpendicular magnetic anisotropy [J]. Journal of Physics D Applied Physics, 2016, 49: 425002.

[25] Beaujour J M L, Chen W, Krycka K, et al. Ferromagnetic resonance study of sputtered Co/Ni multilayers [J]. European Physical Journal B, 2007, 59: 475.

[26] Gimbert F, Calmels L. First-principles investigation of the magnetic anisotropy and magnetic properties of Co/Ni (111) superlattices [J]. Physical Review B, 2012, 86: 184407.

[27] You L, Sousa R C, Bandiera S, et al. Co/Ni multilayers with perpendicular anisotropy for spintronic device applications [J]. Applied Physics Letters, 2012, 100: 172411.

[28] Haertinger M, Back C H, Yang S H, et al. Properties of Ni/Co multilayers as a function of the number of multilayer repetitions [J]. Journal of Physics D Applied Physics, 2013, 46: 175001.

[29] Akbulut S, Akbulut A, Özdemir M, et al. Effect of deposition technique of Ni on the perpendicular magnetic anisotropy in Co/Ni multilayers [J]. Journal of Magnetism and Magnetic Materials, 2015, 390: 137.

[30] Shaw J M, Nembach H T, Silva T J. Roughness induced magnetic inhomogeneity in Co/Ni multilayers: Ferromagnetic resonance and switching properties in nanostructures [J]. Journal of Applied Physics, 2010, 108: 210.

[31] Wang G, Zhang Z, Ma B, et al. Magnetic anisotropy and thermal stability study of perpendicular Co/Ni multilayers [J]. Journal of Applied Physics, 2013, 113: 5246.

[32] Song H S, Lee K D, Sohn J W, et al. Relationship between Gilbert damping and magneto-crystalline anisotropy in a Ti-buffered Co/Ni multilayer system [J]. Applied Physics Letters, 2013, 103: 022406.

[33] Kurt H, Venkatesan M, Coey J M D. Enhanced perpendicular magnetic anisotropy in Co/Ni multilayers with a thin seed layer [J]. Journal of Applied Physics, 2010, 108: 1409.

[34] Posth O, Hassel C, Spasova M, et al. Influence of growth parameters on the perpendicular magnetic anisotropy of [Co/Ni] multilayers and its temperature dependence [J]. Journal of Applied Physics, 2009, 106: 9353.

[35] Fukami S, Suzuki T, Tanigawa H, et al. Stack structure dependence of Co/Ni multilayer for current-induced domain wall motion [J]. Applied Physics Express, 2010, 3: 113002.

[36] Gubbiotti G, Carlotti G, Tacchi S, et al. Spin waves in perpendicularly magnetized Co/Ni (111) multilayers in the presence of magnetic domains [J]. Physical Review B, 2012, 86: 014401.

[37] Sabino M P R, Tran M, Sim C H, et al. Seed influence on the ferromagnetic resonance response of Co/Ni multilayers [J]. Journal of Applied Physics, 2014, 115: 17C512.

[38] Liu E, Swerts J, Devolder T, et al. Seed layer impact on structural and magnetic properties of [Co/Ni] multilayers with perpendicular magnetic anisotropy [J]. Journal of Applied Physics, 2017, 121: 043905.

[39] Inoue J, Ohno H. Taking the hall effect for a spin [J]. Science, 2005, 309: 2004.

[40] Ding L, Teng J, Wang X C, et al. Designed synthesis of materials for high-sensitivity geomagnetic sensors [J]. Applied Physics Letters, 2010, 96 (5): 052515.

［41］ Ding Y, Judy J H, Wang J P. [CoFe/Pt]$_n$ multilayer films with a small perpendicular magnetic anisotropy [J]. Journal of Applied Physics, 2005, 97: 10J117.

［42］ Berger L. Comment on side-jump and side-slide mechanisms for ferromagnetic Hall effect: a reply [J]. Physical Review B, 1973, 8: 2351.

［43］ Gweon H K, Yun S J, Sang H L. A very large perpendicular magnetic anisotropy in Pt/Co/MgO trilayers fabricated by controlling the MgO sputtering power and its thickness [J]. Scientific Reports, 2018, 8: 19656.

［44］ Allenspach R, Bischof A. Magnetization direction switching in Fe/Cu (100) epitaxial films: temperature and thickness dependence [J]. Physical Review Letters, 1992, 69: 3385.

［45］ Hashimoto S, Ochiai Y, Aso K. Perpendicular magnetic anisotropy and magnetostriction of sputtered Co/Pd and Co/Pt multilayered films [J]. Journal of Applied Physics, 1989, 66: 4909.

［46］ Carcia P F. Perpendicular magnetic anisotropy in Pd/Co and Pt/Co thin-film layered structures [J]. Journal of Applied Physics, 1988, 63: 5066.

［47］ den Broeder F J A, Kuiper D, van de Mosselaer A P, et al. Perpendicular magnetic anisotropy of Co-Au multilayers induced by interface sharpening [J]. Physical Review Letters, 1988, 60: 2769.

［48］ Draaismaa H J G, de Jongea W J M, den Broeder F J A. Magnetic interface anisotropy in Pd/Co and Pd/Fe multilayers [J]. Journal of Magnetism and Magnetic Materials, 1987, 66: 351.

［49］ Lin C J, Gorman G L, Lee C H, et al. Magnetic and structural properties of Co/Pt multilayers [J]. Journal of Magnetism and Magnetic Materials, 1991, 93: 194.

［50］ Farrow R F C, Marks R F, Harp G R, et al. MBE growth of artificially-layered magnetic-metal structures on semiconductors and insulators [J]. Materials Science and Engineering: R: Reports, 1993, 11: 155.

［51］ Harzer J V, Hillebrandsa B, Stampsa R L, et al. Characterization of large magnetic anisotropies in (100)- and (111)-oriented Co/Pt multilayers by Brillouin light scattering [J]. Journal of Magnetism and Magnetic Materials, 1992, 104-107: 1863.

［52］ den Broeder F J A, Hoving W, Bloemen P J H. Magnetic anisotropy of multilayers [J]. Journal of Magnetism and Magnetic Materials, 1991, 93: 562.

［53］ Hashimoto S, Maesaka A, Fujimoto K, et al. Magneto-optical applications of Co/Pt multilayers [J]. Journal of Magnetism and Magnetic Materials, 1993, 121: 471.

［54］ Lambert C H, Mangin S, Varaprasad B S, D Ch S, et al. All-optical control of ferromagnetic thin films and nanostructures [J]. Science, 2014, 345: 1337.

［55］ Sbiaa R, Meng H, Piramanayagam S N. Materials with perpendicular magnetic anisotropy for magnetic random access memory [J]. Physica Status Solidi RRL, 2011, 5: 413.

［56］ Franken J H, Swagten H J M, B Koopmans. Shift registers based on magnetic domain wall ratchets with perpendicular anisotropy [J]. Nature Nanotechnology, 2012, 7: 499.

［57］ Ikeda S, Hayakawa J, Lee Y M, et al. Magnetic tunnel junctions for spintronic memories and beyond [J]. IEEE Trans. Electron Devices, 2007, 54: 991.

[58] Bandiera S, Sousa R C, Rodmacq B, et al. Enhancement of perpendicular magnetic anisotropy through reduction of Co-Pt interdiffusion in (Co/Pt) multilayers [J]. Applied Physics Letters, 2012, 100: 142410.

[59] Ikeda S, Hayakawa J, Ashizawa Y, et al. Tunnel magnetoresistance of 604% at 300K by suppression of Ta diffusion in CoFeB/MgO/CoFeB pseudo-spin-valves annealed at high temperature [J]. Applied Physics Letters, 2008, 93: 082508.

[60] Park C, Zhu J G, Moneck M T, et al. Annealing effects on structural and transport properties of rf-sputtered CoFeB/MgO/CoFeB magnetic tunnel junctions [J]. Journal of Applied Physics, 2006, 99: 08A901.

[61] An G G, Lee J B, Yang S M, et al. Correlation between Pd metal thickness and thermally stable perpendicular magnetic anisotropy features in [Co/Pd]$_n$ multilayers at annealing temperatures up to 500℃ [J]. AIP Advances, 2015, 5: 027137.

[62] Moriyama T, Gudmundsen T J, Huang P Y, et al. Tunnel magnetoresistance and spin torque switching in MgO-based magnetic tunnel junctions with a Co/Ni multilayer electrode [J]. Applied Physics Letters, 2010, 97: 072513.

[63] Mizukami S, Zhang X, Kubota T, et al. Gilbert damping in Ni/Co multilayer films exhibiting large perpendicular anisotropy [J]. Applied Physics Express, 2011, 4: 013005.

[64] Song H S, Lee K D, Sohn J W, et al. Observation of the intrinsic Gilbert damping constant in Co/Ni multilayers independent of the stack number with perpendicular anisotropy [J]. Applied Physics Letters, 2013, 102: 102401.

[65] Yang S H, Ryu K S, Parkin S. Domain-wall velocities of up to 750 m ·s^{-1} driven by exchange-coupling torque in synthetic antiferromagnets [J]. Nature Nanotechnology, 2015, 10: 221.

[66] Daalderop G H O, Kelly P J, den Broeder F J A. Prediction and confirmation of perpendicular magnetic anisotropy in Co/Ni multilayers [J]. Physical Review Letters, 1992, 68: 682.

[67] McIntyre P C, Wu D T, Nastasi M. Interdiffusion in epitaxial Co/Pt multilayers [J]. Journal of Applied Physics, 1997, 81: 637.

[68] Chen G, Song C, Chen C, et al. Resistive switching and magnetic modulation in Cobalt-doped ZnO [J]. Advanced Materials, 2012, 24: 3515.

[69] Lee T Y, Son D S, Lim S H, et al. High post-annealing stability in [Pt/Co] multilayers [J]. Journal of Applied Physics, 2013, 113: 216102.

[70] Nishimura N, Hirai T, Koganei A, et al. Magnetic tunnel junction device with perpendicular magnetization films for high-density magnetic random access memory [J]. Journal of Applied Physics, 2002, 91: 5246.

[71] Yakushiji K, Saruya T, Kubota H, et al. Ultrathin Co/Pt and Co/Pd superlattice films for MgO-based perpendicular magnetic tunnel junctions [J]. Applied Physics Letters, 2010, 97: 232508.

[72] Wang W G, Hageman S, Li M, et al. Rapid thermal annealing study of magnetoresistance and

perpendicular anisotropy in magnetic tunnel junctions based on MgO and CoFeB [J]. Applied Physics Letters, 2011, 99: 102502.

[73] Worledge D C, Hu G, Abraham D W, et al. Spin torque switching of perpendicular Ta/CoFeB/MgO-based magnetic tunnel junctions [J]. Applied Physics Letters, 2011, 98: 6995.

[74] Jung J H, Lim S H, Lee S R. Strong perpendicular magnetic anisotropy in thick CoFeB films sandwiched by Pd and MgO layers [J]. Applied Physics Letters, 2010, 96: 042503.

[75] Torrejon J, Garciasanchez F, Taniguchi T, et al. Current driven asymmetric magnetization switching in perpendicularly magnetized CoFeB/MgO heterostructures [J]. Physics, 2015, 91: 214434.

[76] Lourembam J, Huang J, Lim S T, et al. Role of CoFeB thickness in electric field controlled sub-100nm sized magnetic tunnel junctions [J]. AIP Advances, 2018, 8: 055915.

[77] Ahmad N, Hassan F, Khan S, et al. Mobility and perpendicular magnetic anisotropy in Electro-deposited $Co_{32}Fe_{67}B_1$ thin films using boric acid as boron source [J]. Journal of Magnetism and Magnetic Materials, 2018, 458: 156.

[78] Lee K M, Choi J W, Sok J, et al. Temperature dependence of the interfacial magnetic anisotropy in W/CoFeB/MgO [J]. Aip Advances, 2017, 7: 372.

[79] Li M H, Shi H, Yu G Q, et al. Effects of annealing on the magnetic properties and microstructures of Ta/Mo/CoFeB/MgO/Ta films [J]. Journal of Alloys & Compounds, 2016, 692: 243.

[80] Cui B, Song C, Wang G Y, et al. Perpendicular magnetic anisotropy in CoFeB/X (X= MgO, Ta, W, Ti, and Pt) multilayers [J]. Journal of Alloys & Compounds, 2013, 559: 112.

[81] Jung J H, Lim S H, Lee S R. Strong perpendicular magnetic anisotropy in thick CoFeB films sandwiched by Pd and MgO layers [J]. Applied Physics Letters, 2010, 96: 042503.

[82] Fowley C, Decorde N, Oguz K, et al. Perpendicular magnetic anisotropy in CoFeB/Pd bilayers [J]. IEEE Transactions on Magnetics, 2010, 46: 2116.

[83] 刘娜, 王海, 朱涛. CoFeB/Pt 多层膜的垂直磁各向异性研究 [J]. 物理学报, 2012, 61: 000443.